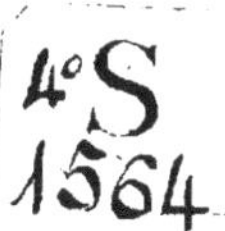

ESSAIS
DE
PALÉOCONCHOLOGIE
COMPARÉE

Par M. COSSMANN

HUITIÈME LIVRAISON
(Avril 1909)

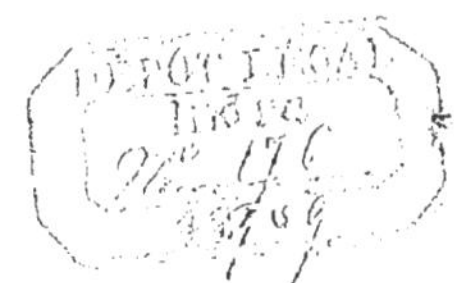

PARIS

CHEZ L'AUTEUR
95, rue de Maubeuge (X^e^)

F. R. DE RUDEVAL
4, rue Antoine Dubois, 4

1909

ESSAIS

DE

PALÉOCONCHOLOGIE COMPARÉE

PUBLICATIONS DE M. COSSMANN

Catalogue illustré des Coquilles fossiles de l'Eocène des environs de Paris. — Le quatrième Appendice séparé . . . . . 12 fr. 50
Les deux Appendices III et IV réunis. . . . . 25 fr.

Essais de Paléoconchologie comparée (1905-1906). Les huit premières livraisons ensemble . . . . 170 fr.

Sur quelques formes nouvelles ou peu connues des faluns du Bordelais. — Assoc. Franç. 1894-95, 3 pl. Ensemble . . . . 6 fr.

Mollusques éocéniques de la Loire Inférieure. — Bull. Soc. Sc. nat. de l'Ouest. 3 vol. Ouvrage complet, avec tables, 56 Pl. . . 100 fr.

Contribution à la Paléontologie française des terrains jurassiques. — 1° Gastropodes Opisthobranches. — 2° Nérinées. — Mém. Pal. Soc. Géol. de Fr. 1895-99, 357 p., 19 pl. et fig.

Observations sur quelques Coquilles crétaciques recueillies en France. — Assoc. Franç. (1896-1904). 6 articles. 11 pl. . . 15 fr.

Revue critique de Paléozoologie. — Prix d'abonnement. . . 10 fr.

Table des 10 premières années de la Revue critique. . 5 fr.

Description d'Opisthobranches éocéniques de l'Australie du Sud. — Trans. Roy. Soc. Adélaide. 1897, 21 pages, 2 pl. . . . . . 3 fr

Estudio de algunos Moluscos eocenos del Pirineo Catalan. — Bull. Com. del Mapa Geol. de Espana, 1898-1906, 32 pages, 8 pl. 8 fr.

Description de quelques Coquilles de la formation Santacruzienne en Patagonie. — Journ. de Conchyl. (1899), 20 p., 2 pl. 3 fr.

Faune pliocénique de Karikal (Inde française). — 2 articles. — Journ. de Conchyl. (1900-1903) 30 p., 7 pl. . . . . 10 fr.

Études sur le Bathonien de l'Indre. — Complet en 3 fasc. Bull. Soc. Géol. de Fr., (1899-1907) 70 p., 10 pl. *dont 4 inédites dans le Bull.* 15 fr.

Faune éocénique du Cotentin (*Mollusques*). — *En collaboration avec M. G. Pissarro.* — L'ouvrage complet (51 pl.), avec tables. . 80 fr.

Additions à la faune nummulitique d'Égypte. — Institut Egyptien (1901) 27 p., 3 pl. . . . . 4 fr.

Sur quelques grandes Vénéricardes de l'Eocène. — Bull. Soc. Géol. Fr., (1902) avec figures. . . . . 1 fr.

Note sur l'Infralias de la Vendée. — B.S.G.F. 1902-4. 5 pl. 7 fr. 50

Sur un gisement de fossiles bathoniens près de Courmes (A.-M.). — B. S. G. F. 1902 — Ann. Soc. Sc. Alpes-Mar., 1905. 3 pl. . 5 fr.

Description de quelques Pélécypodes jurassiques de France, 1905-1906, 3 articles, 6 pl. . . . . 7 fr. 50

Note sur l'Infralias de Provenchères-sur-Meuse, 1907, 4 pl. 3 fr.

Note sur le Callovien de Bricon, 1907, 3 pl. . . . . . 5 fr.

Le Barrémien urgoniforme de Brouzet-les-Alais (Gard). Mém. Pal. Soc. Géol. de Fr., 6 pl. et fig.

A propos de Cerithium cornucopiæ, 1908, 1 pl. in-4°. . . 3 fr. 50

Note sur le Charmouthien de la Vendée, 1908, 2 pl. in-8°. 3 fr.

Pélécypodes du Montien de Belgique. — In-4°, 6 pl.

Conchologie néogénique de l'Aquitaine, 1er fasc. 7 pl. in-4°. 20 fr.

S'adresser à l'auteur, 95, rue de Maubeuge. Envoi franco contre mandat-postal.

ESSAIS

DE

PALÉOCONCHOLOGIE

COMPARÉE

Par M. COSSMANN

HUITIÈME LIVRAISON

(Avril 1909)

PARIS

CHEZ L'AUTEUR | F. R. DE RUDEVAL

95, rue de Maubeuge (X^e^) | *4, rue Antoine Dubois, 4*

1909

APPENDICE A LA VIIe LIVRAISON

PURPURINIDÆ (*Suite*).

Le tableau que j'ai dressé de cette Famille, dans la livraison précédente de ces « Essais », est resté incomplet, faute de matériaux suffisants pour y classer avec quelque certitude un certain nombre de formes triasiques, ou même paléozoïques, que je ne connaissais que d'après les figures qui en ont été publiées. Aujourd'hui, après un nouvel examen de ces formes douteuses, et en tenant compte de quelques caractères qui m'avaient échappé dans une première recherche, je constate que les auteurs qui, comme Kittl par exemple, ont rapproché des *Purpurinidæ* les coquilles triasiques dont il s'agit, ne doivent pas être très loin de la vérité ; il n'y a, en effet, entre celles-ci et les *Purpurina*, *Eucycloidea* et *Pseudalaria* du Lias et du Bajocien, qu'une seule différence bien certaine, mais importante : c'est la sinuosité des stries d'accroissement qui, chez les Purpurines jurassiques, se trouve sur la rampe au-dessus de la suture, tandis qu'elle paraît invariablement située plus haut, c'est-à-dire sur l'angle même qui surmonte habituellement la rampe, chez *Angularia* et *Pseudoscalites* par exemple. Les autres caractères (galbe et ornementation) sont tellement semblables, qu'on pourrait même hésiter à séparer *Angularia* d'*Eucycloidea* notamment : l'ouverture, dont l'examen attentif, aurait pu nous fournir des indications utiles pour confirmer la séparation des formes triasiques, n'est jamais intacte chez ces dernières, de sorte que je n'ai pu vérifier si elle comporte la sinuosité antérieure et versante qui caractérise *Purpurina*.

Je ne crois pas qu'on puisse fonder une nouvelle Sous-Famille de

Purpurinidæ pour cette seule différence dans la position de la sinuosité des stries d'accroissement, qui correspond probablement au sinus du labre ; mais il semble tout au moins justifié de comprendre ces formes précédemment omises par moi, dans un second groupe qui est certainement l'ancêtre direct du premier, et par lequel je commence cette présente livraison, sans le reporter à l'annexe finale, puisque la Famille dont il dépend, terminait précisément la livraison précédente.

En conséquence, le tableau ci-dessous est à joindre à la suite de celui des *Purpurinidæ* (1906, VII, p. 204), ainsi que la rectification qui est indiquée ci-après, pour l'un des Genres provisoirement classés dans cette Famille.

Tableau des Genres, Sous-Genres et Sections du Second Groupe

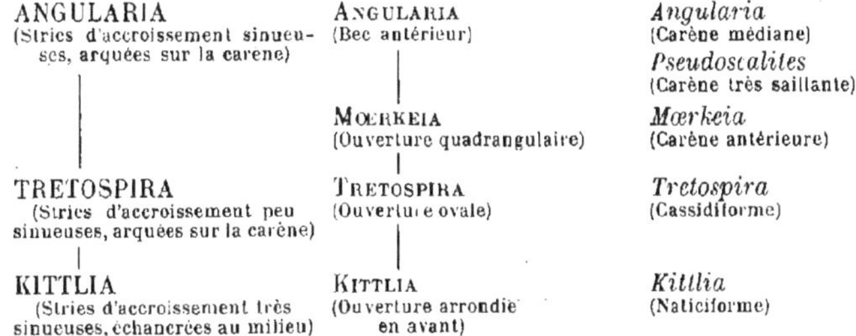

Genres	Sous-Genres	Sections
ANGULARIA (Stries d'accroissement sinueuses, arquées sur la carène)	ANGULARIA (Bec antérieur)	*Angularia* (Carène médiane)
		Pseudoscalites (Carène très saillante)
	MOERKEIA (Ouverture quadrangulaire)	*Mœrkeia* (Carène antérieure)
TRETOSPIRA (Stries d'accroissement peu sinueuses, arquées sur la carène)	TRETOSPIRA (Ouverture ovale)	*Tretospira* (Cassidiforme)
KITTLIA (Stries d'accroissement très sinueuses, échancrées au milieu)	KITTLIA (Ouverture arrondie en avant)	*Kittlia* (Naticiforme)

Rectification de nomenclature.

CIMOLIOCENTRUM, Cossm. 1908 (*Revue crit. de Paléoz.*, T. XII, p. 68). — Dénomination proposée à la place de *Centrogonia* Cossm. 1900, préemployé pour un G. d'Hémiptères par Stal. 1869.

Le classement de ce Genre dans la Fam. *Purpurinidæ* n'est probablement que provisoire. J'ai précédemment indiqué (Essais Pal. comp., T. VII, p. 216) par quels caractères ce Genre se rattache à *Purpurina* ; mais j'ai également fait remarquer que ses stries d'accroissement — autant qu'on peut en juger par quelques traces très fugitives — aboutissent orthogonalement à la suture, ce qui ne concorderait avec les critériums distinctifs d'aucun des deux groupes de cette Famille. Il faut donc attendre qu'on ait recueilli et étudié des matériaux plus certains, avant de prendre un parti définitif au sujet de la place à attribuer à *Cimoliocentrum* (Etym. : κιμολια, craie ; κεντρον, épine). — G-T. : *Centrogonia Cureti* Cossm.

ANGULARIA, Koken, 1892 (1).

« Tours croissant rapidement, à angle spiral relativement grand ; le profil extérieur forme un angle saillant, sur la carène duquel les côtes dessinent une sinuosité et parfois un faisceau de nodosités ».

ANGULARIA *s. str.* G-T. : *Turbo subpleurotomarius* M. Trias.
(= *Fusoides* Koken, 1889).

Taille petite ; forme turbinée, conique ; spire relativement courte, étagée, pointue au sommet, croissant régulièrement sous un angle apical d'environ 40° ; protoconque lisse, à nucléus tectiforme ou même un peu excavé ; huit à dix tours étroits, séparés par des sutures linéaires, anguleux vers le milieu de leur hauteur, étagés par une rampe légèrement excavée au-dessus de la suture, faiblement convexes au-dessus de cette rampe ; ornementation composée de nombreuses et fines lignes spirales et de 20 à 30 plis ou costules d'accroissement, plus ou moins serrés, qui forment des denticules peu saillants sur la carène médiane ; ces plis sont très sinueux dans leur ensemble, antécurrents vers la suture, sur la rampe postérieure, échancrés par un sinus triangulaire, dont le sommet coïncide précisément avec la carène, très inclinés et convexes vers la droite de l'axe, du côté antérieur. Dernier tour à peu près égal à la moitié de la hauteur totale, muni comme les autres d'une rampe postérieure et déclive, convexe au-dessus de l'angle et jusque sur la base qui paraît imperforée à l'âge adulte. Ouverture ovale, subanguleuse en arrière, terminée en avant par un bec plus ou moins arrondi ; labre sinueux ; columelle peu excavée ; bord columellaire calleux, auriforme, renversé sur la région ombilicale.

(1) Neues Jahrb. f. Miner., etc., p. 82. — Etym. : *Angulus*, angle. C'est à tort que l'*Index zool.* de Waterhouse (1902) repère ce Genre sous les noms Wöhrmann et Koken : la publication dans laquelle il a été créé est de Koken seul, et elle sert de prodrome — en quelque sorte — à l'Etude des Gastropodes du plateau de Schlern, qui émane au contraire de ces deux auteurs en collaboration.

Diagnose refaite d'après les figures du génotype (*in* Kittl, Gastr. St Cassian, pl. IX, fig. 6-9) reproduites ci-contre [Fig. 1].

Rapp. et diff. — Ainsi que je l'ai expliqué, la différence de l'emplacement du sinus des plis d'accroissement suffirait, à elle seule, à justifier la séparation d'*Angularia* et *Eucycloidea* qui se ressemblent absolument, au point de vue du galbe et de l'ornementation ; mais il y a en outre, un critérium différentiel d'une réelle importance : c'est la columelle qui est beaucoup moins excavée chez *Angularia* que chez *Eucycloidea*. Kittl a pu observer la protoconque d'*A. pleurotomaria*, et il y a constaté une disposition qui rappelle un peu celle de *Tuba* ou d'*Acrocœlum*. Je ne crois pas qu'on puisse tirer d'indication utile, de ce caractère spécial, d'autant moins qu'on ne connait pas celle de *Purpurina*.

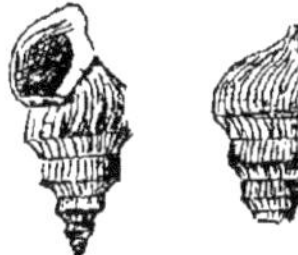

Fig. 1. — *Angularia subpleurotomaria* Munst.

Je réunis à *Angularia* le Genre *Fusoides*, proposé par le même auteur, pour *Fusus nodosocarinatus* M., qui ne diffère de *Turbo pleurotomarius*, que par sa spire plus allongée ; d'après les figures qui représentent des spécimens à ouverture mutilée, il n'y a pas de motifs suffisants pour admettre même la séparation d'une Section.

Répart. stratigr.

TRIAS. — Le génotype et quelques espèces voisines, dans le Tyrolien de St-Cassian : *Turbo pleurotomarius* M. (= *Loxonema latesulcata* Laube), *Purpurina Vaceki* Kittl, *Turbo scalaris* M. (qui a plutôt le galbe de *Pseudalaria*), enfin *Purpurina loxonemoides* Kittl, d'après la Monographie précitée de cet auteur (1894, p. 126 et suiv.). Une espèce douteuse, dans le Dinarien de Marmolata : *Purpuroidea subcerithiformis* Kittl (1894. Gastr. Marmol., p. 77, pl. VI, fig. 35-36) ; une espèce très voisine, peut-être variété, dans le même gisement : *Coronaria rugosa* J. Böhm, d'après Kittl (1899. Esinokalk, p. 82).

PSEUDOSCALITES, Kittl, 1894 (1). G.-T. : *Pleurot. elegantissima* Klipst. Trias.

Taille moyenne ; forme biconique, purpurinoïde ; spire peu allongée, étagée, à galbe conique ; tours peu nombreux, fortement carénés vers la partie inférieure, avec une rampe déclive au-dessus de la suture ; leur profil est légèrement excavé au-dessus de l'angle ; stries spirales et plis d'accroissement sinueux, fasciculés et épineux sur la saillie de la carène, bifurqués et inclinés sur la région antérieure. Dernier tour supérieur aux deux tiers de la

(1) Gastr. Saint-Cassian, p. 129. — Etym. : ψευδος, faux ; *Scalites*, G. de Gastrop.

hauteur totale, un peu excavé au dessus de la carène inférieure, puis légèrement convexe à la base qui porte des stries spirales plus grossières à mesures qu'elles se rapprochent du centre imperforé et un peu excavé vers le bourrelet du cou. Ouverture auriforme, ovale en avant, tronquée en arrière ; columelle peu incurvée ; labre sinueux vis-à-vis de la carène.

Diagnose complétée d'après les figures de l'espèce génotype (*in* Kittl, *loc. cit.*, pl. VI, fig. 11-12). Reproduction de l'une de ces figures [Fig. 2].

Rapp. et diff. — Cette Section ne se distingue d'*Angularia* que par des caractères peu importants : l'ouverture incomplète chez tous les spécimens figurés de St-Cassian, est plus intacte chez celui d'Esino ; néanmoins elle ne paraît pas différer, d'une manière bien visible, de celle du Genre *Angularia* ; la saillie de la carène spirale est plus apparente, à cause de l'excavation du profil antérieur de chaque tour ; d'autre part, la base porte un bourrelet qui ne paraît pas exister chez *Angularia*.

Fig. 2. — *Pseudoscalites elegantissimus* Kittl.

Répart. stratigr.

TRIAS. — Le génotype dans le Tyrolien de St-Cassian. Une autre espèce dans le Dinarien d'Esino ; *Actæonina armata* Stopp., d'après la Monographie de Kittl (1899. Esinokalk, p. 78, pl. XI, fig. 1-12).

MOERKEIA, J. Böhm, 1895 (1). G.-T. : *Angularia præfecta* Kittl. Trias.

Taille petite ; forme biconique, plus ou moins turriculée ; spire médiocrement allongée, à galbe conique ; angle apical variant de 30° à 60° ; tours peu nombreux, plans, imbriqués en avant, dont la hauteur égale la moitié de la largeur moyenne, séparés par des sutures linéaires, presque horizontales, au-dessous desquelles l'angle antérieur et denticulé forme une étroite rampe marquée d'un second filet spiral ; plis d'accroissement peu sinueux, arqués sur l'angle où ils forment des dentelures. Dernier tour égal à la moitié de la hauteur totale, à base déclive et sillonnée, subperforée au centre, sur laquelle se prolongent aussi les plis axiaux et peu courbés. Ouverture petite, quadraugulaire, avec un bec antérieur aigu ; colu-

(1) Gastr. Marmolata, p. 298.

melle presque droite, lisse, calleuse ; labre vertical, replié vis à vis de la carène basale.

Diagnose refaite d'après les figures de l'espèce génotype (*in* Kittl, Gastr. Marmol., pl. VI, fig. 37-42), reproduites [Fig. 2 *bis*].

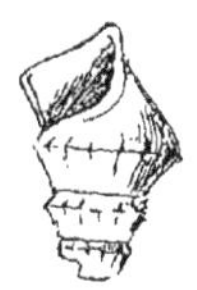

Fig. 2 bis. *Mœrkeia præfecta* Kittl.

Rapp. et diff. — Il y a entre *Mœrkeia* et *Angularia* des différences suffisantes pour motiver la création d'un Sous-Genre distinct : l'ouverture est complètement quadrangulaire, avec un bec plus aigu ; la columelle est plus droite, et les stries d'accroissement sont moins sinueuses. Néanmoins, il me paraît certain que les deux formes appartiennent au même Genre, et par conséquent à la même Famille ; aussi je ne comprends pas pourquoi J. Böhm a placé *Mœrkeia* dans les *Strombidæ* avec lesquels il n'a pas la moindre ressemblance : *Alaria* possède un rostre, tandis que *Mœrkeia* n'a qu'un simple bec ; en outre, il y a chez *Alaria* une aile dont on ne voit pas la trace chez *Mœrkeia*. D'autre part, ce Sous-Genre s'écarte de *Purpurina* par ses stries qui ne font aucun sinus en arrière de la carène antérieure.

Répart. stratigr.

Trias. — Le génotype dans le Dinarien de Marmolata (*loc. cit.*) ; une seconde espèce plus allongée, au même niveau : *Promathildia rudis* Kittl (*ibid.*, p. 174). Une autre espèce plus trochiforme, dans le Dinarien d'Esino : *Trochus Pasinii* Stopp., d'après la Monographie de Kittl (1899. Esinokalk, p. 81, pl. XVIII, fig. 4-6).

TRETOSPIRA, Koken, 1892 (1).

Coquille ventrue, à spire courte et en gradins ; surface ornée de faibles côtes spirales, croisées par des stries d'accroissement antécurrentes sur la rampe postérieure, fortement inclinées à droite de l'axe sur le dernier tour ; columelle incurvée, calleuse ; labre tranchant, proéminent en avant.

Tretospira *s. str.* G.-T. : *Melania multistriata* Wöhrm. Trias.

Taille moyenne ; forme cassidoïde, très ventrue ; spire très courte, à galbe extraconique, étagée en gradins ; tours peu nombreux, très étroits, dont la hauteur égale à peu près le tiers de la largeur

(1) N. Jahrb. f. Miner., etc..., p. 32. — Etym. : τρητος, percé ; σπειρα, spire.

mesurée sur une carène spirale, vis-à-vis de laquelle le profil est taillé presque à angle droit ; au-dessous de cette carène, la rampe est déclive et excavée, avec des stries d'accroissement antécurrentes vers la suture linéaire ; la région située au-dessus de cette carène est lisse et cylindrique. Dernier tour formant plus des trois quarts de la hauteur totale, légèrement arrondi sur les flancs, à base un peu convexe et déclive vers le cou, orné, ainsi que celle-ci, de côtes spirales très minces, souvent peu apparentes, plus serrées vers la région ombilicale, croisées par des stries d'accroissement qui sont assez convexes à partir de la carène inférieure. Ouverture ovale dans son ensemble, très anguleuse contre la suture ; columelle incurvée en arrière au point où elle s'implante sur la base, inclinée à gauche de l'axe vers son extrémité antérieure ; labre mince, proéminent en avant ; bord columellaire calleux, un peu étalé sur la base, recouvrant probablement la région ombilicale chez l'adulte.

Diagnose complétée d'après les figures d'une espèce génoplésiotype : *Ptychostoma fasciatum* Kittl (Gastr. St-Cassian, pl. XI, fig. 30-31). Reproduction de ces figures [Fig. 3].

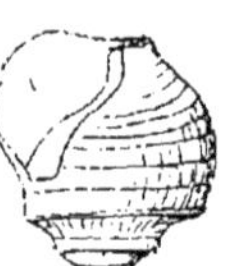
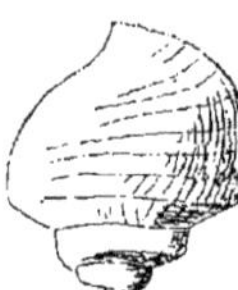

Fig. 3. — *Tretospira multistriata* Wöhrm.

Rapp. et diff. — Ce Genre s'écarte d'*Angularia* par le galbe tout à fait différent de la coquille qui est massive, comme *Purpurina s. str.* l'est par rapport à *Eucycloidea* ; en outre, l'ouverture, quoique incomplète sur tous les spécimens, présente des différences qui justifient la séparation d'un Genre distinct. Toutefois *Tretospira* se relie au groupe des *Purpurinidæ* triasiques par l'angle que font les stries d'accroissement sur la carène inférieure, antécurrentes vers la suture sur la rampe, convexes et inclinées à droite de l'axe au-dessus de cette carène. Sur l'une des figures originales, la base paraît ombiliquée ; mais il me paraît probable que cet état est dû à la conservation défectueuse du bord columellaire.

Le G. *Scalites* Conrad, du Silurien, a un aspect très voisin de celui de *Tretospira*, et il en est peut-être le précurseur, de même que *Murchisonia* est l'ancêtre des *Loxonematidæ* ; mais, la diagnose de *Scalites* comporte l'existence d'une bande du sinus coïncidant avec la carène, ce qui le place dans les *Pleurotomariidæ*, tandis que, chez *Tretospira*, les stries font seulement un pli sinueux ou anguleux, sans laisser aucune trace d'une bande spirale, comme peuvent en former seulement les accroissements d'un profond sinus.

Répart. stratigr.

Carboniférien. — Trois espèces dans le Dinantien de la Belgique : *Natica tabulata* Phill., *Scalites humilis, angulatus* (1) de Koninck, d'après la Monographie de cet auteur (Vol. III, p. 66, pl. III, fig. 20-25).

Permien. — Plusieurs espèces dans le Bassin du Donetz : *T. cf. tumida* Meek et W., *T. dives-ouralica* Gdl., d'après la Monographie de Jakowlew (1899. Fauna oberpal. Ablag. Russlands, p. 118, pl. V, fig. 9-11).

Trias. — L'espèce génotype dans les couches raibliennes du plateau de Schlern, d'après Wöhrmann (1892. Zeitsch. Deutsch. geol. Gesells., p. 197, pl. XVI, fig. 8-13). Le génoplésiotype ci-dessus figuré, dans le Tyrolien de St-Cassian, classé par Kittl dans le G. *Tretospira* dans le Suppl. à l'ouvrage précité (Gastr. St-Cass., p. 270).

Lias. — Trois espèces ou variétés de la même forme, dans l'Hettangien de la Lorraine : *Ampullaria angulata* Desh., ma coll., *A. carinata, obliqua* Terquem, d'après la Monographie de cet auteur (Hettange, p. 248, pl. XIII, fig. 2, 5 et 6). Cette coquille ambiguë a été placée à tort dans un G. non marin ; quoiqu'elle soit relativement commune, personne n'avait encore songé à en former le génotype d'un nouveau G. ; la seule objection qu'on puisse faire à son classement dans le G. *Tretospira*, c'est sa taille relativement bien supérieure à celle de ses ancêtres.

KITTLIA *nov. nom.* 1908.
(= *Ptychostoma* Laube, 1868 (2) ; *non Ptychostomum* Stein., *nec Ptychostomus* Ag. 1855).

Coquille littoriniforme, caractérisée par le sinus arrondi et profond de ses fortes stries d'accroissement ; ouverture holostome, sans bec ; labre échancré vers le tiers inférieur, très proéminent en avant.

Kittlia *s. str.* G.-T. : *Natica pleurotomoides* Wissm. Trias.

Taille assez petite ; forme naticoïde ou littorinoïde, ventrue, ovoïdo-conique ; spire assez courte, étagée en gradins, à galbe conique sous un angle apical de 45° environ ; tours peu nombreux,

(1) L'espèce carboniférienne doit changer de nom, parce qu'en passant dans le G. *Tretospira*, elle y rencontre une forme antérieurement dénommée *angulata* par Deshayes ; je propose donc T. **Konincki** *nobis*.

(2) Denkschrift Wien. Akad., XXVIII, p. 17.

arrondis, dont la hauteur atteint le tiers de la largeur, séparés par de profondes sutures que surmonte une étroite rampe limitée par un angle arrondi ; ornementation exclusivement formée de stries d'accroissement pliciformes et serrées, antécurrentes vers la suture, faisant au milieu de chaque tour un sinus arrondi et assez profond, puis convexes en avant ; sur quelques spécimens, les plis s'épaississent vis-à-vis du sinus, et ils y forment une rangée de nodosités pustuleuses. Dernier tour égal ou même supérieur aux deux tiers de la hauteur totale, parfois un peu anguleux ou tout au moins arqué à la hauteur du sinus des stries (surtout quand il y a une couronne de nodosités), convexe à la base qui est imperforée et sur laquelle se prolongent les stries avec une courbure convexe. Ouverture arrondie, tout à fait holostome en avant, anguleuse contre la suture ; labre profondément échancré vis-à-vis du sinus des stries, proéminent en avant où il se raccorde sans sinuosité avec le bord opposé ; columelle régulièrement excavée, lisse ; bord columellaire peu épais, recouvrant la région ombilicale.

Diagnose refaite d'après les figures de l'espèce génotype (*in* Kittl., St Cassian, pl. XI, fig. 19-24). Reproduction de l'une d'elles [Fig. 4].

Fig. 4. — *Kittlia pleurotomoides* Wissm.

Observ. — Il est impossible de conserver la dénomination *Ptychostoma*, deux fois préemployée, quoique avec une désinence erronée, car l'étymologie στομα est identique. J'y ai substitué le nom du savant auteur des Monographies du Trias, dont les excellentes figures m'ont permis en mainte occasion — et notamment pour le classement de ce Genre — d'élucider beaucoup de questions restées obscures jusqu'à présent.

Rapp. et diff. — *Kittlia* possède un véritable sinus, plus arrondi que l'angle des stries d'accroissement des autres Genres du même groupe, mais qui ne laisse cependant pas une bande spirale sur le dernier tour, comme trace de ses accroissements. En outre, l'ouverture est nettement arrondie en avant ; le galbe caréné et étagé des autres *Purpurinidæ* fait place ici à un faciès naticoïde ou littoriniforme qui nous dicterait le choix d'un tout autre emplacement dans la classification générique, s'il n'y avait pas à tenir compte de l'inclinaison et de la sinuosité des accroissements, caractère par lequel *Kittlia* se rapproche encore d'*Angularia* et de *Trelospira*. Mais il est évident que ce profond sinus procède en ligne directe de celui des *Murchisoniidæ* et des *Pleuroto-*

mariidæ, de sorte que c'est par l'intermédiaire de *Kittlia* que s'établit la filiation phylogénétique entre les formes paléozoïques, telles que *Scalites*, et les *Purpurinidæ* loxonématoïdes, de même que *Rahbdostropha* relie, comme on le verra ci-après, ***Murchisonia*** avec *Loxonema*.

Répart. stratigr.

TRIAS. — Outre l'espèce génotype, quelques autres formes plus ou moins voisines, dans le Tyrolien de St-Cassian : *Ptych. Stachei*, *Wähneri*, *Mojsisovici* Kittl, d'après la Monographie précitée (p. 157 et suiv.).

VIIIe LIVRAISON

LOXONEMATACEA.

Nouveau Cénacle comprenant les Familles *Loxonematidæ*, *Cœlostylinidæ*, *Spirostylinidæ*, *Pseudomelaniidæ*, *Subulitidæ*, c'est-à-dire les coquilles plus ou moins turriculées, à ouverture holostome, à labre plus ou moins sinueux.

LOXONEMATIDÆ Koken, 1889 (¹).

Coquille turriculée, généralement polygyrée, étroite et cylindroconique ; tours nombreux, invariablement ornés de stries, de plis ou de côtes d'accroissememet dont la sinuosité représente un ꙅ (*S* renversé) à peu près complet sur le dernier tour et sur sa base. Ouverture holostome, à columelle excavée en arrière ; labre sinueux comme les stries d'accroissement, c'est-à-dire plus ou moins concave en arrière et antécurrent vers la suture, convexe et proéminent en avant vers le plafond de l'ouverture ; son contour est par suite toujours un peu oblique de droite à gauche de l'axe, la droite étant prise en avant ; pas d'ombilic à la base ; columelle formant un

(1) *N. Jahrb. f. Miner.*, etc..., p. 440 : Entwickl. der Gastrop. vom Cambr. bis z. Trias.

pilier solide et imperforé, plus ou moins tordu selon que les tours ont une section ovale ou subquadrangulaire.

Observ. — Cette Famille comprend un grand nombre de coquilles turriculées de l'époque paléozoïque ; elle procède des plus anciennes formes connues de Gastropodes et elle a vraisemblement donné naissance aux *Cerithiacea*, ainsi que je l'ai déjà indiqué dans la précédente livraison de ces « Essais » : elle a donc une grande importance au point de vue de l'évolution des Gastropodes. Aussi, ne peut-on qu'approuver l'idée qu'a eue Koken quand il l'a instituée. Malheureusement, faute de limites précises pour les caractères de cette Famille, la confusion s'est peu à peu établie au sujet des Genres qu'il y a lieu d'y inclure, non seulement parmi les auteurs postérieurs à 1889, mais de la part de Koken lui-même ; on a repris à tort la dénomination *Chemnitzia* pour quelques unes de ces formes, on les a réunies dans une Famille *Chemnitziidæ* sans indiquer pour quel motif on ne les rangeait pas plutôt dans les *Loxonematidæ* ; de sorte qu'actuellement, toute cette classification est à débrouiller.

Je rappelle d'abord que le G. *Chemnitzia* d'Orb. a été fondée en 1839, par d'Orbigny (*in* Webb. et Berth. Hist. nat. des Canaries) pour un Mollusque très voisin de *Turbonilla*, *Melania campanellæ* Phil ; puis, confirmé par cet auteur en 1841 (Moll. Cuba, I, p. 199. 218) dans le même sens ; et enfin, détourné de son acception primitive, par l'auteur lui-même, d'abord en 1843 (Pal. fr. terr. crét., T. II), pour l'appliquer à *Ch. Pailletteana* qui n'a pas le moindre rapport avec le Mollusque vivant aux Canaries, ensuite en 1850, où d'Orbigny l'a étendu d'une manière encore plus abusive, dans le Prodrome, dans la Paléontologie française des terrains jurassiques (T. II, p. 31), à 163 espèces fossiles, aussi différentes de celle des Canaries que de *Ch. Pailletteana* du Crétacé. En y ajoutant les espèces de Stoppani et de beaucoup d'autres auteurs, on arrive à un nombre formidable de coquilles fossiles, tout à fait hétérogènes, attendu que l'on classait sous le nom *Chemnitzia* tout ce que l'on n'osait pas dénommer *Turritella*, *Cerithium* ou *Nerinea* !

L'erreur de d'Orbigny a été en partie réparée par Pictet (Terr. crét. Ste-Croix, p. 266) qui a proposé le nom *Pseudomelania* pour les formes lisses et analogues à *Melania*, mais qui ne s'est pas décidé à éliminer du G. *Chemnitzia* les formes costulées du Trias et du Système jurassique.

Gemmellaro (1878. Foss. calc. crist. Mont. Casale, p. 249) a plutôt fait faire un pas en arrière à cette question en accommodant la diagnose de *Chemnitzia* aux formes fossiles du Sinémurien, et en classant dans ce Genre complètement dénaturé, comme Sous-Genres, non seulement *Pseudomelania*, mais encore *Oonia*, *Microschiza* et *Rhabdoconcha*, au risque d'augmenter encore la confusion préexistante.

Ainsi que je l'ai fait remarquer ci-dessus, Koken (*loc. cit.*, p. 29) a fort bien insisté sur l'erreur originelle de d'Orbigny ; mais il a néanmoins conservé *Chemnitzia*, peut être pour ne pas changer les habitudes acquises — ce qui est contraire aux règles de la Nomenclature — ; puis, en dernier lieu (1897. Gastr. Hallstadt, p. 85) il a même repris la dénomination *Chemnitziidæ*, en y faisant entrer *Cœlostylina*, *Omphaloptycha*, etc... ; de sorte qu'il a lui-même annulé sa première et utile réforme. Les auteurs qui l'ont suivi l'ont docilement imité.

En résumé, *Chemnitzia* tombe vraisemblablement en synonymie avec *Turbonilla*, quoique Dall et Bartsch le considèrent comme un S.-G. distinct; mais en tous cas, ce nom doit être réservé aux formes vivantes des Antilles, et il y a d'autant moins lieu d'admettre une Famille *Chemnitziidæ*, que ces coquilles sont déjà des *Pyramidellidæ* qui n'ont pas la moindre analogie avec les formes triasiques que l'on y classe à tort.

Ce premier point étant bien démontré, il reste à répartir ailleurs les coquilles extrêmement variées que l'on a improprement désignées comme *Chemnitzia* : toutes celles qui ont des stries d'accroissement sinueuses et la columelle non perforée, qu'elles soient seulement costulées ou plus richement ornées, doivent évidemment être rapportées à la Famille *Loxonematidæ*, dans le sens où Koken l'a fondée en 1889 ; les formes lisses, à ouverture versante, à labre légèrement sinueux, à columelle solide et souvent calleuse, composent la Famille *Pseudomelaniidæ*, telle que l'a proposée Fischer, dans son Manuel de Conchyliologie ; enfin, on retrouvera dans une nouvelle Fam. *Cœlostylinidæ* celles qui sont plus ou moins ombiliquées, avec une columelle toujours creuse, et qui ont par suite l'ouverture subanguleuse en avant, avec un labre peu sinueux.

Les caractères généraux des *Loxonematidæ* étant à peu près définis, je passe maintenant à la désignation des critériums génériques, sous-génériques et sectionnels de cette Famille. Malheureusement, le choix de ces critériums commence à devenir d'autant plus ardu qu'il est plus restreint : en effet, il faut d'abord renoncer à prendre presque aucun des caractères de l'ouverture, attendu qu'elle n'est jamais intacte chez les *Loxonematidæ* paléozoïques, et que la pointe de la coquille est presque aussi rarement conservée ; le plus grand nombre des subdivisions proposées a été fondé sur des échantillons dont on ne connaît généralement qu'une partie de la spire, ou bien quand le dernier tour est connu, l'ouverture n'en est pas complètement dégagée ; il y a même des génotypes qui ne sont pas munis de leur test dans les parties les plus essentielles de la coquille ! Dans ces conditions, obligé de renoncer à la plupart des caractères différentiels d'après lesquels je me suis guidé jusqu'à présent pour classer les Gastropodes des Cénacles précédents, j'ai éprouvé un véritable embarras quand il s'est agi de ranger dans un ordre à peu près satisfaisant ces trop nombreuses subdivisions, qualifiées de Genres par leurs auteurs, alors que beaucoup d'entre elles ne méritent que le rang de Sous-Genres ou même de Sections. C'est par une série de tâtonnements empiriques, en m'aidant des considérations phylogénétiques, que je suis parvenu à jeter un peu de lumière sur cet assemblage incohérent et à en déduire quelques principes nets.

J'ai conservé en première ligne, comme critérium générique, la disposition des stries ou côtes axiales, qui est en corrélation directe avec la forme du labre, c'est-à-dire avec un des principaux éléments du péristome. Pour différencier les Sous-Genres, j'ai admis le galbe des tours de spire qui dépend du mode de croissance de la coquille et qui est en rapport avec les coupes faites suivant l'axe longitudinal de celle-ci (*vide* Perner, Gastr. silur. Bohême, *passim*). Enfin, l'absence ou l'existence d'ornementation spirale sur les tours de spire et surtout sur la base, peut, à la rigueur, servir à distinguer les Sections les unes des autres dans chaque Sous-Genre ; cependant l'effacement de cette ornementation pourrait, dans certains cas, être le résultat de l'usure du test. C'est avec ces éléments très imparfaits que je suis parvenu à dresser le tableau ci-après qui s'accorde assez bien avec les données phylogénétiques fournies par la stratigraphie.

D'ailleurs, l'ancienneté des *Loxonematidæ* n'est pas aussi grande qu'on l'a souvent exprimé : on n'en a pas trouvé jusqu'à présent au dessous du Gothlandien, c'est-à-dire du Silurien supérieur, de sorte qu'il s'est formé auparavant des terrains d'une immense épaisseur, dans lesquels on ne rencontre d'autres coquilles turriculées que des *Murchisoniidæ* ou des *Subulitidæ*. C'est dans le Dévonien et dans le Carboniférien que *Loxonema* et *Zygopleura* se sont rapidement et abondamment développés ; mais, tandis que le premier de ces Genres paraît s'être éteint à l'époque permienne, l'autre a persisté, en se transformant toutefois, dans le Trias où ont subitement apparu d'autres formes connexes, puis jusque dans le Lias et le Jurassique où l'on perd sa trace, et où commencent à pulluler les *Cerithiacea* qui en sont issus. Il en résulte donc que, si *Loxonema* est l'ancêtre de ces derniers, il n'est lui-même qu'un descendant des *Murchisoniacea* beaucoup plus anciens, dont le sinus s'est peu à peu transformé en une simple sinuosité.

Tableau des Genres, Sous-Genres et Sections

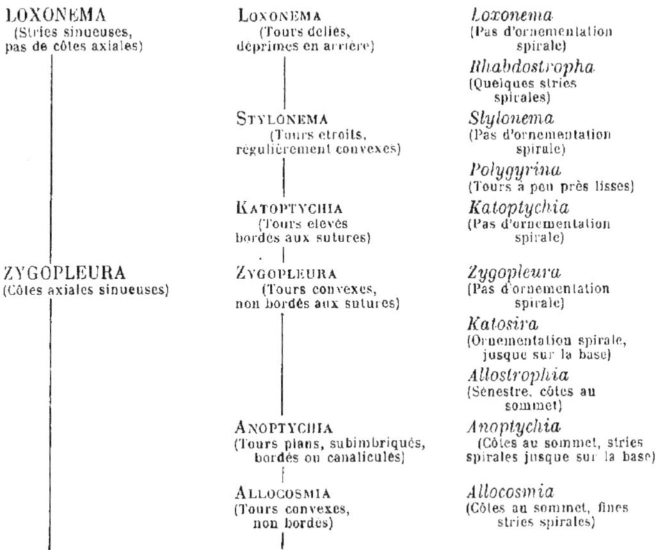

Genres	Sous-Genres	Sections
LOXONEMA (Stries sinueuses, pas de côtes axiales)	LOXONEMA (Tours déliés, déprimés en arrière)	*Loxonema* (Pas d'ornementation spirale)
		Rhabdostropha (Quelques stries spirales)
	STYLONEMA (Tours étroits, régulièrement convexes)	*Stylonema* (Pas d'ornementation spirale)
		Polygyrina (Tours à peu près lisses)
	KATOPTYCHIA (Tours élevés bordés aux sutures)	*Katoptychia* (Pas d'ornementation spirale)
ZYGOPLEURA (Côtes axiales sinueuses)	ZYGOPLEURA (Tours convexes, non bordés aux sutures)	*Zygopleura* (Pas d'ornementation spirale)
		Katosira (Ornementation spirale, jusque sur la base)
		Allostrophia (Senestre, côtes au sommet)
	ANOPTYCHIA (Tours plans, subimbriqués, bordés ou canaliculés)	*Anoptychia* (Côtes au sommet, stries spirales jusque sur la base)
	ALLOCOSMIA (Tours convexes, non bordés)	*Allocosmia* (Côtes au sommet, fines stries spirales)

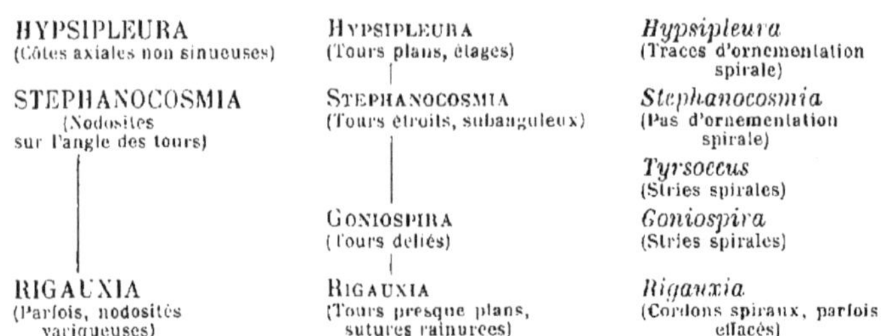

Genre à éliminer de la Famille.

ECTOMARIA Koken, 1896 (Leitfoss., p. 395). — G.-T. : *E. Nieskowskii* Koken, Silur. — Quoi qu'en pense l'auteur, il ne paraît pas possible d'admettre ce Genre dans la Fam *Loxonematidæ*, parce qu'il porte une véritable bande spirale qui représente les accroissements d'un profond sinus et qui fait d'ailleurs une légère saillie sur le profil de chaque tour. On le retrouvera donc plus loin dans la Fam. *Murchisoniidæ* ; mais il est intéressant de faire remarquer, dès à présent, que cette forme silurienne est à la bifurcation entre deux Familles qui, dans la classification générale, sont fort éloignées l'une de l'autre par leurs affinités actuelles, puisque les *Murchisoniidæ* se rattachent aux *Pleurotomaridæ*, tandis que les *Loxonematidæ* — qui en dérivent — ont évolué vers les *Cerithiacea*, et au delà, vers les Siphonostomes.

LOXONEMA Phill. 1841 (1).

« Coquille imperforée, allongée, turriculée, polygyrée ; tours convexes, déliés, ornés de stries d'accroissement flexueuses ; ouverture simple, dilatée en avant, atténuée en arrière ; labre aigu, sinueux, convexe à sa partie moyenne ; columelle simple, droite ; spire cloisonnée intérieurement » (2).

LOXONEMA *s. str.*

G-T. : *L. Phillipsi* d'Orb. (= *Terebra sinuosa* Phill. *non* Sow.) Dévon.

Test assez épais. Taille moyenne ; forme turriculée, élancée ; spire longue, polygyrée, pointue au sommet, à galbe conique et svelte ; protoconque lisse, conoïdale, à nucléus orthostrophe ; tours nom-

(1) Pal. foss. Cornw., p. 98, pl. XXVIII, fig. 182. — Etym. : λοξος, oblique ; νημα, fil.
(2) Diagnose textuelle dans le Manuel de Conchyl. de P. Fischer.

breux, à section ovale, convexes surtout en avant, parfois presque aplatis vers la suture inférieure ; sutures inclinées, profondes quoique linéaires ; ornementation formée de stries d'accroissement très fines, sinueuses, ayant sur le dernier tour et sur la base le tracé d'une *8* italique et très inclinée, tandis que sur les tours antécédents leur courbure se réduit à la moitié inférieure de cette *8*. Dernier tour assez élevé, atteignant le tiers de la hauteur totale de la coquille, arrondi à la base qui est imperforée. Ouverture plus haute que large, ovale en avant, atténuée en arrière ; labre mince, sinueux et échancré en arrière, mais antécurrent vers la suture, convexe en avant ; columelle simple, peu arquée, non perforée ; bord columellaire peu épais.

Diagnose refaite d'après la figure d'un plésiogénotype du Silurien de la Bohême : *L. beraunense* Barr. (*in* Perner, Gastr. Boh., pl. LX, fig. 18-19, et fig. 236-238 dans le texte). Reproduction de l'une de ces figures [Fig. 5]. Autre génoplésiotype du Dévonien supérieur du Pas-de-Calais : *L. impressum* d'Orb. (Pl. I, fig. 3), ma coll.

Fig. 5. — *Loxonema beraunense* Barr.

Observ. — Il y a eu à propos du choix du génotype de *Loxonema*, une confusion initiale qui a contribué à égarer la plupart des auteurs, et qui a motivé la variété des formes à tort rapportées au G. *Loxonema*. Ainsi que l'a fait observer Koken (¹), Phillips a établi son espèce (*Lox. sinuosum*) d'après une coquille dévonienne du « Calcaire à Clyménies » qu'il identifiait avec l'espèce du Silurien supérieur, antérieurement décrite sous le nom *Terebra sinuosa* Sow. (²) ; or ces deux formes sont spécifiquement différentes, puisque la seconde serait un *Zygopleura* d'après Koken (ce qui est d'ailleurs inexact, Sowerby ayant bien indiqué que les lignes d'accroissement sont étroites) ; déjà d'Orbigny les avait séparées en attribuant à la coquille dévonienne le nom de Phillips (Prod., I, p. 62), de sorte que le génotype est, en réalité : *L. Phillipsi* d'Orb.

La diagnose que j'ai reproduite ci-dessus entre guillemets ne diffère pas sensiblement de la diagnose originale de Phillips, dont voici d'ailleurs la traduction textuelle : « spire turriculée ; tours convexes, dont le bord supérieur est » déprimé contre le bord de la suture, sans bande spirale ; ouverture oblongue, « atténuée en arrière, élargie en avant, avec un contour sigmoïdal à la lèvre

(1) 1896. — Gastr. Trias v. Hallstadt, p. 81.
(2) *In* Murch. Silur. syst., p. 619, pl. VIII, fig. 15.

» droite ; pas d'ombilic ; surface couverte par des filets longitudinaux ou des » costules généralement arquées ».

Rapp. et diff. — Les caractères distinctifs de *Loxonema* ont été précisés par Koken à diverses reprises (1), et tout récemment, par M. Perner, dans son admirable Étude sur les Gastropodes du Silurien de la Bohême (1907, p. 323). Ce dernier auteur a particulièrement insisté sur la différence familiale que constitue la sinuosité des stries d'accroissement en *S* renversé, c'est-à-dire en ꙅ. Cependant, lorsqu'on examine les figures des espèces de ce Genre (ouverture en haut, sommet en bas), on constate que, sur ces tours de spire, les stries sont presque uniformément concaves ; ce n'est que sur le dernier tour que la convexité antérieure des stries se montre sur la base, et qu'on peut les comparer à ꙅ. En outre, ces stries, quoique antécurrentes vers les sutures, n'y sont point aussi tangentes que le ferait croire ce diagramme théorique. Enfin, la profondeur du sinus, et surtout la hauteur à laquelle il se trouve sur la convexité des tours, est très variable ; il y a des espèces qu'on hésite à rapprocher des *Murchisoniidæ*, par exemple le G. *Sinuspira* Perner, chez lequel la bande du sinus est à peine indiquées ou même totalement absente — ce qui confirme l'indication que j'ai déjà signalée ci-dessus, à propos de l'origine des *Loxonematidæ*. Comme l'emplacement de cette sinuosité varie sur les tours de spire, il en résulte que les stries d'accroissement aboutissent plus ou moins obliquement vers la suture inférieure de chaque tour. En tous cas, l'absence complète de trace d'aucune bande sur la convexité des tours est la conséquence de ce que la courbure des stries et le contour du labre ne forment qu'un arc de cercle continu, généralement à grand rayon, sans aucune contre-courbe rétrocurrente comme il en existe chez les *Murchisoniidæ* où ces stries — en se superposant avant d'atteindre le fond du sinus — constituent l'épaississement qui forme peu à peu une bande horizontale, laissant même une trace légèrement saillante sur le moule interne. On distingue donc toujours les *Loxonematidæ* par l'absence de cette bande, même sur les moules quand ils ne sont pas trop usés.

Comparé aux *Turritellidæ* — ou du moins aux coquilles paléozoïques que l'on rapporte provisoirement à cette dernière Famille, — *Loxonema* s'en distingue parce que ses stries sont en ꙅ, tandis qu'elles ont plutôt l'apparence d'une S dans les Turritelles proprement dites. Toutefois, quand on approfondit cette question, on s'aperçoit que ce caractère différentiel peut s'énoncer en disant que le sinus concave est seulement placé plus bas chez *Loxonema* que chez *Turritella* et *Mesalia* où le sinus remonte plus près du plafond de l'ouverture ; comme ꙅ ne diffère d'une S que par la hauteur à laquelle on tranche horizontalement par une suture idéale la double sinuosité que forment les deux signes superposés.

Ajoutons enfin que, chez *Loxonema*, tel que l'a défini Phillips, il n'y a pas d'ornementation spirale ; aussi miss Donald (actuellement Mrs Longstaff) ayant remarqué que deux espèces siluriennes, des calcaires de Wenlock, portent de

(1) 1889. Entwicklung d. Gastr., p. 440 ; — 1892. N. Jahrb. v. Miner., p. 30 ; — 1896. Leit foss., p. 108.

fines stries spirales dont deux plus profondes simulent une bande, a proposé pour cette seule différence un nouveau S.-G. *Rhabdostropha* que nous discuterons ci-après.

Si j'insiste autant sur le critérium des stries d'accroissement, c'est qu'il est malheureusement rare qu'on recueille des spécimens intacts de ces longues coquilles turriculées, et surtout des spécimens montrant l'ouverture à peu près entière. On sait seulement par l'étude de quelques échantillons de choix que cette ouverture est holostome, et que la columelle est peu arquée en avant ; M. Perner ajoute « faiblement tordue », mais elle ne présente rien de comparable à celle de *Macrochilina* par exemple, comme on peut s'en rendre compte par les coupes que cet auteur a fait reproduire dans le texte de sa Monographie ; on y constate seulement que le test est assez épais, que la section de chaque tour de spire est presque ovale, et que leur superposition est telle, par suite de l'inclinaison de l'axe de l'ovale, que le pilier formé par la columelle est légèrement ondulé : c'est probablement ce que le traducteur du texte original de M. Perner a voulu exprimer par les mots « columelle tordue ».

Les coupes faites suivant l'axe de la coquille prouvent l'absence complète d'un ombilic perforant la columelle ; c'est ce qui distingue *Loxonema* des *Cœlostylinidæ* qui ont toujours la columelle creuse. Il est vrai que M. Perner indique, dans sa diagnose générique, que la base montre quelquefois une petite fente ombilicale ; mais il est probable que cela est dû à un recouvrement accidentellement imparfait de la lèvre columellaire sur la base, tandis que *Cœlostylina* a un bord columellaire mince, laissant toujours ouvert un ombilic plus ou moins resserré dont la trace se voit sur la section longitudinale de la coquille.

Comme on le verra d'après le tableau ci-dessous, *Loxonema s. str.* n'a guère commencé à apparaître que dans le Silurien supérieur ; les espèces ordoviciennes sont moins certaines, leurs affinités avec *Murchisonia* sont étroites, parce que la sinuosité concave des stries d'accroissement est tellement profonde qu'elle représente un véritable sinus, encadré de deux lignes spirales comme dans le G. *Ectomaria* Koken, par exemple, qui possède une véritable bande, tandis que *Rhabdostropha* n'en a pas. *Loxonema s. str.* est surtout développé dans le Carboniférien, et il s'éteint dans le Permien sans atteindre le Trias où il est remplacé par *Zygopleura*.

Répart. stratigr.

SILURIEN. — Plusieurs espèces dans le Gothlandien de Gothland : *L. cf. sinuosum* Sow., *L. strangulatum*, *fasciatum*, *intumescens* Lindström, d'après la Monographie de cet auteur (1884. Silur. Gastr., pp. 142-144, pl. XV, fig. 11). Deux espèces probables dans l'Ordovicien de Scandinavie et de Trenton (États-Unis) : *L. dalecarlicum* Lindstr., *L. Murrayanum* Salter, d'après Koken (1897. Untersilur. Balt., p. 202). Plusieurs espèces typiques dans la bande e_2 (Gothlandien) de Bohême : *L. berauncnse* Barr., *L. costulatum*, *propinquum*, [1] *torquatum*, Perner, *L. inexpectatum*

(1) Double emploi avec une espèce carboniférienne de Belgique, nommée par de Koninck, qui n'est vraisemblablement pas la même ; celle du Silurien doit changer de nom et je propose pour elle : **L. Perneri** *nobis*.

debile, Barr., *L. acuminatum*, *præcedens*, Perner, d'après les figures de la Monographie précitée de cet auteur. Une espèce dans le Gothlandien supérieur (calc. hydraulic) de l'État de New-York : *L. hydraulicum*, *pexatum* Hall, d'après la Monogr. de cet auteur (1879, p. 41, pl. XIII, fig. 14). Une espèce voisine du génotype, mais différente, dans le Gothlandien supérieur d'Aymestry : *Terebra sinuosa* Sow. (*loc. cit.*). Une espèce dans le Gothlandien d'Ontario : *L. magnum* Whitf. (1895. Pal. foss. vol. III, part. II, p. 87, pl. XIII, fig. 2). Une autre espèce dans l'Ordovicien moyen du lac Winnipeg (Canada) : *L. winnipegense* Whiteaves (1897. Pal. foss., vol. III, part. III, p. 200, fig. 12).

Devonien. — L'espèce génotype dans le Famennien d'Angleterre, d'après le Prodrome de d'Orbigny. Une espèce dans la bande f_2 (Coblentzien) de Bohême : *L. rude* Barr., d'après M. Perner (*loc. cit.*). Une espèce dans l'Eifélien d'Allemagne : *L. Kayseri* Holzapfel, d'après la Monographie de cet auteur, (1895. Das obere Mitteldevon, p. 172). Deux espèces dans le Givétien des États-Unis (Hamilton group) : *L. styliola*, *Hamiltoniæ* Hall (*loc. cit.*). Le génoplésiotype ci dessus figuré, dans le Frasnien de Ferques (Pas-de-Calais), ma coll. Une espèce dans le Coblentzien des Alpes carniques : *L. rectangulare* Spitz (1907. Gast. carn. Unterdevon, p. 151). Une espèce dans l'Eifélien de la Baconnière (Mayenne) : *L. cf. nexile*, Sow., d'après Œhlert (p. 11, pl. VII, fig. 2). Trois espèces dans les couches inférieures (Naples fauna) de l'État de New-York : *L. Noe*, *Danai*, *multiplicatum* Clarke (1904, p. 382, pl. XVIII, fig. 6-14). Une espèce dans les couches moyennes de Manitoba (Canada) : *L. alticolvis* Whiteaves (Canad. Pal., 1892, IV, p. 334, pl. XLV, fig. 8-9).

Carboniférien. — Nombreuses espèces dans les calcaires dinantiens de Visé, de Tournai et des environs de Namur : *L. giganteum*, *supremum*, *walcidiodorense*, *amœnum*, *elongatum*, *intermedium*, *spurium*, *propinqnum*, *pulcherrimum*, etc., de Koninck, *L. Lefebvrei* Léveillé, *L. impendens* Mc-Coy, *Melania prisca* Goldf., d'après la Monogr. de Koninck (1881. Faune carb. Belg. 3e part. pp. 40-45, pl. IV-VI). Une espèce dans les « Salem limestone » de Spergen Hill (Indiana) : *L. yandellanum* Hall, d'après la Monogr. de Cumings (1906. Depart. state geol. of Indiana, p. 1346, pl. XXV, fig. 35-36).

Permien. — Quelques espèces probables dans les calcaires à Fusulines (Pendjabien) du fleuve Sosio en Sicile : *L. Tzwetaevi*, *plicatissimum*, *varicosum* Gemmell. (1887. Fauna dei calc. Fusul. p. 118). Une espèce dans le Texas : *L. permianum* Beede (1907. Kansas Univ. Bull., vol. IV, n° 3). Une espèce dans le bassin du Donetz : *L. peoriense* Worth., d'après la Monogr. de M. Jakowlew (pl. V, fig. 17).

Trias. — Une espèce douteuse dans les couches raibliennes de Lombardie : *Turritella Variscoi* Parona (1889, pl. III, fig. 1).

Loxonema

Rhabdostropha, Donald, 1905 (1) G.-T. : *Loxonema Grindrodi* Don. Sil.

Coquille turriculée, à spire de *Loxonema* ; tours convexes, un peu déprimés en arrière ; ornementation composée : 1° de fines lignes spirales dont deux sont plus profondes que les autres, et simulent une bande spirale située à peu près au milieu de chaque tour ; 2° de lignes sigmoïdales d'accroissement, dont quelques-unes sont pliciformes et plus saillantes, et dont la plus profonde sinuosité est précisément au milieu de la hauteur de chaque tour, c'est-à-dire vis-à-vis de la fausse bande spirale. Ouverture subovoïdale.

Diagnose traduite d'après celle de l'espèce génotype. Reproduction de la figure originale [Fig. 6].

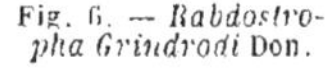

Fig. 6. — *Rabdostropha Grindrodi* Don.

Rapp. et diff. — Si l'unique différence entre *Rhabdostropha* et *Loxonema* consistait seulement dans l'existence de quelques stries chez le premier, tandis que le second n'en a jamais, je n'aurais pas admis le S.-Genre de miss Donald, même à titre de Section de *Loxonema*. Mais l'emplacement de la sinuosité des stries d'accroissement est situé plus en avant, et la sinuosité elle-même paraît plus profonde que celle de *L. sinuosum* ; à la rigueur, *Rhabdostropha* peut donc se distinguer par ces caractères, et surtout par ce simulacre de bande spirale qui indique un passage aux *Murchisoniidæ*.

Répart. stratigr.

Silurien. — Deux espèces dans le Gothlandien de Dudley et de Llangadock (Angleterre) : *L. Grindrodi*, *pseudofasciatum* Donald (*loc. cit.*).

Stylonema, Perner, 1907 (2) G.-T. *Turritella potens* Barr. Silur.

Test mince. Taille assez grande ; forme étroite, turriculée, très allongée ; angle apical de 10° à 20° au plus ; spire à galbe cylindracé, non étagée ; tours très nombreux, étroits, médiocrement bombés, à sutures peu obliques et peu profondes quand le test n'a pas disparu, ornés de stries d'accroissement concaves, serrées, très légèrement arquées sur les tours. Dernier tour peu élevé, n'atteignant

(1) Quart. Journ. geol. Soc., vol. LXI, p. 547, pl. XXXVII. — Etym. : ῥάβδος, baguette ; στροφος, tordu.

(2) Gastr. silur. Bohême, p. 325. — Etym. : στυλος, columelle ; νημα, fil.

pas la cinquième partie de la hauteur totale, à base peu bombée sur laquelle la sinuosité des stries change de direction en devenant convexe ; ouverture inconnue ; columelle très peu arquée, formant un pilier solide, non tordu, parce que la section des tours est subquadrangulaire et qu'ils reposent les uns sur les autres par une large assise plane.

Diagnose faite d'après les éléments tirés de la Monogr. de l'auteur. Reproduction de la figure originale [**Fig.** 7].

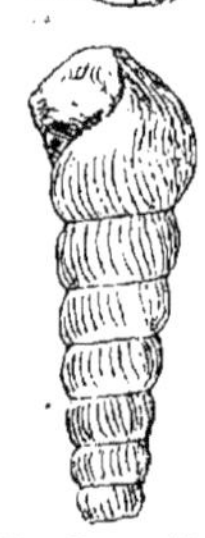

Fig. 7. — *Stylonema potens* Barr.

Rapp. et diff. — M. Perner a très justement séparé ce Sous-Genre de *Loxonema* parce qu'il s'en distingue non seulement par la forme turriculée et presque cylindrique de la spire, due à ce que les tours sont plus étroits, plus régulièrement arqués, avec des sutures moins obliques ; mais aussi par la sinuosité — moins profonde en arrière — des stries d'accroissement ; enfin la section longitudinale de la coquille montre que la columelle est beaucoup moins arquée, qu'elle forme un pilier moins tordu, et que les tours plus quadrangulaires se superposent plus exactement. Toutes ces différences réunies justifient la séparation d'un S.-Genre plutôt que d'une Section, bien qu'il y ait des espèces de transition en ce qui concerne le bombement des tours, l'inclinaison des sutures et la sinuosité des stries ; mais, comme l'hésitation ne porte généralement que sur l'un de ces caractères, il suffit de se reporter aux autres pour fixer le classement des espèces douteuses.

Répart. stratigr.

Silurien. — Nombreuses espèces dans la bande e_2 (Gothlandien) de Bohême ; *L. potens* Barr., *Turritella domina*, *opposita*, *innotata* Barr., *St. peramplum*, *transiens*, *commutatum* Perner, *Turritella placida*, *Arachne* Barr., *S. styloideum*, *solitarium*, *coalescens* Perner, *L. libens*, *mater* Barr. (*loc. cit.*). Une espèce dans le Gothlandien de Gothland : *Holopella minuta* Lindström (1884. Gastr. Silur. Gothland, p. 190, pl. XV, fig. 63). En Amérique, dans le Gothlandien (Helderberg group) : *L. rectistriatum*, *teres* Hall (*loc. cit.*).

Dévonien. — Quelques espèces dans les bandes f_1 f_2 (Coblentzien) et g_1 (Eifélien) de Bohême : *Turr. domestica*, *solvens*, *modesta* Barr., *L. benevolum* Barr, (*loc. cit.*). Une espèce voisine de *S. libens*, dans le Coblentzien de la Mayenne ; *L. subtilistria* Œhl. (Bull. Soc. Angers, p. 12, pl. VII, fig. 1). En Allemagne : *Turritella trochleata* Munst., d'après M. Perner. Une espèce douteuse, à l'état de moule, dans le Coblentzien (grès de Shoharie) de l'État de New-York : *L. solidum* Hall (*loc. cit.*).

Carboniférien. — Une espèce dans le Dinantien de Tournay : *Buccinum curvilinea* Phill., coll. de l'École des Mines ; quelques autres probables dans les mêmes gisements de Belgique : *L. nerviense*, *acutum* de Koninck (*loc. cit.*).

Loxonema

POLYGYRINA, Koken, 1892 (1). G.-T. : *Turritella Lommeli* Munst. Trias.

Taille petite ; forme turriculée, cylindracée, angle spiral 12 à 15° ; tours nombreux, peu élevés, très convexes, ou même subanguleux, à sutures profondes, lisses où à peine marqués de stries d'accroissement arquées. Dernier tour arrondi à la base qui est lisse, un peu excavée vers le cou, dépourvue d'ombilic. Ouverture ronde, holostome ; columelle arquée, formant un pilier tordu ; section des tours ovale.

Diagnose refaite d'après les spécimens de l'espèce génotype de St Cassian, ma coll. ; et d'après les figures de la Monogr. de Kittl (p. 176, pl. XIII, fig. 35-39).

Rapp. et diff. — Les différences entre *Polygyrina* et *Loxonema* sont trop peu importantes pour justifier la création d'un Genre distinct, comme l'avait d'abord proposé Koken, ni même d'un S.-G. admis par Kittl, puis par Koken (1876. Gastr. Hallstadt, p. 84). Le galbe convexe ou subanguleux des tours, la disparition des stries d'accroissement, dont quelques-unes subsistent seules aux arrêts du labre, peuvent à la rigueur faire accepter *Polygyrina* comme une Section de *Loxonema*, voisine aussi de *Stylonema* par la convexité et le peu de hauteur des tours de spire ; mais leur coupe est ovale au lieu d'être rectangulaire comme celle des tours de *Stylonema*.

Répart. stratigr.

CARBONIFÉRIEN. — Une espèce probable, dans le Dinantien de la Belgique : *L. gracile* de Koninck d'après la figure publiée par cet auteur (*loc. cit.*) ; la même dans les Alpes Carniques, avec une espèce voisine : *L. subgracile* Netschw., d'après Vinassa de Regny et Gortani (Foss. carb. carn., p. 382, pl. XV).

TRIAS. — L'espèce génotype, dans le Tyrolien de St-Cassian ; une autre forme du même gisement, que Kittl considère comme le jeune âge du génotype : *Melania minima* Klipst., ma coll. Une espèce plus douteuse, à tours moins convexes, à base plus excavée : *Melania turritelliformis* Klipst., même gisement, classée par Kittl comme *Loxonema s. str.* — ce qui est improbable. Deux autres espèces dans les couches carniques et noriques d'Hallstadt : *L. elegans* Hœrn., *L. tornatum* Koken (*loc. cit.*, p. 94). Une espèce douteuse dans les couches raibliennes de la Lombardie : *Chemnitzia simplex* Parona (1889. Stud. monogr. fauna raibl. Lomb., p. 68, pl. II, fig. 4). Une espèce probable dans le Keupérien inférieur du Wurtemberg : *Chemnitzia gracilior* Schaur. d'après la figure publiée par M. Grunert (1898. Scaph. u. Gastr. Deutsch. Trias, p. 39, pl. IV, fig. 12).

(1) *Loc. cit.*, p. 31. — **Etym.** : πολυς, beaucoup ; γυρος, tour de spire.

KATOPTYCHIA, Perner, 1907 (1) G.-T. : *Loxonema album* Barr. Dévon.

Test très épais. Taille moyenne : forme turriculée, élancée ; spire longue, à galbe conique sous un angle apical de 20° environ ; tours assez élevés, convexes en avant, un peu concaves en arrière, séparés par des sutures peu obliques, bordées et rainurées ; ils sont d'abord dépourvus d'ornementation, puis marqués de stries d'accroissement serrées, sinueuses en S et très obliques, peu incurvées en arrière, assez convexes sur le bombement antérieur. Dernier tour élevé, atteignant presque le tiers de la hauteur totale, à base arrondie et dépourvue d'ombilic. Ouverture incomplètement connue : columelle excavée en arrière, section des tours subrhomboïdale, le pilier de la columelle étant un peu tordu sur l'axe de la coquille.

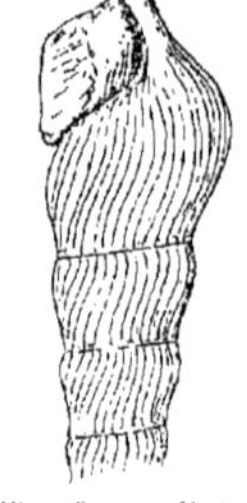

Fig. 8. — *Katoptychia melanoides* OEhl.

Diagnose complétée d'après celle de l'espèce génotype (Gastr. Silur. Bohême, T. II, p. 348, fig. 254). Reproduction de cette figure [Fig. 8]. Plésiogénotype du Dévonien de la Normandie : *L. Melanioides* OEhl. (Pl. I, fig. 4) coll. de l'École des Mines.

Rapp. et diff. — La séparation de ce Sous-Genre m'a semblé justifiée, non seulement par le bourrelet postérieur des tours de spire et par leurs sutures rainurées, par leur section moins ovale, mais encore par la moindre courbure des stries d'accroissement qui sont presque rectilignes et très obliques en arrière. D'autre part, tout en indiquant que *Katoptychia* est vraisemblablement le précurseur d'*Anoptychia*, M. Perner a fait ressortir les différences qui le séparent de ce dernier : 1° l'arète ou bourrelet situé au-dessus de la suture, tandis que cette arète se trouve toujours au-dessous dans le G. comparé ; 2° stries d'accroissement très obliques, tandis qu'elles sont plus verticales quoique plus concaves chez *Anoptychia* ; 3° absence de stries spirales sur la base. Enfin le test de *Katoptychia* est beaucoup plus épais que celui de *Stylonema*, le profil des tours moins étroits est tout à fait différent : le dernier tour surtout est plus élevé chez *Katoptychia*, et sa columelle paraît plus excavée. D'ailleurs, comme on le verra ci-après, *Anoptychia* est à rapprocher plutôt de *Zygopleura*, tandis que *Katoptychia* se rattache complètement à *Loxonema* par son galbe et son ornementation ; on ne l'en distingue que par un bourrelet sutural, par ses

(1) *Loc. cit.* — Etym. : κατα, selon ; πτυχια, pli. — Il serait plus correct d'écrire *Cataptychia* ; en tous cas, ce dernier terme doit désormais être considéré comme préemployé.

tours plus excavés en arrière, à section plus ovale, enfin par ses stries moins sinueuses.

Répart stratigr.

DEVONIEN. — Deux espèces dans la bande f_2 (Coblentzien) de Bohême : *L. album, fugitivum* Barr., d'après le Mémoire précité de M. Perner. Une espèce bien caractérisée dans le Givétien de l'État de New-York (Hamilton group) : *L. duplicatum* Hall, d'après les figures publiées par cet auteur (1879. p. 47, pl. XIII, fig. 19-25) ; une autre plus douteuse dans l'Ohio : *L. obsoletum* Hall (*loc. cit.*). Le génoplésiotype ci-dessus figuré, dans le Coblentzien de Néhou, coll. de l'École des Mines.

CARBONIFERIEN. — Une espèce dans le Dinantien de Visé : *L. constrictum* de Kon., coll. de l'École des Mines de Paris.

ZYGOPLEURA, Koken, 1892 (1),

« Tours plus ou moins convexes, avec des plis nettement concaves en arrière, qui se transforment sur le dernier tour en fines côtes fasciculées, infléchies comme les stries de *Loxonema* ; tours embryonnaires lisses ; ouverture généralement munie d'une gouttière » [Diagn. orig.].

ZYGOPLEURA *s. str.* G.-T. : *Turritella hybrida.* Munst. Trias

Taille très variable : forme cylindroconique ; spire longue, polygyrée, croissant sous un angle apical de 20° environ ; tours nombreux, convexes surtout en avant, étroits, séparés par des sutures peu inclinées ; protoconque lisse : ornementation ensuite composée de costules plus ou moins obliques, pincées en arrière, plus épaisses en avant sur la convexité maximum de chaque tour, plus ou moins écartées, avec des intervalles dépourvues d'ornements spiraux. Dernier tour peu élevé, égal à peu près au cinquième de la hauteur totale, sur lequel les costules tendent parfois à s'effacer ou sont remplacées par des plis d'accroissement sinueux en ε, mais toujours fasciculés, plus épais et formant parfois de véritables nodosités en

(1) N. Jahrb. Miner., p. 30. — Etym. : ζυγος, joug ; πλευρον, flanc.

avant, sur la convexité maximum de leur tracé : base arrondie, déclive vers le cou qui est court, non ombiliqué et dépourvu d'ornementation spirale. Ouverture ovale, arrondie, peu élevée, légèrement évasée en avant, quoique holostome ; labre sinueux : columelle excavée, peu épaisse, formant une colonne torse et pleine, la section des tours étant ovale et leur superposition n'étant pas parfaite.

Diagnose refaite d'après les figures de l'espèce génotype (*in* Kittl, Gastr. Saint-Cassian, pl. XIII, fig. 6-8). Reproduction de l'une de ces figures [Fig. 9]. Génoplésiotype du Carboniférien : *Melania rugifera* Phill. (Pl. I, fig. 2), de Glasgow, coll. de l'École des Mines.

Fig. 9. — *Zygopleura hybrida* Munst.

Rapp. et diff. — Si l'on ne compare que les formes triasiques, *Zygopleura* se distingue immédiatement de *Loxonema* par ses côtes axiales, remplaçant les stries de ce dernier, et par ses tours étroits, à sutures peu inclinées ; à ce point de vue donc, la séparation proposée par Koken est absolument justifiée, de sorte que je ne partage pas l'opinion de Kittl qui a réuni les deux Genres. Cette réunion est toutefois moins contestable quand il s'agit de formes paléozoïques ; car, ainsi que l'a fait remarquer M. Perner (Gastr. Bohême, II, p. 350), dans le Dévonien et surtout dans le Silurien, les limites de la distinction à faire entre *Zygopleura* et *Loxonema* sont plus difficiles à saisir : les plis fasciculés du premier ressemblent beaucoup aux stries d'accroissement du second et ils ne sont guère plus écartés ; en outre, les sutures sont presque aussi obliques et les tours ne sont guère moins élevés. D'autre part, si l'on considère les quelques formes jurassiques qui ont été rapportées avec raison au G. *Zygopleura*, on remarque qu'elles sont, en quelque sorte, l'exagération de celles du Trias, c'est-à-dire que leur ornementation se réduit à de grosses nodosités encore bien plus écartés que les côtes de *Turritella hybrida*. Cependant leur ouverture est semblable à celle de ce dernier, de sorte que je ne crois pas qu'on puisse les attribuer à une nouvelle Section.

En résumé, on peut dire que *Zygopleura* procède directement de *Loxonema*, mais que la division s'est accentuée progressivement, à mesure que l'animal habitait des mers moins anciennes, de sorte que sa spécialisation croissante justifie amplement la distinction générique proposée par Koken, c'est-à-dire qu'elle est bien conforme aux lois de l'évolution.

Répart. stratigr.

Silurien. — Une espèce probable, dans le Gothlandien (Hamilton group) de l'État de New-York : *L. Bellona* Hall (Pal. of N. Y., p. 46).

Dévonien. — Une espèce dans la bande f_2. (Coblentzien) de Bohême : *Turr. devonicans* Barr. ; et une autre dans la bande g_1 (Eifelien) : *Z. Alinæ*

Zygopleura

Perner (*loc. cit.*). En Allemagne, aux mêmes niveaux : *L. obliquarcuatum* Sandb., *Melania arcuata* Munst., *L. Rœmeri* Kayser, d'après M. Perner ; dans le Cobleutzien des Alpes carniques : *L. ingens* Frech, *L. magnificum* Spitz (1907. Gastr. carn. Unterdev., p. 152). En Angleterre : *L. anglicum* d'Orb. (= *L. rugiferum* Phill. *non carb. sp.*). Aux Etats-Unis : *L. terebra* Hall. (*loc. cit.*).

Carboniférien. — Le génoplésiotype ci-dessus figuré, dans le Northumberland. Plusieurs espèces dans les calcaires dinantiens de Visé en Belgique : *L. ruginosum*, *Murchisonianum*, *scalaroideum*, *formosum* de Koninck (*loc. cit.*).

Permien. — Une espèce dans les couches à Fusulines (Pendjabien) de la vallée du fleuve Sosio en Sicile : *L. salomonense* Gemmell. (1887. Fauna calc. Fus., p. 117, pl. XIII, fig. 1-2). Une espèce dans le Bassin du Donetz : *L. backmouthinense* Jakowlew, d'après la Monographie de cet auteur (*loc. cit.*, pl. V, fig. 18).

Trias. — Une grande espèce bien caractérisée, dans le Muschelkalk des environs du lac Balaton : *L. Arpadis* Kittl (1900. Trias Gastr. Bakonyerw., p. 26, pl. II, fig. 13). Plusieurs espèces dans le Muschelkalk d'Allemagne : *Melania costifera* Schaur., *M. nodulifera* Dunk., *L. Zekelii* Giebel, d'après Koken (1896. Leitfoss., p. 601). Outre le génotype, plusieurs espèces dans le Tyrolien de Saint-Cassian : *Turr. tenuis* Munst., *T. acuticostata* Klipst., *T. arctecostata* Munst., *Melania rugosocostata* Klipst., *M. obliquecostata* Bronn, *Turr. Walmstedti* Klipst., *M. Haueri* Kl., *Cerith. lateplicatum* Kl., *Katosira seelandica* Kittl, d'après les fig. de la Monogr. précitée de cet auteur ; dans les calcaires dinariens de Marmolata : *Lox. insociale* Kittl (1894, p. 151) ; plusieurs espèces dans les calcaires dinariens d'Esino : *L. Cortii*, *grignense*, *crucianum*, *Sellai* Kittl (1899, p. 91) ; et de Predazzo : *L. katosiroides* Häberle (1908. Pal. Unters. triad. Gastr., 379, pl. V, fig. 5). Une seule espèce dans le Tyrolien d'Hallstadt : *Turr. nodosoplicata* Munst. d'après Koken (1896, p. 121). Trois espèces dans les couches raibliennes de Lombardie : *L. Meneghinii* Stopp., *L. breve*, *acutissimum* Parona (1889. *Loc. cit.*, pl. III, fig. 3-5).

Lias. — Plusieurs espèces ou variétés dans le Sinémurien des environs de Palerme : *Chemn. Talia*, *Moorei*, *Veturia*, *polyplecta*, *Antiope*, *apenninica*, *Thalestris*, *Ethra* Gemmellaro (Sui foss. crist. Casale, 1878, p. 252 et suiv., pl. XXI, fig. 1-13). Une espèce dans les calcaires gris de la Vénétie : *Chemn. Paradisi* G. Bœhm (1884. Grauen Kalke, p. 782, pl. XXVI, fig. 5). Deux espèces dans l'Hettangien de la Moselle : *Cerith. verrucosum* Terquem, *C. Quinetteum* Piette, coll. de l'Ecole des Mines. Une espèce à grosses côtes noduleuses dans le Sinémurien de la Normandie et dans l'Hettangien de la Vendée : *Chemn. subnodosa* d'Orb., ma coll. Une espèce probable dans le Charmouthien de Fontaine-Etoupefour (Calvados) : *Ch. undulata* d'Orb., d'après la fig. de la Paléont. franç. Une espèce dans le Toarcien de Niort ; *Ch. Baugieriana* d'Orb., d'après Koken (Leitfoss., p. 705).

BAJOCIEN. — Une espèce bien caractérisée, attribuée par l'auteur au gisement de Bayeux : *Melania semicostata* Desl. (1842, p. 220).

BATHONIEN. — Une espèce de grande taille dans le Vésulien de Saint-Gaultier : *Z. Benoisti* Cossm., ma coll., coll. de l'Ecole des Mines.

CALLOVIEN. — Une espèce à côtes sinueuses, dans l'Oxfordien inférieur de Pizieux (Sarthe) : *Ch. Mysis* d'Orb., d'après Koken (Leitfoss., p. 705), et d'après la figure de la Paléont. franç. (pl. CCXLII, fig. 8-9).

KATOSIRA, Koken, 1892 (1). G.-T. : *Chemnitzia Periniana* d'Orb. Lias.

Taille moyenne ; forme étroite, turriculée ; spire longue, à galbe conique sous un angle apical de 12 à 15°, tours plus ou moins convexes, à sutures linéaires et peu inclinées, ornés de costules axiales un peu sinueuses, régulièrement écartées, que croisent des stries spirales assez fines, généralement beaucoup plus serrées que les costules. Dernier tour égal au quart ou au cinquième de la hauteur totale, peu convexe à la base sur laquelle, à partir de la périphérie subanguleuse, les costules cessent tandis que les stries spirales persistent seules et plus marquées que sur les tours précédents. Ouverture ovale, très faiblement versante en avant ; columelle excavée.

Diagnose refaite d'après la figure de l'espèce génotype (Pal. fr., terr. jur., T. II, p. 36, pl. CCXLIII, fig. 1-3), reproduite [Fig. 10]. Génoplésiotype du Charmouthien de Normandie : *Chemn. Corvaliana* d'Orb. (Pl. I, fig. 5), ma coll.

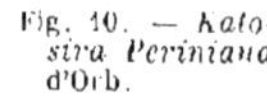

Fig. 10. — *Katosira Periniana* d'Orb.

Rapp. et diff. — On ne doit admettre *Katosira* que comme Section très voisine de *Zygopleura* : Kittl a fait observer avec beaucoup de justesse que certaines espèces du groupe de *Turritella hybrida* — qui sont des *Zygopleura* typiques — ont déjà des traces de stries à travers les côtes axiales ; aussi j'ai hésité pour le classement de quelques-unes de ces formes triasiques, surtout par le motif que je n'ai eu à ma disposition que la comparaison des figures, mais le doute n'est pas permis pour les formes du Lias, dont j'ai pu étudier quelques spécimens. La différence la plus importante consiste en ce que les costules de *Katosira* s'étendent d'une suture à l'autre, sans montrer l'épaississement antérieur qui caractérise *Zygopleura* s. *str.* ; en outre, ces costules cessent subi-

(1) N. Jahrb. f. Miner, etc..., p. 31. — Etym. : κατα, selon ; σειρα ? Il serait, par conséquent, plus correct d'écrire *Catosira* ; en tous cas, ce dernier terme doit désormais être considéré comme préemployé.

tement sur la base où il ne reste que de fortes stries concentriques — ce qui n'a pas lieu chez *Zygopleura*.

Les ouvertures étant rarement conservées, je n'ai pu observer s'il existe des différences entre elles ; mais il est probable qu'il y aurait encore d'autres critériums distinctifs à retenir, si l'on pouvait étudier le labre intact. En tous cas, *Katosira* est beaucoup plus proche de *Zygopleura* que ne l'est *Anoptychia* pourvu aussi de stries basales, parce que ses côtes persistent jusqu'à la périphérie de la base et que ses sutures ne sont ni canaliculées, ni carénées.

Répart. stratigr.

PERMIEN. — Deux espèces douteuses, dans les calc. à Fusulines du fleuve Sosio en Sicile : *Lox. pseudomorphum*, *heteromorphum* Gemmellaro (*loc. cit.*, p. 120, pl. XIX, fig. 1-3).

TRIAS. — Une espèce citée dans les couches rouges (Raibl. sch. = Tyrolien) du plateau de Schlern, en Allemagne : *K. fragilis* Koken (1892. Zeitsch. d. Geol. Ges., p. 295, pl. XVI, fig. 1-2) ; une autre au même niveau, dans les Alpes bavaroises : *K. proundulata* v. Ammon, d'après la figure publiée par cet auteur. Plusieurs espèces dans le Tyrolien de Saint-Cassian : *K. tyrolensis*, *Beneckei*, *Kokeni*, *Cassiana* Kittl (*loc. cit.*, p. 182), tandis que les autres sont, à mon avis, des *Zygopleura s. str.* Une espèce dans les couches dolomitiques de la Souabe : *K. solitaria* Philippi (1898. Fauna unt. *Trigonodus* Schicht., p. 189, pl. VIII, fig. 7). Deux espèces dans le Muschelkalk du lac Balaton : *Lononema modestum*, *Kat. wesprimiensis* Kittl, d'après la Monogr. de cet auteur (1900. Trias gastr. Bakon., p. 27 et 29, pl. II, fig. 14, 18 et 19).

LIAS. — Les deux espèces ci-dessus figurées, dans le Charmouthien de Châlon-sur-Saône, d'après d'Orbigny, et de Normandie, ma coll. Une petite espèce très douteuse, dans les couches de Perciros en Portugal : *K. Pimenteli* J. Böhm. ma coll. Une espèce probable dans le Sinémurien des Ardennes : *Turritella costifera* Piette, d'après la figure ; une autre dans l'Hettangien de la Lorraine : *Cerith. gratum* Terquen (Pal. d'Hettange, pl. III, fig. 15). Deux espèces dans l'Hettangien de la vallée du Rhône : *Turritella Martini*, *Glandulæ* Dumortier (1864. Lias vall. du Rhône, vol. I, p. 122, pl. XVIII, fig. 7-8, et pl. XX, fig. 3). Une autre espèce dans le Charmouthien du Cher et de l'Ain : *Chemn. carusensis* d'Orb. (Pal. fr., p. 34, pl. CCXXXVII, fig. 13-15) et d'après Dumortier (*l. c.*, T. III, p. 217). Une espèce nouvelle dans le Charmouthien de la Vendée : *K. Chartroni* Cossm. (1908).

ALLOSTROPHIA, Kittl, 1894 (1) G.-T. : *Melania perversa* Munst. Trias.

Taille petite ; forme sénestre, subcylindracée ; spire longue, croissant sous un angle apical d'environ 12° ; tours nombreux, peu élevés,

(1) Gastr. Saint-Cassian, p. 177. — Etym. : ἀλλος, différent ; στροφια, enroulement.

un peu convexes surtout en avant, à sutures obliques ; ornementation formée de petites costules sinueuses sur les premiers tours, effacées sur les derniers. Ouverture médiocrement élargie, rhomboïdale ; columelle droite ; base non ombiliquée.

Fig. 11. — *Allostrophia perversa* Munst.

Diagnose refaite d'après la figure de l'espèce génotype (*in* Kittl, *loc. cit.* pl. XV, fig. 37-38) reproduite [Fig. 11].

Rapp. et diff. — L'auteur a hésité à séparer de *Loxonema* cette forme sénestre, d'après une seule espèce incomplètement connue. L'existence de costules sur les premiers tours et sur une partie de la spire, la forme rectiligne de la columelle, rapprochent plutôt *Allostrophia* de *Zygopleura* dont il ne serait, d'après moi, qu'une Section surtout remarquable par sa forme sénestre et par l'effacement de l'ornementation axiale.

Répart. stratigr.

TRIAS. — L'espèce génotype dans le Tyrolien de Saint-Cassian, d'après Kittl qui pense que ce n'est pas une forme sénestre d'une autre espèce déjà connue.

ANOPTYCHIA, Koken, 1892 (1). G.-T. : *Tur. supraplecta* Munst. Trias.

Taille moyenne ou assez petite ; forme turriculée, conique ; spire médiocrement allongée, croissant sous un angle apical de 25 à 30° ; tours plans ou à peine convexes, subimbriqués en avant, séparés par des sutures rainurées que borde souvent un petit bourrelet antérieur ; ornementation des premiers tours presque toujours formée de petites costules un peu courbées qui forment quelquefois des nodosités sur le bourrelet infrasutural ; et dans les intervalles desquelles on distingue quelques filets spiraux ; cette ornementation disparaît généralement avant la moitié des tours de spire, et ensuite il ne reste que des traces de stries spirales avec des stries d'accroissement en ε. Dernier tour à peu près égal au quart de la hauteur totale, arrondi à la périphérie de la base qui est peu convexe et généralement couverte de stries concentriques ; pas d'ombilic. Ouverture peu élevée, subtrapézoïdale, surtout chez les formes imbriquées ; columelle lisse, peu arquée, faiblement calleuse.

(1) N. Jahrb. f. Miner., etc..., p. 32. — Etym. : ανω en haut ; πτυχος, pli.

Diagnose refaite d'après la figure de l'espèce génotype (in Kittl, 1894, *loc. cit.* pl. VIII, fig. 6), reproduite [Fig. 12].

Rapp. et diff. — La séparation du groupe de *T. supraplecta* a été faite par Koken dès 1889 (N. Jahrb. f. Miner., p. 443); mais ce n'est qu'en 1892 que, dans une note infrapaginale, il a proposé la dénomination *Anoptychia* qui a été ensuite reprise et un peu transformée par Kittl. On peut toutefois reprocher à ce dernier auteur de n'avoir pas respecté le choix du type de son prédécesseur, et d'y avoir substitué en première ligne *Melania canalifera* M., espèce qui lui a paru se rapprocher davantage de la diagnose originale, notamment en ce qui concerne les stries basales, souvent effacées chez *T. supraplecta*.

Fig. 12. — *Anoptychia supraplecta* Munst.

D'autre part, Kittl — qui n'admet pas le G. *Zygopleura* — a, naturellement, considéré *Anoptychia* comme S.-G. de *Loxonema*. Mais, dès l'instant que l'on distingue — comme je l'ai fait — *Zygopleura* de *Loxonema*, il faut évidemment rattacher *Anoptychia* à *Zygopleura* puisque ses premiers tours commencent exactement comme ceux de ce dernier Genre; au contraire, les derniers tours se rapprochent plutôt du galbe de ceux d'*Undularia*, quoique avec des sutures plus canaliculés, tellement même que Koken a rapporté à ce G. *Undularia Turr. carinata* M. que Kittl classe avec raison dans le S.-G. *Anoptychia*. Comme il est rare que l'on possède la spire complète des espèces de ce S.-Genre, les fragments ont souvent été confondus soit avec de jeunes *Zygopleura*, soit avec les derniers tours d'*Undularia*; toutefois il me semble facile d'éviter cette confusion si l'on tient compte de l'ornementation spirale, rarement effacée chez *Anoptychia*.

Répart stratigr.

TRIAS. — Plusieurs espèces, outre le génotype, dans le Tyrolien de Saint-Cassian : *Melania canalifera*, *multitorquata*, *Turritella carinata* Munst., *Lox. subnudum*, *Janus* Kittl, ces deux dernières douteuses. Une espèce dans le Muschelkalk d'Allemagne; *A. terebra* Giebel, d'après Koken (1896. Leitfoss., p. 600). Quatre espèces dans les couches noriques et carniques (Juvavien) d'Hallstadt; *A. impendens*, *tornata*, *vittata*, *coronata* Koken (*loc. cit.*, pp. 100-101).

LIAS. — Une espèce bien caractérisée dans le Sinémurien des Ardennes : *Turritella semiornata* Terquem et Piette (Lias de l'Est, p. 34, pl. II, fig. 7-8).

ALLOCOSMIA, Cossm. 1897 (1). G.-T. : *Holopella grandis* Hœrn. Trias.
(= *Heterocosmia* Koken 1892, *non* Ehr. 1872)

Taille grande : forme turriculée, étroite, à galbe conique ; spire très longue, très pointue et cylindracée au sommet, croissant ensuite

(1) Revue crit. Pal., T. I, p. 143. — Etym. : ἄλλος, différent; κόσμος, ornement.

rapidement sous un angle apical de 25° environ ; vingt tours au moins, très convexes, surtout en avant, dont la hauteur atteint les 4/5 — puis les 3/4 — de la largeur, séparés par des sutures très profondes et obliques, ornés de stries d'accroissement faiblement incurvées au milieu et de fines stries spirales ; les huit ou dix premiers tours portent, en outre, des plis d'accroissement assez serrés qui forment avec les stries spirales un treillis disparaissant complètement vers le dixième tour, de sorte que les fragments adultes ne paraissent pas appartenir à la même espèce que les pointes des jeunes spécimens. Dernier tour atteignant presque le quart de la hauteur totale, arrondi à la périphérie de la base qui est excavée sous le cou et qui est imperforée ; les stries d'accroissement sont médiocrement sinueuses en ≈, et leur convexité sur la base n'est pas très saillante en avant ; enfin, les stries spirales se serrent davantage, et elles deviennent plus fibreuses. Ouverture holostome, mais paraissant munie d'un bec antérieur parce qu'elle n'est pas intacte et parce que la columelle est presque verticale.

Fig. 13. — *Allocosmia grandis* Hœrn.

Diagnose refaite d'après la figure de l'espèce génotype (1897, Gastr. Hallstadt, p. 98, pl. XV), reproduite [Fig. 13] ; et d'après un spécimen de la même espèce (Pl. I, fig. 1), coll. de l'École des Mines.

Rapp. et diff. — Ce Sous-Genre se rattache plutôt à *Zygopleura* qu'à *Loxonema*, non seulement à cause de l'ornementation des premiers tours, mais encore à cause de l'apparence de bec que présente l'extrémité antérieure de l'ouverture quand elle est mutilée, ce qui est le cas général chez les individus que l'on a pu étudier. C'est, d'ailleurs, avec raison que Koken a écarté son G. *Heterocosmia* (corrigé en *Allocosmia* pour cause de double emploi) du G. *Rhabdoconcha* qui appartient, à mon avis, à une Famille différente ; à ce point de vue, l'opinion émise par Kittl, à plusieurs reprises, ne me paraît pas exacte : la columelle et la base d'*Alloscomia* sont imperforées, et il y a des stries spirales chez les deux ; mais, outre que le galbe des tours est ici bien plus convexe que chez *Rhabdoconcha*, l'ornementation axiale de la pointe d'*Allocosmia* ne ressemble aucunement aux premiers tours de l'autre. Quoique les stries d'accroissement ne soient pas très sinueuses, elles présentent bien l'inflexion de celle des *Loxonematidæ*. D'autre part, ainsi que l'a fait remarquer Koken (*loc. cit.*, p. 93), les caractères du génotype ne sont pas individualisés, puisque l'auteur a pu étudier une centaine d'exemplaires de cette espèce, dont plusieurs admirablement conservés. A elle seule, la taille exceptionnelle qu'atteint le génotype pourrait déjà fournir un indice à l'appui de la séparation du S.-G. *Allocosmia*.

Malgré ses stries spirales et ses premiers tours plissés, *Allocosmia* se distingue aisément d'*Anoptychia* par son galbe très différent, ses tours étant assez régulièrement convexes au lieu d'être presque plans et imbriqués en avant; en outre, la base ne porte pas de stries aussi profondes, et ces stries y sont au contraire plus serrées que sur la spire. Quant à *Rhabdostropha* — qui appartient au G. *Loxonema* — ses stries d'accroissement sont plus profondément sinueuses, et ses stries spirales sont plus écartées, dont deux forment presque une bande; enfin il n'a pas d'ornementation axiale sur les premiers tours, comme *Allocosmia*.

Répart. stratigr.

Trias. — Outre le génotype, dans les couches noriques (Juvavien) de Sandling, une espèce un peu trapue dans le même gisement: *Heterocosmia insignis* Koken, et une troisième sur laquelle les plis axiaux persistent davantage jusque sur le cinquième avant-dernier tour: *Heterocosmia rudicostata* Koken (*loc. cit.*, p. 99). Une autre espèce dans les calcaires dinariens de Marmolata : *Lox. Neptunis* Kittl (1894. Triad. Gastr. Marm., p. 151, pl. V, fig. 7). Une espèce très finement ornée de stries spirales — mais dont l'ornementation axiale n'a pas été constatée — dans les couches dolomitiques de la Souabe : *Melania Schlotheimi* Quenst., d'après M. Philippi qui en fait un *Loxonema* (Fauna unt. *Trigonodus* Sch., p. 182, pl. VIII, fig. 4). Un fragment dans le Muschelkalk du lac Balaton : *Lox. cucycloides* Kittl (1900. Gastr. Bakonyerw., p. 27, pl. II, fig. 15).

Lias. — Une espèce inédite, dans le Sinémurien de la Manche : *A. Brasili* *nob.* (Pl. I, fig. 6), ma coll.. [voir l'annexe ci-après].

HYPSIPLEURA, Koken, 1892 (1).

« Coquille très allongée, avec des tours élevés, plans, conjoints, mais un peu en gradins, par suite de la saillie du tour supérieur ; la partie antérieure des tours est ornée de côtes axiales également fortes, qui s'adoucissent d'abord au milieu, pour reparaître en arrière où elles forment une couronne de nodosités qui surplombe la suture ; sur les derniers tours, ces costules se transforment en fins plis dont la direction est concave en avant ».

(1) N. Jahrb. f. Miner., etc..., p. 32. — Etym. : ὑψος, aplati ; πλευρα, flanc.

HYPSIPLEURA *s. str.* G.-T.: *H. cathedralis* Koken. Trias.

Taille moyenne ; forme étroite, cylindracée ; spire longue, étagée, croissant rapidement sous un angle apical de 10 à 12° ; tours peu convexes, dont la hauteur égale les deux tiers ou les trois quarts de la largeur, à sutures très obliques, assez profondes, et presque en gradins ; ornementation comportant quelques traces de stries spirales très fines, et une douzaine de plis axiaux, pincés en arrière au-dessus des sutures, s'aplatissant et s'effaçant sur la région médiane de chaque tour, reparaissant quelquefois vers la suture antérieure ; dans l'intervalle de ces plis, on distingue en outre de fines stries sinueuses d'accroissement. Dernier tour très élevé, subanguleux à la périphérie de la base qui est déclive et excavée, dépourvue de costules et d'ombilic, marquée seulement de fines stries spirales, peu apparentes. Ouverture étroite et trois fois moins haute que large ; columelle excavée en arrière, un peu calleuse.

(Diagnose complétée d'après les figures d'un génoplésiotype de St-Cassian (considéré par Kittl comme identique au génotype) : *Melania subnodosa* Klipst. (*in* Kittl, *loc. cit.*, pl. XVI, fig. 12-16). Reproduction de l'une de ces figures [Fig. 14].

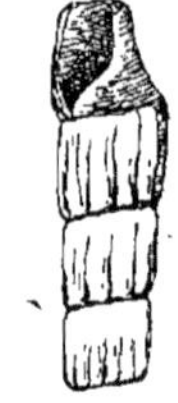

Fig. 14. *Hypsipleura subnodosa* Klipst.

Rapp. et diff. — Bien que dans une publication postérieure à celle de St-Cassian (1899. Esinokalk, p. 105), Kittl ait indiqué que *Hypsipleura* n'est probablement qu'une « petite modification de *Loxonema*), j'estime que c'est un Genre absolument distinct par tous ses caractères : s'il y avait un rapprochement à faire, ce serait plutôt avec *Zygopleura*, *Katosira* ou *Anoptychia*, à cause de son ornementation axiale et de ses stries spirales. Mais la différence capitale consiste dans ce fait que les costules écartées n'ont pas du tout l'inflexion des stries d'accroissement qui sont sinueuses comme celles de *Loxonema* ; en outre, l'ouverture, quoique probablement holostome, ne paraît pas ovale ou arrondie, comme celle de *Loxonema* et de *Zygopleura*, et elle est beaucoup plus haute que l'ouverture subrectangulaire d'*Anoptychia* : il est dommage qu'on n'ait pu l'étudier intacte ; en résumé, c'est un Genre tout particulier, dont les caractères sont encore à préciser.

Répart. stratigr.

TRIAS. — L'espèce génotype dans les couches raibliennes (Juvavien) du plateau de Schlern, en Allemagne. Le génoplésiotype ci-dessus figuré, dans le Tyrolien de St-Cassian, avec deux autres espèces : *H. semiornata* Kittl, *Melania nodosa* Münst., d'après la Monogr. de Kittl (1894. St-Cassian, pp. 205 et 220).

STEPHANOCOSMIA, Cossm. 1895 (1).
(= *Coronaria* Koken 1892, *non* Lowe 1854, *nec* Fabr.).

« Tours subcarénés au milieu, avec des nodosités ; sutures profondes, tours relativement étroits ; stries d'accroissement profondément sinueuses, comme chez les vrais *Loxonema* ; dernier tour généralement lisse, sans aspérités ». [N. Jahrb. f. Miner, etc., 1892, Bd. II, p. 31].

STEPHANOCOSMIA, *s. str.* G.-T. : *Coronaria coronata* Koken. Trias,

Taille moyenne ; forme turriculée, cylindracée ; spire longue, croissant lentement sous un angle apical de 10 à 12° ; tours nombreux, étroits, dont la hauteur ne dépasse guère la moitié de la largeur, subanguleux au milieu, séparés par des sutures linéaires quoique profondes, ornés de stries d'accroissement sinueuses en ε qui forment, sur l'angle médian, des nodosités incurvées, produites par des fascicules de plis vis-à-vis de leur concavité maximum. Dernier tour très peu élevé, généralement lisse chez les spécimens adultes, à base déprimée, peu convexe, sans ombilic. Ouverture arrondie en avant, subanguleuse en arrière.

Diagnose complétée d'après un génoplésiotype de St-Cassian : *Turritella striatopunctata* Klipst. Reproduction d'une des figures publiées par Kittl [Fig. 15].

Fig. 15. — *Stephanocosmia striatopunctata* Klispt.

Rapp et diff. — Après avoir proposé le G. *Coronaria* — dont le nom n'a pu être conservé pour cause de double emploi — Koken a ultérieurement modifié (1892. Zeitschr. geol. Ges., p. 204) sa diagnose originale, et il s'est borné à ajouter que *Coronaria* n'est qu'un S.-G. de *Zygopleura*. Je ne suis pas de cet avis, parce que *Zygopleura* possède

(1) Revue bibliogr. p. l'année 1895. (*Journ. Conch.*, p. 62 (tir. à part). — Etym. : στέφανος, couronne ; κόσμος, ornementation.

de véritables costules, parce que l'accroissement de sa spire est très différent, et parce que l'ouverture doit probablement être tout autre, ainsi qu'on peut le présumer d'après la forme de la base. On peut donc admettre *Stephanocosmia* comme un Genre bien distinct, mais en le limitant aux formes non striées spiralement, ainsi qu'on le verra ci-après à propos de la Section *Tyrsoecus*.

Il paraît presque évident que *Stephanocosmia* est, comme labre et comme galbe, l'ancêtre direct de *Procerithium* : c'est là qu'est le véritable lien de descendance entre *Loxonema* et les *Procerithidæ* ; toutefois, l'ouverture de *Stephanocosmia* paraît encore complètement holostome, tandis que celle de *Procerithium* possède déjà, à la base du Lias, une sinuosité qui est le premier indice du bec, puis du canal cérithial.

Répart. stratigr.

TRIAS. — Le génotype et le génoplésiotype ci-dessus mentionnés, dans le Juvavien de Schlern et le Tyrolien de St-Cassian. Une espèce douteuse dans les calcaires de Marmolata : *S. transmutans* Kittl. (1897. Esinokalk, Revis. Marmolata, p.94, pl. XV, fig. 2).

TYRSOECUS, Kittl, 1892 (1), G-T. : *Turritella compressa* Munst. Trias.

« Coquille turriculée, avec des tours convexes ou faiblement anguleux, munis de stries spirales ou de carènes, avec des plis axiaux noduleux et des stries d'accroissement en 8 ; ouverture circulaire ; ombilic fermé ».

Traduction de la diagnose originale. Reproduction de la figure du génotype [Fig. 16].

Fig. 16. — *Tyrsoecus compressus* Munst.

Rapp. et diff. — Cette section diffère de *Stephanocosmia s. str.* par l'existence de stries spirales, et par la persistance des costules qui s'étendent à peu près d'une suture à l'autre, sans suivre exactement la sinuosité des stries d'accroissement, tandis que chez *Stephanocosmia*, la rangée médiane des nodosités est produite par l'épaississement des plis d'accroissement. Il y a là des motifs suffisants pour séparer une Section ; sinon, *Tyrsoecus* aurait eu la priorité sur *Stephanocosmia*, *Coronaria* ne pouvant être conservé.

Répart. stratigr.

TRIAS. — Outre le génotype dans le Tyrolien de St-Cassian : *Coronaria subcompressa* Kittl, d'après la Monogr. précitée de cet auteur ; une troisième espèce douteuse, dans le même gisement : *Turritella Zeuschneri* Klipst. Une autre espèce dans les couches noriques (Juvavien) de Sandling, près Hallstadt : *Turbonilla subulata* Dittmar, classée comme *Coronaria* par Koken (*loc. cit.*, p. 96). Une autre espèce dans la dolomie juvavienne du lac Balaton : *St. dolomitica* Kittl (1900. Triad. Gastr. Bakonyerw., p. 55, pl. III, fig. 20-23).

(1) Ann. Hofmus. Bd. VII, p. 117.

GONIOSPIRA, Cossm. 1895 (1). G-T. : *Turrit. armata* Munst. Trias. (= *Goniogyra* Kittl, 1894, non Ag. 1837).

Taille petite ; forme turriculée, étroite, térébroïde ; spire longue, à sommet encore inconnu, croissant rapidement sous un angle apical de 10 à 12° ; tours élevés, déliés, carénés au milieu, à sutures profondes et très obliques, ornés de fines stries spirales et de costules axiales, arquées, qui forment sur la carène des nodosités tranchantes. Dernier tour élevé, muni de stries d'accroissement sinueuses, subanguleux à la périphérie de la base qui est déclive et ornée de forts sillons spiraux. Ouverture haute et ovale, à columelle excavée et imperforée.

Diagnose en partie reproduite d'après celle de Kittl (1894. Gastr. St-Cassian, p. 186) et d'après la figure de l'espèce génotype, reproduite ci-contre [Fig. 17].

Fig. 17. — *Goniospira armata* Munst.

Rapp. et diff. — Ce Sous-Genre ne se rattache à *Stephanocosmia* que par sa carène dentelée ; mais, au lieu que les tours soient étroits, ils sont ici déliés, à sutures obliques, et les stries spirales, surtout sur la base, sont bien plus marquées que celles de *Tyrsoecus* dont *Goniospira* se rapproche par ses costules, se prolongeant sur les deux rampes, au-dessus et au-dessous de la carène médiane.

Dans son Etude sur les Gastropodes d'Hallstadt (1897, p. 96), Koken émet l'avis que, si *Coronaria* doit être supprimé pour cause de double emploi de nomenclature, c'est *Goniogyra* qu'il faut y substituer au lieu de *Stephanocosmia* ; cela me parait doublement erroné : d'abord parce que *Goniogyra* était lui-même préemployé ; ensuite parce que, comme je viens de l'indiquer, il y a des différences suffisantes, pour que ce dernier soit un S-G du premier ; c'est également la même réponse qu'on peut faire à la question qu'a posée Kittl (Esinokalk, p. 93) à propos de *Stephanocosmia*.

Répart. stratigr.

TRIAS. — Le génotype dans le Tyrolien de St-Cassian, avec plusieurs variétés que Kittl y réunit : *Turr. punctata* Munst., *T. tornata* (2) Klipst.

(1) Revue bibliogr. pour l'année 1895, p. 62, *Journ. Conch.* — Etym. : γωνιος, angle ; σπειρα, spire.

(2) Il y a une espèce miocénique des Antilles que Guppy a postérieurement nommée *Turr. tornata* et qui devra changer de nom.

RIGAUXIA, Cossm. 1885 (1).

Coquille baculiforme, imperforée ; spire aciculée au sommet, très longue, à tours plans et à sutures rainurées ou en gradins ; plis d'accroissement peu sinueux, antécurrents vers la suture, souvent épaissis ou variqueux ; ouverture ovale, holostome ; columelle excavée.

RIGAUXIA, *s. str.* G-T. : *Chemnitzia canaliculata* Rig. et Sauv. Bath.

Test peu épais. Taille assez grande ; forme nérinéoïde, cylindracée et turriculée ; spire très allongée, à pointe aciculée, croissant rapidement sous un angle de quelques degrés à peine ; tours très nombreux, plans ou même un peu concaves au milieu, et dont la hauteur dépasse toujours la largeur ; sutures obliques, rainurées ou même largement canaliculées, et dans ce cas, bordées en avant, d'une rampe qui donne aux tours l'aspect en gradins imbriqués ; galbe d'ailleurs très variable, de même que l'ornementation qui est tantôt nulle, tantôt composée de quelques cordons spiraux, d'abord vers la suture puis sur toute l'étendue des tours ; plis d'accroissement tantôt fins, tantôt épaissis et variqueux, peu sinueux au milieu, mais fortement antécurrents vers la suture inférieure, et toujours obliques de droite à gauche, la droite étant prise au-dessus de leur intersection avec l'axe de la coquille. Dernier tour peu élevé, arrondi ou subanguleux à la périphérie de la base qui est déclive et imperforée et souvent circonscrite par deux cordons spiraux. Ouverture trapézoïdale, holostome et arrondie en avant, rétrécie en arrière, à péristome discontinu ; labre mince, un peu sinueux, non échancré en arrière, où il fait une inflexion antécurrente vers la suture, portant parfois un pli spiral interne et peu visible qui laisse une trace obsolète sur le moule ; columelle lisse, un peu excavée ; bord columellaire non calleux, exactement appliqué sur la base.

(1) Contrib. faune Bath. en France, p. 166.

Diagnose refaite d'après le génotype d'Hydrequent, spécimen à ouverture intacte (Pl. II, fig. 14-15), ma coll.

Rapp. et diff. — J'ai déjà expliqué en 1885, pourquoi ce Genre ambigu ne peut être rapproché des Nérinées dont il a cependant l'aspect : la direction de ses stries d'accroissement, non rétrocurrentes en arrière vers la suture, l'écarte absolument des *Entomotæniata*. Au contraire, ces stries montrent une certaine analogie avec celles de *Loxonema*, quoiqu'elles soient beaucoup moins incurvées et plus antécurrentes en arrière, tout près de la suture ; la forme de l'ouverture, aussi holostome, quoique un peu moins arrondie en avant, l'ornementation des tours de spire, quand elle existe, complètent l'affinité de *Rigauxia* avec plusieurs des G. de *Loxonematidæ*. Je crois donc que l'on peut, sans grave erreur, attribuer à ce Genre, une place dans cette Famille, par exemple, dans le voisinage de *Katosira* qui est aussi une forme trouvée dans le Système jurassique. On distingue toutefois *Rigauxia* de *Katosira*, par ses cordons spiraux au lieu de stries, par son galbe très différent, enfin par ses plis d'accroissement beaucoup moins incurvés.

Rigauxia s'écarte des *Pseudomelaniidæ* par son bord columellaire mince, et par son ouverture non versante, ni sinueuse à la base ; c'est pour cette raison que je ne le compare pas à *Rhabdoconcha* qui en a un peu l'aspect. Aucune Pseudomélanie n'a d'ailleurs le contour du labre aussi antécurrent vers la suture, ni aussi peu proéminent en avant.

Ce Genre est moins restreint que je ne le croyais, quand je l'ai proposé : on en trouve déjà des représentants dans le Lias, concurremment avec ceux du G. *Zygopleura* ; la filiation phylogénétique des *Loxonema* paléozoïques s'étend donc bien ainsi jusqu'au Jurassique, du moins par le groupe des formes plissées ou variqueuses.

Répart. stratigr.

Lias. — Une espèce variqueuse, dans le Charmouthien de Fontaine-Etoupefour (Calvados) : *Cerithium subvaricosum* d'Orb. (= *C. varicosum* Desl. *non* Br.) d'après la fig. publiée par Deslongchamps (1842. Bull. Soc. linn. Norm.) ; une autre espèce treillissée, dans le même gisement : *Cer. subcostulatum* d'Orb. (= *C. costulatum* Desl., *non* Lamk.), ma coll. Une espèce striée et en gradins, dans le Charmouthien de Mazaugues (Var) : *Turritella Martini* [1] Gourret (1887. Esp. jurass. de la Basse Provence, p. 244, pl. IX, fig. 4). Une autre espèce variqueuse dans le Sinémurien de Nolay : *Chemnitzia Noguesi* Dumortier. (Dépôts jurass. Bass. Rhône, T. II, p. 183, pl. XLV, fig. 4-5) ; et dans le Toarcien de Crussol ; *Turritella cf. anomala* Moore, d'après Dumortier (*loc. cit.*, T. IV, p. 130, pl. XXXIV, fig. 4).

Bathonien. — Deux espèces, outre le génotype, dans les environs de Marquise : *Chemnitzia gradata* Rig. et Sauv., *Nerinea varicosa* R. et Sauv. (1867. Desc. esp. nouv. Boul., pp. 24-27) ; la seconde se trouve aussi dans l'Aisne et le Var (*fide* Cossm.).

(1) Double emploi avec une espèce de Dumortier, je propose pour celle du Var le nom **Rigauxia varusensis** *nobis*.

Rigauxia

Callovien. — Une espèce variqueuse dans le gisement de Montreuil-Bellay : *Chemnitzia Trigeri* Héb. et Desl., d'après la figure publiée par ces auteurs (Foss. Mont. Bell., p. 34, pl. I, fig. 9).

CŒLOSTYLINIDÆ *nov. Fam.*

Coquille plus ou moins turriculée, à columelle invariablement perforée du sommet à la base; ombilic — formant le débouché de cette perforation — plus ou moins apparent et presque toujours bordé ; forme et ornementation des tours très variable ; stries d'accroissement plus ou moins sinueuses en ꙅ, parfois presque rectilignes, mais plutôt obliques de droite à gauche par rapport à l'axe vertical, la droite étant prise au-dessus du point d'intersection des deux lignes. Ouverture holostome, mais presque toujours un peu anguleuse en avant, parfois munie de ce côté d'un véritable bec quand la columelle est à peu près rectiligne ; labre plus ou moins arqué en arrière, un peu proéminent en avant.

Rapp. et diff. — Les formes que je groupe dans cette nouvelle Famille ont pour caractère commun et invariable l'existence d'une columelle creuse ; on constate que cette perforation s'étend d'un bout à l'autre de la coquille, quand on peut — ce qui n'est malheureusement pas toujours réalisable — faire une coupe axiale des spécimens étudiés. L'ombilic — qui sert de débouché à cette perforation sur la base — est généralement ouvert ; parfois très large en entonnoir, il se réduit ailleurs à une simple fente que le bord columellaire vient même masquer presque totalement; toutefois, la région ombilicale est généralement bordée par un bourrelet plus ou moins apparent, et il en résulte — sur ouverture — un second critérium non moins important, c'est la forme subanguleuse que présente toujours l'ouverture au point de jonction de la columelle presque rectiligne avec le contour supérieur. C'est par ces deux caractères principaux qu'on différencie notre nouvelle Famille des *Loxonematidæ*, parmi lesquels étaient, jusqu'à présent, classés la plupart des Genres de *Cœlostylinidæ*.

D'autre part, les stries d'accroissement ne sont pas aussi sinueuses que celles de *Loxonema ;* elles deviennent même presque rectilignes chez quelques-uns des groupes qui se rattachent à *Cœlostylina* par leur columelle perforée. Cependant, même dans ce cas, elles conservent encore une obliquité de droite à gauche, ce qui les distingue de celles de *Spirostylus* dont l'obliquité est inverse, ainsi qu'on le verra ci-après.

En ce qui concerne le galbe de la coquille, il est bien plus variable que chez les *Loxonematidæ* dont la forme est plus fréquemment turriculée : ici, elle varie de l'aspect phasianoïde ou même turbiné, à l'apparence baculiforme ou presque stromboïdale ; souvent pupoïdale ou simplement conoïdale, la spire devient dimorphe, parce que l'angle apical varie selon l'âge de l'individu. Dans un certain nombre de Genres de cette Famille, on a constaté une déviation légère de l'axe des premiers tours de spire, par rapport à l'axe vertical de la coquille complète ; cette particularité a été mise en lumière par Kittl pour *Cœlostylina* et pour quelques autres formes, elle m'a puissamment aidé dans le classement de quelques coquilles ambiguës. Je ne crois pas, d'ailleurs, que cette déviation apicale soit un motif suffisant pour rapprocher la Famille *Cœlostylinidæ* des *Pyramidellidæ* qui ont un embryon tout à fait hétérogène, ni des *Eulimidæ* qui sont complètement tordus ou incurvés ; en effet, la sinuosité plus ou moins forte des stries d'accroissement suffit — à elle seule — pour rendre ce rapprochement impossible. Si l'on ajoute à cela que les vrais *Eulimidæ* et *Pyramidellidæ* ne commencent à apparaître qu'à la fin de la période crétacique, on en conclut que les coquilles triasiques ou liasiques que je classe dans cette nouvelle Famille n'ont aucune affinité ni aucun lien phylogénétique avec les formes tertiaires ou récentes dont on les a rapprochées à tort.

Les *Cœlostylinidæ* sont, ainsi qu'on le constatera ci-après, presque exclusivement confinés dans le Trias, où ils ont pullulé avec une richesse de formes et une abondance d'individus qui dénotent un fait paléontologique d'une réelle importance, presque suffisant pour motiver la création d'une Famille distincte.

Je ne crois pas qu'il soit utile — ni même possible — d'y distinguer des Sous-Familles bien définies ; l'enchaînement des différents Genres se fait, comme l'indique le tableau ci-dessous, par voie de modification graduelle des principaux caractères, de sorte que, de même que pour les *Loxonematidæ*, cette homogénéité exclut l'adoption de critériums subfamiliaux.

Tableau des Genres, Sous-Genres et Sections

COELOSTYLINA (Ombilic étroit, bordé)	Cœlostylina (Ouverture subangulaire, accroiss. sinueux)	*Cœlostylina* (Phasianoïde, tours lisses)
		Pseudochrysalis (Pupoïde, tours lisses)
	Omphaloptycha (Bec antérieur, accroiss. peu sinueux)	*Omphaloptycha* (Ovoïdo-conique, tours lisses)
		Gradiella (Tours en gradins et lisses)
		Orthostomia (Forme courte, stries spirales)
	Gigantogonia (Bec subcanaliculé, accroiss. presque rectilignes)	*Gigantogonia* (Cérithioïde, trace de filets spiraux)

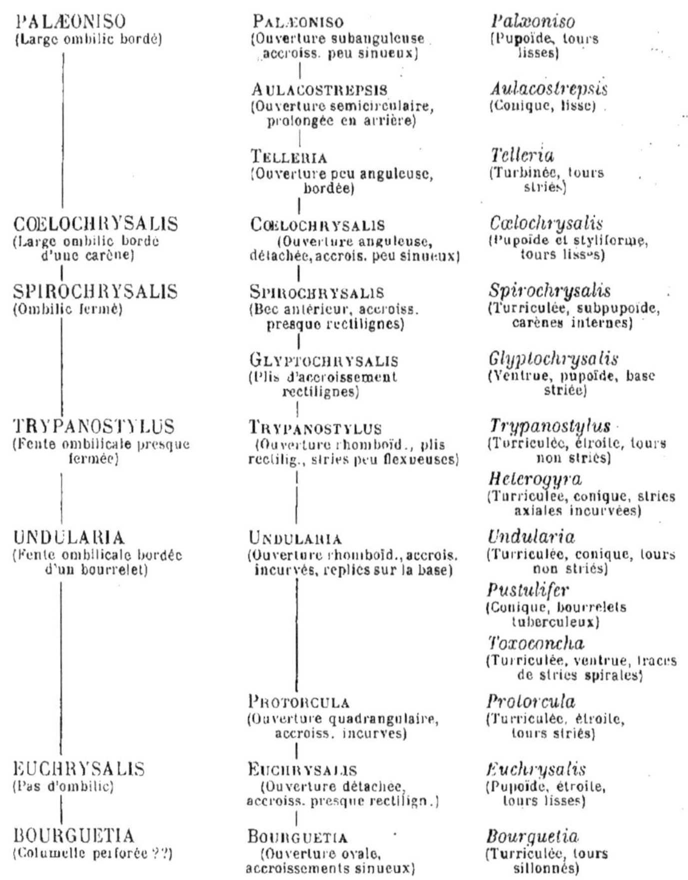

PALÆONISO (Large ombilic bordé)	PALÆONISO (Ouverture subanguleuse, accroiss. peu sinueux)	*Palæoniso* (Pupoïde, tours lisses)
	AULACOSTREPSIS (Ouverture semicirculaire, prolongée en arrière)	*Aulacostrepsis* (Conique, lisse)
	TELLERIA (Ouverture peu anguleuse, bordée)	*Telleria* (Turbinée, tours striés)
COELOCHRYSALIS (Large ombilic bordé d'une carène)	COELOCHRYSALIS (Ouverture anguleuse, détachée, accrois. peu sinueux)	*Cœlochrysalis* (Pupoïde et styliforme, tours lisses)
SPIROCHRYSALIS (Ombilic fermé)	SPIROCHRYSALIS (Bec antérieur, accroiss. presque rectilignes)	*Spirochrysalis* (Turriculée, subpupoïde, carènes internes)
	GLYPTOCHRYSALIS (Plis d'accroissement rectilignes)	*Glyptochrysalis* (Ventrue, pupoïde, base striée)
TRYPANOSTYLUS (Fente ombilicale presque fermée)	TRYPANOSTYLUS (Ouverture rhomboïd., plis rectilig., stries peu flexueuses)	*Trypanostylus* (Turriculée, étroite, tours non striés)
		Heterogyra (Turriculée, conique, stries axiales incurvées)
UNDULARIA (Fente ombilicale bordée d'un bourrelet)	UNDULARIA (Ouverture rhomboïd., accrois. incurvés, repliés sur la base)	*Undularia* (Turriculée, conique, tours non striés)
		Pustulifer (Conique, bourrelets tuberculeux)
		Toxoconcha (Turriculée, ventrue, traces de stries spirales)
	PROTORCULA (Ouverture quadrangulaire, accroiss. incurves)	*Protorcula* (Turriculée, étroite, tours striés)
EUCHRYSALIS (Pas d'ombilic)	EUCHRYSALIS (Ouverture détachée, accroiss. presque rectilign.)	*Euchrysalis* (Pupoïde, étroite, tours lisses)
BOURGUETIA (Columelle perforée ??)	BOURGUETIA (Ouverture ovale, accroissements sinueux)	*Bourguetia* (Turriculée, tours sillonnés)

CŒLOSTYLINA, Kittl, 1894 (1).

« Coquille trapue, piriforme, biconique, subulée ou turriculée ; tours en gradins ou tout au moins avec des sutures distinctes, lisses

(1) Gastr. Saint-Cassian, III, p. 198. — Etym. : κοιλος, creux ; στυλος, columelle.

ou ornés de plis irréguliers d'accroissement, rarement ornés de vagues stries spirales ; ombilic presque toujours largement ouvert, rarement à l'état de fente recouverte par la lèvre columellaire, mais la columelle est toujours perforée et forme un pilier creux, généralement tordu ; stries d'accroissement ordinairement incurvées faiblement en S, parfois redressées latéralement, rarement courbées en arrière. Ouverture des adultes entière, un peu prolongée en avant où elle fait une sorte de bec ; labre simple ; bord columellaire un peu calleux ; premiers tours un peu inclinés sur l'axe ».

CŒLOSTYLINA, *s. str.* G.-T. : *Melania conica* Munst. Trias.

Taille moyenne ; forme plus ou moins turriculée, parfois presque turbinée ; spire médiocrement allongée, à galbe conique, croissant régulièrement sous un angle apical de 40 à 55° ; protoconque à nucléus déprimé, à premiers tours déviés par rapport à l'axe de la coquille ; les tours suivants sont un peu étagés, presque plans, ils n'acquièrent leur convexité qu'au fur et à mesure de la croissance de la spire ; leur hauteur varie, suivant l'âge et les espèces, entre le tiers et la moité de leur largeur ; sutures profondes, peu inclinées ; surface ordinairement lisse, simplement marquée de stries d'accroissement irrégulières, un peu sinueuses. Dernier tour grand, égal aux deux cinquièmes ou au tiers de la hauteur totale, arrondi à la périphérie de la base qui est déclive et perforée au centre d'un ombilic réduit à une fente chez les jeunes individus, plus largement ouvert en entonnoir à l'âge adulte. Ouverture élevée, ovale, subanguleuse en arrière, rétrécie en avant chez les spécimens gérontiques qui paraissent munis d'un bec, parce que l'arc formé par la columelle ne se raccorde pas par une courbe avec le contour supérieur : labre simple, tranchant, légèrement sinueux en arrière, peu proéminent en avant ; bord columellaire calleux, ne recouvrant jamais complètement la fente ombilicale. Section axiale montrant la coupe des tours ovales en contact sur une faible étendue, de sorte que le pilier creux de la columelle forme un ziczac plus ou moins tortueux,

Diagnose complétée d'après les figures du génotype (loc. cit. pl. V, fig. 1-7); reproduction de l'une d'elles et d'une coupe axiale [Fig. 18].

Fig. 18. — *Cœlostylina conica* Kittl.

Observ. — Lorsque Kittl a établi le G. *Cœlostylina*, il y comprenait un certain nombre de formes qui en ont été éliminées depuis et qui ont été reportées dans de nouvelles subdivisions, plutôt surabondantes même. Il en résulte que la diagnose originale, reproduite ci-dessus entre guillemets, est trop élastique, et qu'elle doit être restreinte ainsi que je l'ai fait en suivant davantage la description du génotype ou des génoplésiotypes de l'Hettangien.

Rapp. et diff. — En se basant sur la sinuosité des stries, d'Orbigny a classé (Prod., I, pp. 184 et 187) quelques unes des coquilles dont il s'agit dans son G. *Chemnitzia*, et d'autres parmi les *Loxonema*. Or, j'ai déjà expliqué ci-dessus pourquoi *Chemnitzia* doit être abandonné ; quant à *Loxonema*, ses stries d'accroissement ont une sinuosité bien plus forte, et en outre sa columelle n'est jamais perforée ; j'ai suffisamment insisté sur l'importance familiale de cette perforation, je me dispense donc d'y revenir ici. Il reste à délimiter *Cœlostylina* par rapport à *Macrochilina* qui — lui aussi — appartient à une autre Famille, à cause de l'inclinaison différente de ses stries d'accroissement, de son ouverture calleuse et de sa columelle imperforée. Il en résulte que, malgré la similitude de l'aspect des deux coquilles, *Cœlostylina* et *Macrochilina* sont aussi éloignés l'un de l'autre que *Cœlostylina* et *Loxonema*.

Répart. stratigr.

Trias. — Nombreuses espèces ou variétés dans le Tyrolien de St-Cassian (*loc. cit.*) et dans le Muschelkalk du lac Balaton (1900. Triad. Gastr. Bakonyerw, p. 37) : le génotype et ses équivalents (*Melania subscalaris* M., *M. trochiformis* Klipst), *M. crassa* M. (= *M. falcifera* Klipst.), *M. cochlea* M. (= *M. Zieteni* Klipst), *Cœlost. Hylas*, *Medea*, *Karreri*, *Griesbachi* Kittl, *Melania turritellaris* Munst. : dans le Dinarien d'Esino et de Marmolata : *Chemn. lictor* Stopp., *Cœlost. inconstans*, *ovula* Kittl ; et de Predazzo : *Omphaloptycha Emiliæ*, *platystoma* Häberle (1903. Pal. unt. triad. gast. pp. 412-414, pl. VI, fig. 9-10, 12-13) avec quelques autres ornées de stries ponctuées : *Trochus Fredighinii*, *Allionii* Stopp., *Chemn. striatopunctata* Stopp., d'après Kittl, (*loc. cit.*) ; dans le Juvavien de Hallstadt : *Cœl. strangulata*, *chrysaloidea*, *inflata*, *bulimoides*, *adpressa*, *rotundata*, *gibbosa*, *arculata*, *abbreviata* Koken (1897. Gastr. Hallstadt, pp. 87-89).

Lias. — Quelques espèces bien caractérisées, dans l'Hettangien de la Vendée : *Cœl. paludinoides*, *Chartroni*, *mamillata*, *elatior*, *mesalixformis* Cossm. (1902. Intralias Vendée, p. 185 et suiv., pl. IV) ; à Hettange ou dans l'Est de la France : *Phasianella nana, liasina* Terquem, *Turbo contractus, inornatus* Terq. et Piette, d'après les Monogr. précitées de ces auteurs. Une espèce dans l'Hettangien de Provenchères-sur-Meuse : *C. Thieryi* Cossm. (1907. Infr. Prov., p. 26, pl. IV. fig. 7-10). Quatre espèces dans les couches sinémuriennes de Pereiros, en Portugal : *C. algarvensis, gracilior, tumida* (1), *Choffati* J. Böhm (1901. Fauna Pereiros sch., p. 220). Une espèce dans le Sinémurien de la vallée du Rhône : *Phasianelle ædnensis* Dumortier (1867, T. II, p. 41 et 185, pl. XVI, fig. 5-7, et pl. XLVI, fig. 1). Une espèce dans le Charmouthien de la Vendée et de Châlon-sur-Saône : *Phasian Jason* d'Orb., coll. Chartron.

PSEUDOCHRYSALIS, Kittl 1894 (2) G. T. : *Melania subovata* Munst. Trias.

Taille petite ; forme ovoïde, pupoïde, médiocrement ventrue, spire courte, légèrement dimorphe, à galbe d'abord conique, puis conoïdal ou tectiforme ; tours assez nombreux, plans ou faiblement convexes, les premiers déviés, étroits, ensuite plus élevés, séparés par des sutures profondes, lisses sauf les stries d'accroissement qui sont incurvées. Dernier tour égal à la moitié environ de la hauteur totale, arqué à la périphérie de la base qui est déclive, peu convexe, parfois ornée de stries spirales autour de l'ombilic largement ouvert et bordé. Ouverture ovale, parfois subrhomboïdale quand le dernier tour est subanguleux et que la base est déclive : péristome discontinu en arrière, subanguleux en avant, mais ne se terminant pas par un véritable bec ; labre convexe, sauf vers la suture ; columelle lisse, étroitement perforée, un peu excavée ; bord columellaire légèrement calleux, non réfléchi sur l'ombilic.

Diagnose complétée d'après les figures originales (*in* Kittl, pl. XIV, fig. 22-33). Reproduction de l'une d'elles [Fig. 19].

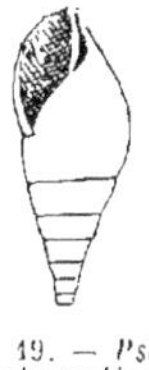

Fig. 19. — *Pseudochrysalis subovata* Munst.

Rapp. et diff. — Ainsi que l'a fait observer l'auteur, il n'existe entre cette Section et *Cœlostylina* que des différences d'une importance secondaire ; les critériums génériques et sous-génériques (déviation du sommet, perforation columellaire, ouverture subanguleuse en avant, direction des stries d'accroissement) sont iden-

(1) Dénomination préemployée par Koken pour une espèce triasique ; je propose pour l'espèce liasique : C. **Bohmi** *nobis*.

(2) Gast. Saint-Cassian, p. 207. — Etym. : ψευδος, faux ; χρυσαλις, chrysalide.

tiques ; il n'y a d'autres caractères distinctifs que : le galbe de la coquille qui, au lieu d'être conique comme *Cœlostylina*, rappelle la forme pupoïde d'*Euchrysalis* ; l'ombilic qui est plus large, parfois garni de stries sur la base ; la forme de l'ouverture qui est plus haute, avec un labre plus régulièrement convexe. La transition entre cette Section et *Cœlostylina* se fait précisément par le groupe des formes striées à la base, que Kittl a rattachées à *Cœlostylina*, tandis qu'il me semble qu'elles se rapprochent plutôt de *Pseudochrysalis* par leur galbe pupoïde ; ce groupe se distingue des deux autres par ses stries basales, ce qui m'a obligé à élargir un peu la diagnose de *Pseudochrysalis*, au lieu de créer une nouvelle dénomination pour une si faible différence; si même *Pseudochrysalis* n'avait pas été proposé par un savant qui connaît à fond les Gastropodes du Trias, j'aurais hésité à séparer de *Cœlostylina* ces coquilles qui s'y relient par des intermédiaires qu'on aurait pu placer aussi bien avec l'un qu'avec l'autre ; mais je ne suis pas autorisé à en faire la suppression uniquement d'après l'inspection des figures. En tout cas, *Pseudochrysalis* s'écarte complètement d'*Euchrysalis* par sa perforation et par son ombilic, de *Cœlochrysalis* par son ouverture non détachée et par son dernier tour plus élevé, plus ovale.

Répart. stratigr.

TRIAS. — Trois espèces, y compris le génotype, dans le Tyrolien de St-Cassian : *Melania Stofferi*, Klipst., *Cœl. chrysaloides* (1) Kittl ; en outre, trois espèces du groupe à base striée : *Cœl. infrastriata, Waageni, subconcentrica* Kittl (*loc. cit.*).

OMPHALOPTYCHA, von Ammon, 1892 (2).

G.-T. : *Chemn.* (*Microschiza*) *nota* v. Amm. Rhét.

Taille généralement grande ; forme courte, ovoïdo-conique ; spire peu allongée, pointue au sommet ; tours peu convexes, lisses, dont la hauteur n'atteint pas la moitié de la largeur, séparés par des sutures profondes ; surface lisse, non brillante, simplement marquée de stries d'accroissement très fines, qui ne deviennent sinueuses que dans le voisinage de l'ouverture. Dernier tour ventru, très élevé, toujours supérieur à la moitié de la hauteur totale, arrondi à la périphérie de la base qui est déclive, peu convexe et perforée d'une étroite fente ombilicale, profonde et faible-

(1) Dénomination bien voisine de *C. chrysaloidea* Koken, sinon identique.

(2) Gastr. Hochfell. u. Mt Nota, p. 199. — **Etym.** : ὀμφαλός, ombilic ; πτυχή, pli. L'auteur et ceux qui l'ont suivi ont orthographié *Omphaloptycha* ; il eût été plus correct d'écrire *Omphaloptyche*.

ment bordée. Ouverture ovale, subanguleuse à la jonction du contour supérieur et du bord columellaire; labre semicirculaire, à peine sinueux en arrière, peu proéminent en avant; bord columellaire mince, peu incurvé, ne recouvrant pas la fente basale, et se raccordant presque sans inflexion avec le contour antérieur.

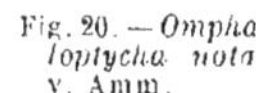

Fig. 20. — *Omphaloptycha nota*, v. Amm.

Diagnose reproduite presque textuellement d'après celle de l'espèce génotype. Reproduction de l'une des figures originales [Fig. 20].

Observ. — C'est seulement à la suite de la description de l'espèce genotype sous le nom générique *Chemnitzia*, que von Ammon a ajouté quelques remarques relatives à la possibilité de séparer *Microschiza* en deux groupes dont le second comprendrait les formes ombiliquées; dans ce cas « le nom générique *Omphaloptycha* pourrait convenir à cette seconde série ». Quoique cette proposition ait été émise presque timidement, la désignation du génotype et d'une autre espèce voisine a suffisamment défini *Omphaloptycha* pour qu'on puisse le reconnaître et le distinguer.

Malheureusement, une confusion s'est établie entre ce Genre et *Cœlostylina*, par suite de l'extension ultérieurement donnée à la diagnose originale par J. Böhm (1895. Gastr. Marmol., pp. 272 et suiv.); cet auteur a admis parallèlement les deux subdivisions précitées, mais en répartissant les espèces triasiques d'une manière tellement artificielle et imprécise qu'il eût été plus simple de ne conserver qu'un seul nom générique: *Omphaloptycha*, par droit de priorité.

En 1899, Kittl est revenu sur cette importante question (Gastr. Esinokalk nebst revis. Gastr. Marmol., pp. 105 et suiv.), et il a aussi conservé simultanément les deux dénominations en question, mais en répartissant les espèces du Trias d'une manière qui semble plus rationnelle, parce qu'il a pris pour point de départ les deux génotypes (*Ch. nota* et *Mel. conica*). Le seul reproche qu'on puisse faire à cette revision, c'est qu'après avoir bien insisté sur tous les caractères communs aux deux groupes, c'est-à-dire sur tous les motifs pour lesquels il ne faut pas suivre la classification de J. Böhm, il a complètement omis de nous apprendre quels sont les caractères différentiels à l'aide desquels on peut les séparer. C'est précisément cette lacune que je vais essayer de combler, non sans difficulté d'ailleurs, car il s'agit de formes très voisines entre lesquelles il y a des transitions graduelles, donnant lieu à de fréquentes hésitations, surtout quand on ne peut se guider que d'après l'inspection des figures.

Rapp. et diff. — Pour bien saisir ce qui suit, il faut d'abord observer que J. Böhm a assimilé *Ch. nota* à l'espèce triasique *Ch. Maironi* Stopp. qu'il a admise comme néotype d'*Omphaloptycha em.*, tandis qu'il a rejeté *Ch. Escheri* Hörnes dans le G. *Cœlostylina*. Au contraire, Kittl a démontré que *Ch. Maironi* et *Ch. Escheri* ne sont vraisemblablement qu'une même espèce, loin d'appartenir à deux G. différents, et il n'a conservé dans son G. *Cœlostylina* restreint que les espèces qui ont une incontestable affinité avec le génotype *C. conica*.

Cela posé, si l'on compare *O. nota* (ou à la rigueur, *O. Escheri* = *O. Maironi* qui s'en rapproche tout à fait) à *C. conica*, on remarque que le premier est plus ovoïde, à tours plans en général, le dernier tour ordinairement plus grand que la moitié de la hauteur totale; que l'ouverture d'*Omphaloptycha* est plus étroite et plus élevée que celle de *Cœlostylina*, plus anguleuse encore à l'extrémité antérieure; que les stries d'accroissement sont à peine sinueuses; enfin, que la fente ombilicale est un peu plus bordée, conformément à l'indication primitivement donnée par von Ammon.

A côté de ces différences, ainsi que l'a judicieusement fait remarquer Kittl, il ne faut tirer aucun caractère distinctif ni de l'ombilic qui existe chez *Ch. nota* et *Ch. Escheri* comme chez *Mel. conica*, ni de l'ornementation spirale qui peut se rencontrer chez les deux formes où l'on observe — souvent chez la même espèce — des individus lisses et d'autres striés ou ponctués spiralement. Cela réduit à néant la distinction faite par J. Böhm, d'après l'aspect de la surface qu'il croyait lisse chez *Omphaloptycha* et striée chez *Cœlostylina*, tandis que ce caractère dépend beaucoup de l'âge et de l'état de conservation des spécimens.

En résumé donc, en se fondant sur les critériums que j'ai préconisés pour la Famille *Cœlostylinidæ*, l'un des deux peut être admis comme le S.-G. de l'autre ; mais j'ai préféré conserver *Cœlostylina* comme G. principal, quoique le nom soit de date plus récente, attendu qu'il a été plus nettement caractérisé par l'auteur, et qu'en outre il paraît avoir eu une longévité bien supérieure à celle d'*Omphaloptycha* ; enfin cette préférence s'accommode mieux avec le classement des autres subdivisions que l'on verra ensuite.

Répart. stratigr.

Permien. — Une espèce dans le Bassin du Donetz : *O. permiana* Jakowlew (1899. Fauna oberpal. Ablag. Russlands, pl. V, fig. 19).

Trias. — Nombreuses espèces dans le Dinarien d'Esino et de Marmolata : *Chemn. Escheri* Hœrn., avec var. *Maironi* Stopp,, *angulata*, *retrozonata*, *interzonata*, *pulchella* Stopp., *O. extensa*, *subextensa*, *retracta* Kittl, *Cœlost. Bacchus*, *pachygaster* Kittl, *O. alsatiorum* Kittl, *Phasian. humilis*, *inflata* Stopp., *Cœlost. irritata* Kittl, *Chemn. nymphoides*, *concavo-convexa* Stopp., *O. Dezzoana* Kittl, *Chemnitzia quadricarinata*, *pupoides* Stopp.. *Cœlost. Heeri*, *Beyeri* Kittl, *Chemn. Pinii* Stopp. ; deux autres espèces plus allongées et douteuses, au même niveau : *Chemn. æqualis*, *turris* Stopp. (avec var. *antizonata* Stopp.) d'après la Monogr. précitée de Kittl. Quelques-unes des précédentes et *O. Ludwigi* Kittl, dans le Muschelkalk du lac Balaton (1905. Triad. Gastr. Bakonyerw., pl. II, fig. 23). Une espèce probable dans le Muschelkalk de l'Himalaya : *O. Smithi* Blaschke (*in* Diener, 1907. Fauna Himalayan Musch., p. 19, pl. XI, fig. 7). Un certain nombre de formes distinctes ou de variétés, dans le Muschelkalk de l'Allemagne centrale : *Buccinites gregarius* Schl.,

var extensa et lata Picard, Natica turris Giebel, Littorina Schüttei, Kneri, liscaviensis, alta Giebel, d'après la Monogr, de Picard (1903, Glossoph. mitteldeutsch. Trias, pp. 510-519, pl. XII-XIII).
Rhétien. — Le génotype et une forme voisine : *Ch. notata* v. Ammon, dans les calcaires de Monte Nota, d'après von Ammon (*loc. cit.*).

Gradiella, Kittl, 1899 (1). G.-T. : *Chemnitzia gradata* Hœrn. Trias.

Test assez épais. Taille parfois très grande ; forme phasianoïde, ovoïdo-conique, massive ; spire médiocrement allongée, étagée, croissant régulièrement sous un angle apical de 35 à 40° ; tours assez nombreux, peu convexes, étroits, dont la hauteur égale environ les trois septièmes de la largeur, séparés par des sutures canaliculées et généralement bordées en dessus par une rampe spirale, aplatie ou même creuse, que limite une carène plus ou moins nette : surface lisse, ou simplement marquée de stries d'accroissement à peine concaves, parfois pliciformes, qui se prolongent sans inflexion sur la rampe suturale. Dernier tour à peu près égal à la moitié de la hauteur totale, arrondi à la base sur laquelle les stries s'infléchissent en avant et forment une ε très peu sinueuse ; fente ombilicale à demi cachée par le bord columellaire ; columelle perforée jusqu'au sommet. Ouverture ovale, rétrécie en arrière, terminée en avant par un bec visible surtout à l'âge adulte.

Fig. 21. — *Gradiella gradata* Hœrn.

Diagnose complétée d'après celle des espèces typiques.
Reproduction d'une figure du génotype [Fig. 21].
Rapp. et diff. — Kittl a séparé de *Cœlostylina* les espèces chez lesquelles les gradins sont bien apparents au-dessus des sutures, mais il n'a pas insisté sur ce que *Gradiella* s'en écarte encore davantage par la faible inflexion de ses stries d'accroissement, par sa fente ombilicale presque close, le bord columellaire étant plus calleux que celui de *Cœlostylina* ; surtout, l'ouverture est sensiblement plus étroite, munie en avant d'un bec beaucoup plus visible chez les rares individus adultes dont l'ouverture a pu être étudiée. Lorsque la rampe suturale est bien étagée, la distinction entre les deux groupes est d'ailleurs facile à faire chez les jeunes.

(1) Gastr. Esinokalk nebst revis. Marm., p. 146. — Etym. : *Gradus*, gradin.

Mais, si l'on compare *Gradiella* avec *Omphaloptycha*, et surtout avec les formes de ce Sous-Genre qui ne sont pas turriculées on ne trouve pas beaucoup de différence, si ce n'est dans l'existence des gradins suturaux qui caractérisent le premier, et peut être dans l'obturation partielle de la fente ombilicale; car l'ouverture est presque identique et les stries axiales ont la même disposition. Aussi je suis d'avis que *Gradiella* n'est pas un Sous-Genre distinct, comme l'a proposé Kittl, mais seulement une Section d'*Omphaloptycha*.

Répart. stratigr.

TRIAS. — Plusieurs espèces, outre le génotype, dans le Dinarien d'Esino et de Marmolata : *Cœlostylina semigradata* Kittl, *C. Emmrichi* J. Böhm, *Chemn. Haueri* Stopp., *Cœl. cucullus*, *scissa*, *ignobilis* J. Böhm, *Phasianella acutemaculata* Stopp., *Cœlost. Fedaiana*, *Sturi* Kittl, *Phas. Olivii* Stopp., *Chemn. maculata* Stopp., d'après Kittl. (*loc. cit.*). Dans le Tyrolien de St-Cassian : *Gradiella Tietzei* Kittl, et en Carinthie : *G. carinthiaca* Kittl.

ORTHOSTOMIA, Kittl, 1899 (¹). G.-T. *Undularia brevissima* Kittl. Trias.

Taille au-dessous de la moyenne ; forme courte, trapue, conique ; spire peu allongée, tectiforme, croissant régulièrement sous un angle apical de 40° à 45° ; tours peu nombreux, plans ou légèrement excavés, peu élevés, généralement bordés par un bourrelet saillant au-dessus de la suture qui est rainurée, ornés de stries spirales souvent ponctuées par les lignes d'accroissement qui sont à peu près rectilignes. Dernier tour parfois égal à la moitié de la hauteur totale, subanguleux à la périphérie de la base qui est striée comme la spire, déclive et peu convexe, plus ou moins perforée au centre par un ombilic en partie recouvert par le bord columellaire ; les stries d'accroissement se replient sur la base qui est aussi ponctuée. Ouverture trapézoïdale, rétrécie en arrière et munie d'une gouttière pariétale, anguleuse à la jonction du contour supérieur avec la columelle qui est droite et qui fait un angle très ouvert avec la base ; labre non arqué.

(1) Gastr. Esinokalk, p. 157. — Etym. : ορθος, droit ; στωμια, petite bouche. On ne peut, par conséquent, confondre cette dénomination avec *Orthostoma* préemployé, pas plus qu'on ne confond *Odontostomia* avec *Odontostoma*.

Cœlostylina

Diagnose refaite d'après celle de l'espèce génotype (*in* Kittl, 1894. Triad. Gastr. Marm., p. 154, Pl. V, fig. 12). Reproduction de la figure originale [Fig. 22].

Fig. 22. — *Orthostomia brevissima* Kittl.

Rapp. et diff. — C'est à tort selon moi, que l'auteur de cette Section l'a rapprochée d'*Undularia* : elle s'en écarte par son galbe court, et aussi par ses stries d'accroissement rectilignes qui ressemblent plutôt à celles d'*Omphaloptycha*. Toutefois, on peut la distinguer de ce dernier S.-Genre, non seulement par sa forme plus courte et par son angle spiral plus ouvert, mais aussi par son ornementation spirale plus persistante, par son bourrelet sutural qui n'a cependant aucune analogie avec la rampe étagée de *Gradiella*. L'ouverture est plus nettement quadrangulaire que celle d'*Omphaloptycha*, mais l'ombilic est généralement moins ouvert, tout au moins chez le génotype.

Répart. stratigr.

Trias. — Quelques espèces dans le Dinarien de Marmolata et d'Esino : *Undularia brevissima* Kittl, *Chemn. fusoides*, *concava*, *trochoides* Stopp., *Trochus Ambrosini*, *incisus*, *Pillæ* Stopp., d'après la Monogr. précitée. Une espèce douteuse dans le Muschelkalk du lac Balaton : *Cœlostylina biconica* Kittl (1900. Triad. Gastr. Bakonyerw., p. 56, pl. III, fig. 7).

Gigantogonia, *nov. subgen.* (1). G.-T. *Chemn. Aldrovandii* Stopp. Trias.

Taille géante ; forme turriculée, cérithioïde ; spire longue, à galbe conique : tours nombreux, presque plans, dont la hauteur dépasse un peu la moitié de la largeur, séparés par des sutures profondes et subcanaliculées, ornés de stries d'accroissement presque rectilignes et de traces de filets spiraux. Dernier tour inférieur à la moitié de la hauteur totale, marqué chez l'adulte d'un angle périphérique ou même d'une carène émoussée et assez saillante ; base peu convexe et déclive au-dessus de l'angle, excavée vers le cou qui est assez long, et marquée de stries d'accroissement à peine infléchies en avant. Ouverture rhomboïdale, terminée en avant par un véritable bec subcanaliculé ; labre mince, légèrement sinueux vis-à-vis de l'angle périphérique ; columelle droite, calleuse, subinfléchie vers le bec ; fente ombilicale presque entièrement recouverte par la callosité du bord columellaire.

(1) Etym. : γιγας, géant ; γωνιον, angle.

Diagnose établie d'après les figures du génotype (*in* Kittl, Gastr. Esinokalk, pl. XVI et XVII). Reproduction de l'une d'elles [Fig. 23].

Rapp. et diff. — Kittl a proposé simplement un groupe d'*Omphaloptycha* pour quelques grandes coquilles dinariennes d'Esino qui ont un faciès tout particulier : or je trouve qu'elles possèdent des caractères distinctifs d'une importance sous-générique, beaucoup plus écartés d'*Omphaloptycha* que *Gradiella* par exemple dont il a fait un S.-G. de *Cœlostylina*. L'ouverture de *Gigantogonia* devient tout à fait rhomboïdale, comme chez *Undularia* ; les stries spirales n'ont presque aucune inflexion, et s'il y a un sinus, c'est seulement vis-à-vis de l'angle périphérique qui marque la limite de la base du dernier tour chez les échantillons adultes. Il est évident que, si l'on ne considère que les jeunes spécimens, il n'est pas toujours facile de les distinguer de certaines formes allongées d'*Omphaloptycha*, et il est même possible que quelques-unes de ces dernières soient de jeunes *Gigantogonia* ; cependant les stries d'accroissement de ce dernier S.-G. sont encore rectilignes, et l'ombilic est bien moins ouvert ; mon incertitude eût été moindre si j'avais pu étudier les spécimens en nature au lieu de me guider d'après des figures, quoique celles-ci soient très fidèlement dessinées, principalement celles au trait dans le texte.

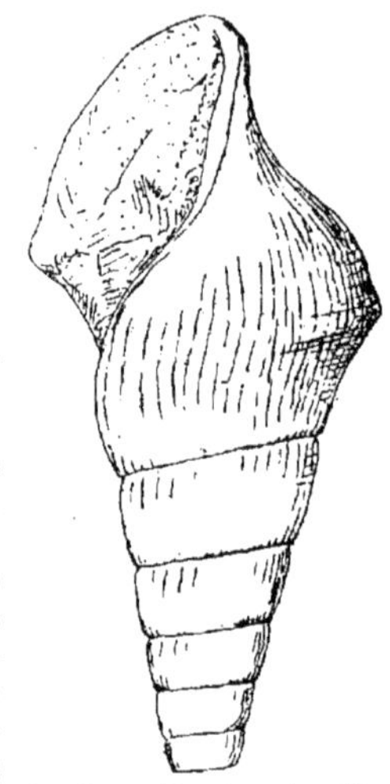

Fig. 23. — *Gigantogonia Aldrovandii* Stopp.

En résumé, je sépare *Gigantogonia* comme S.-G. de *Cœlostylina*, sur le même rang qu'*Omphaloptycha*, à cause de son ouverture bien différente ; autrement, il faudrait renoncer complètement aux critériums qui m'ont servi de base pour débrouiller la confusion qui planait sur toute cette classification.

Répart. stratigr

Trias. — Quelques grandes espèces, outre le génotype, dans le Dinarien d'Esino : *Chemnitzia princeps*, *Breislaki* Stopp , *Omph. Polyphemus*, *Carabusana* Kittl, *Chemn. involuta*, *sulcellata*, *umbilicata*, *leprosa*, *fusiformis*, *Collegnoi* Stopp., d'après Kittl (Esinokalk, pp. 133 et suiv.). Une autre espèce douteuse et incomplète, au même niveau : *Nerinea Hœrnesi* Stopp. provenant de Piz di Cainallo, d'après les figures publiées par Kittl qui l'a rapportée à *Loxotomella*, quoique ses stries rectilignes soient plutôt celles de *Gigantogonia*.

PALÆONISO, Gemmellaro, 1878 (1).

Coquille assez petite, ovale, oblongue, pupoïdale, lisse ; stries d'accroissement faiblement sinueuses ; large ombilic circonscrit au centre de la base ; columelle perforée dans toute sa longueur : ouverture elliptique ou subrhomboïdale, anguleuse en avant ; labre un peu sinueux

PALÆONISO, *s. st.* G.-T. : *P. pupoides* Gemmell. Lias.

Taille moyenne ; forme pupoïde, ovoïdo-conique, un peu ventrue ; spire médiocrement allongée, croissant lentement sous un angle apical qui varie de 35° au sommet jusqu'à 8° ou 10° à peine vers l'ouverture ; 12 à 15 tours environ, un peu convexes, dont la hauteur ne dépasse guère le tiers de la largeur, séparés par des sutures linéaires et peu profondes ; les premiers forment un cône dont l'axe est légèrement dévié par rapport à celui de la coquille ; surface lisse et brillante, seulement marquée de stries d'accroissement faiblement sineuses en ε. Dernier tour élevé, atteignant presque la moitié de la hauteur totale, subcylindracé sur les flancs, arrondi à la périphérie de la base qui est assez convexe, avec un large entonnoir central que circonscrit un faible sillon ou une légère dépression concentrique, aboutissant à l'angle supérieur de l'ouverture ; celle-ci est un peu elliptique ou subrhomboïdale, holostome avec un angle arrondi à la base, à péristome discontinu ; labre sinueux en arrière, un peu proéminent en avant ; columelle droite, formant un cornet ombilical largement ouvert ; bord columellaire peu calleux, non réfléchi.

Fig. 24. — *Palæoniso pupoides* Gemm.

Diagnose complétée d'après les figures du génotype (*loc. cit.*, pl. XXII, fig. 40-41) ; reproduction de l'une d'elles [Fig. 24].

(1) Sui foss. calc. crist. Mont. del Casale, p. 239. — Etym. : παλαιος, ancien ; *Niso*, Genre de Moll.

Rapp. et diff. — Ainsi que l'a remarqué l'auteur, ce Genre a un peu l'aspect d'un *Niso*, quoique son galbe soit plus pupoïde que ne le sont les espèces tertiaires ou récentes de *Niso*. Toutefois, il ne me paraît pas possible de classer *Palæoniso* auprès de *Niso*, non seulement à cause de son galbe très différent, mais surtout à cause de la sinuosité des stries d'accroissement et de la déviation de l'axe vers le sommet ; à ce double point de vue, *Palæoniso* se rattache à *Cœlostylina* dont il diffère génériquement par l'évasement de son ombilic circonscrit au centre de la base ; c'est une forme pupoïdale comme *Cœlochrysalis* qui s'en distingue par son ouverture détachée, tandis que *Palæoniso* a le péristome discontinu ; en outre ce dernier a le galbe plus ventru, et un sillon circa-ombilical à la place de la carène de *Cœlochrysalis*.

Répart. stratigr.

TRIAS. — Deux espèces douteuses, dans le Tyrolien de St-Cassian : *P. dubia*, *Leonhardi* Kittl, d'après la Monogr. précitée de cet auteur (p. 226, pl. XVI, fig. 25-26).

LIAS. — L'espèce génotype et trois formes voisines, dans les calcaires cristallins du Sinémurien des environs de Palerme : *P. apenninica*, *nana*, *ovata* Gemmell. (*loc. cit.*). Quelques espèces probables, dans le Charmouthien de la Normandie : *Trochus elongatus*, *perforatus* d'Orb., *T. lateumbilicatus* d'Orb. (plus douteux, peut-être jeune), d'après les figures de la Paléont. franç. (Terr. jur., T. II, pl. CCCV et CCCVI, fig. 1-5).

AULACOSTREPSIS, Perner, 1907 (1). G.-T. : *Omphalia simplex* Barr. Dév.

Taille moyenne ; forme conique, turriculée, un peu élargie à la base ; spire assez longue, croissant régulièrement sous un angle apical de 30° ; douze à quinze tours convexes, dont la hauteur ne dépasse pas la moitié de la largeur, séparés par des sutures horizontales, assez profondes, non canaliculées ni bordées ; surface lisse, sauf les stries d'accroissement peu régulières, fasciculées, peu sinueuses. Dernier tour inférieur au tiers de la hauteur totale, arrondi à la base qui est convexe jusqu'à l'arête circonscrivant un large entonnoir ombilical dont le diamètre égale le tiers de celui du dernier tour. Ouverture semi-circulaire, légèrement prolongée vers le bas, subanguleuse en avant ; columelle un peu excavée, lisse, creusée jusqu'au sommet ; bord columellaire étalé sur la base, détaché de l'ombilic.

(1) Gastr. silur., Bohême, p. 373. — Etym. : αὖλαξ, sillon ; στρέψις, torsion.

Diagnose complétée d'après les figures originales (*in* Perner, pl. CII, fig. 22-25) ; reproduction de l'une d'elles [Fig. 25].

Rapp. et diff. — Perner a classé *Aulacostrepsis* comme S.-G. de *Cœlostylina* ; je ne partage pas cette opinion ; tout en conservant ce S.-G. dans la Fam. *Cœlostylinidæ*, je le rattache plutôt à *Palæoniso* dont il a le large ombilic et dont il ne s'écarte guère que par son galbe plus conique, par sa columelle un peu plus excavée, par ses tours plus nombreux et beaucoup plus convexes. Il est néanmoins évident que ce premier représentant d'une Famille presque exclusivement triasique a dû engendrer *Cœlostylina* par un simple rétrécissement de l'entonnoir ombilical ; outre que sa forme est plus allongée que celle de ce dernier Genre, il semble que les stries d'accroissement sont bien moins sinueuses chez *Aulacostrepsis* qui se rapproche davantage, à ce point de vue, de *Palæoniso*.

Fig. 25. — *Aulacostrepsis simplex* Barr.

Répart. stratigr.

DEVONIEN. — Le génotype dans la bande f_2 (Coblentzien) à Konjeprusz (Bohême).

TELLERIA, Kittl, 1894 [1]. G.-T. : *T. umbilicata* Kittl. Trias.

Test non nacré. Taille au-dessous de la moyenne ; forme turbinée, conique ; spire courte, à galbe légèrement extraconique, à sommet pointu, croissant assez régulièrement sous un angle apical de 45° en moyenne ; tours peu nombreux, convexes, dont la hauteur n'atteint pas la moitié de la largeur, séparés par des sutures profondes, mais non canaliculées, et ornés de fines stries spirales. Dernier tour très grand, au moins deux fois plus élevé que le reste de la spire, bien arrondi à la périphérie de la base qui est peu convexe, déclive, creusée au centre par un très large ombilic dont le pourtour est anguleux. Ouverture dilatée, semilunaire, subanguleuse en avant, à péristome discontinu et marginé à l'extérieur ; labre bordé par un bourrelet peu épais et légèrement sinueux, dont les arrêts forment parfois une ou deux varices près du bord de l'ouverture ; columelle presque droite, se raccordant par un angle arrondi avec le contour supérieur de l'ouverture ; bord columellaire lisse, un peu élargi en

(1) Gastr. St-Cassian, p. 226. — Etym. : Teller, géologue allemand.

arrière où il s'étale sur la base par une surface assez étendue, mais complètement isolée de l'ombilic.

Fig. 26. — *Telleria umbilicata* Kittl.

Diagnose complétée d'après les figures originales (*in* Kittl, p. XVI, fig. 27-29); reproduction de l'une d'elles [Fig. 26].

Rapp. et diff. — L'auteur a placé son Genre après *Palæoniso* et à la suite d'*Euchrysalis*. Mon opinion est que *Telleria* n'est qu'un S.-G. de *Palæoniso* dont il se rapproche par son ombilic largement ouvert, bien différent de la base d'*Euchrysalis*, par la disposition de sa columelle qui forme un angle avec le contour supérieur de l'ouverture, comme cela a lieu dans la plupart des *Cœlostylinidæ*. Toutefois, *Telleria* s'écarte du Genre de Gemmellaro par son galbe non pupoïde, plutôt extraconique même à l'état adulte, par son ornementation, enfin par son ouverture plus dilatée et extérieurement bordée. L'aspect de cette coquille n'a aucun rapport avec celui de *Cœlochrysalis* dont le péristome est complètement détaché. Quant à *Cœlostylina* — dont quelques espèces courtes ont un galbe à peu près semblable à celui de *Telleria*, — son ombilic est moins largement ouvert, et son péristome n'est jamais bordé.

Kittl n'a pas fait mention, dans le texte, des stries d'accroissement qui ne sont pas indiquées sur les figures originales ; mais l'une des trois figures 29 représente une sinuosité inférieure sur les varices correspondant aux accroissements du bourrelet labral : il est donc légitime de présumer que les stries d'accroissement de la coquille devaient être sinueuses en arrière, et cela confirme encore le classement de *Telleria* comme S.-G. de *Palæoniso* dans la Fam. *Cœlostylinidæ*.

Répart. stratigr.

Trias. — L'espèce génotype, seule, dans le Tyrolien de Saint-Cassian (*loc. cit.*) ; une autre espèce probablement striée, quoique lisse en apparence, dans le Dinarien de Marmolata : *T. antecedens* Kittl (1894. Gast. Marmol., p. 174, pl. VI, fig. 27-28).

CŒLOCHRYSALIS, Kittl, 1894 (1).

Coquille petite, pupoïde, à sommet styliforme, à dernier tour détaché ; columelle largement perforée ; ouverture subanguleuse à la base ; stries d'accroissement sinueuses.

(1) St-Cassian, p. 224. — Etym. : κοιλος, creux ; χρυσαλις, chrysalide.

Cœlochrysalis, *s. str.* G. T. : *Melania pupæformis* Munst. Trias.

Taille petite ; forme étroite, pupoïdale ; spire longue, dimorphe, à galbe d'abord extraconique, puis conoïdal, de sorte que l'angle spiral varie avec l'âge de la coquille ; tours très nombreux, peu convexes ou plans, d'abord très étroits, leur hauteur n'atteignant que le quart de leur largeur, puis plus élevés et séparés par des sutures linéaires ; surface lisse, sauf les stries d'accroissement qui sont un peu arquées. Le diamètre maximum de la coquille correspond au milieu du tour précédant le dernier qui est beaucoup plus rétréci, très peu élevé, conjoint avec la base déclive, tectiforme et carénée au pourtour d'un large ombilic. Ouverture en fuseau, anguleuse à ses deux extrémités, à axe oblique, à péristome complètement détaché de la base ; columelle largement perforée par un vide qui, d'après la coupe axiale, a un galbe avénacé (¹) et une largeur — au milieu de la hauteur — à peu près égale à la section d'un tour de spire, tandis que, vers l'ouverture et vers le sommet, ce vide se rétrécit beaucoup ; labre sinueux, faisant une saillie proéminente en arrière, au-dessus de l'avant-dernier tour ; bord columellaire non calleux, séparé par un large intervalle de la carène circa-ombilicale qu'il rejoint en avant, à l'angle supérieur de l'ouverture.

Diagnose complétée d'après celle de l'espèce génotype et d'après les figures (*in* Kittl, pl. XV, fig. 15-20) ; reproduction de l'une d'elles [Fig. 27].

Fig. 27. — *Cœlochrysalis pupæformis* Munst.

Rapp. et diff. — Lorsque Kittl a proposé *Cœlochrysalis*, il l'a établi comme S.-G. d'*Euchrysalis*, suivant l'opinion de Laube qui avait rapporté précédemment à ce dernier Genre toutes les coquilles pupoïdes de Saint-Cassian. Depuis, dans la Monographie des fossiles d'Esino (1899, p. 174), Kittl a élevé *Cœlochrysalis* au rang de Genre distinct, en observant d'ailleurs qu'il y a, même chez *Omphaloptycha*, des formes pupoïdes que l'on ne peut confondre avec celle-ci. Cette opinion est tout à fait fondée, et elle est conforme au choix de mes critériums qui relèguent au second plan le galbe de la coquille : *Cœlochrysalis* s'écarte com-

(1) Forme allongée d'un grain d'avoine.

plètement d'*Euchrysalis* par sa columelle largement perforée et par ses stries sinueuses sur le dernier tour. On le différencie, d'autre part, de *Cœlostylina* par sa perforation beaucoup plus ouverte et par son dernier tour détaché : ce sont là des critériums génériques très nets.

Répart. stratigr.

TRIAS. — Outre l'espèce génotype dans le Tyrolien de Saint-Cassian : *Melania nitida* Klipst : (*in* Kittl, *loc. cit*) Quelques espèces dans le Dinarien de Marmolata et d'Esino : *C. Lepsiusi* J. Böhm, *C. excavata*, *tenuicarinata* Kittl, *Cerithium megaspira* Stopp., *Cœlochrysalis hypertropha* Kittl, *C. Ammoni* J. Böhm (= *Nerinea pusilla* Stopp., d'après la Monogr. d'Esino (1899, pp. 174 et suiv.). Une espèce dans le Juvavien de Hallstadt : *C. tumida* Koken (1897. Gastr. Hallstadt, p. 117).

SPIROCHRYSALIS, Kittl, 1894 (1).

Coquille turriculée, conique, un peu pupoïde, à columelle perforée, à ombilic fermé ; ouverture terminée en avant par un bec ; péristome discontinu.

SPIROCHRYSALIS, *s. str.* *G-T. : Melania nympha* Munst. Trias.

Taille moyenne ; forme turriculée, assez étroite, pupoïdale dans son ensemble ; spire allongée, d'abord conique, puis conoïdale vers l'ouverture ; tours nombreux, étroits, à peu près plans, séparés par des sutures linéaires, marqués seulement de stries d'accroissement presque rectilignes ou à peine sinueuses, fines et peu régulières ; le plafond de chaque tour est muni, en-dessous, d'environ 8 petites carènes spirales internes, qui s'impriment sur le moule, et dont on distingue nettement la saillie sur la coupe axiale de la coquille ; ces carènes diminuent et s'espacent à mesure qu'elles s'écartent de la columelle. Dernier tour égal au tiers — à peu près — de la hauteur totale, subanguleux à la périphérie de la base qui est lisse, déclive, peu convexe et imperforée, chez les spécimens adultes. Ouverture rhomboïdale chez les jeunes individus, plus ovale chez les spécimens

(1) Gastr. St-Cassian, p. 209. — Etym. : σπειρα, spire ; χρυσαλις, chrysalide.

intacts, anguleuse en arrière, terminée en avant par un bec bien formé ; labre mince, peu proéminent, à peine sinueux vers la suture ; columelle arquée, lisse ; bord columellaire calleux, recouvrant la fente ombilicale et faisant un angle aigu à sa jonction avec le bord opposé, bien appliqué sur la base, mais ne se joignant pas avec le labre en arrière, de sorte que le péristome est discontinu.

Diagnose complétée d'après les figures du génotype ; reproduction de l'une d'elles [Fig. 28].

Rapp. et diff. — Ce Genre s'écarte de *Cœlostylina*, non seulement par le galbe totalement différent de sa spire qui rappelle plutôt *Euchrysalis*, mais encore par ses stries d'accroissement moins sinueuses, par son ombilic que recouvre la callosité columellaire, enfin par son bec antérieur plus complètement formé. D'autre part, la columelle est perforée, tandis qu'elle paraît solide chez *Euchrysalis* ; le péristome est discontinu, tandis qu'il est continu et disjoint chez *Cœlochrysalis*. *Spirochrysalis* est aussi caractérisé par un critérium tout spécial, qui n'a pas été observé chez les formes dont il vient d'être question : c'est l'existence de carènes ou de filets saillants sur le plafond interne des tours de spire, de sorte qu'on reconnaît de suite les moules internes sur lesquels ces carènes se sont imprimées en creux ; on l'observe également chez les individus munis de leur test, en faisant une coupe axiale.

Fig. 28. — *Spirochrysalis nympha* Munst.

Répart. stratigr.

TRIAS. — Le génotype et ses variétés (*Trochus subpyramidalis* d'Orb., *Niso conica* Laube) dans le Tyrolien de St-Cassian (*loc. cit.*).

GLYPTOCHRYSALIS, Koken, 1896 (1). G-T. : *G. plicata* Koken. Trias.

Taille au-dessous de la moyenne ; forme pupoïde, ventrue, quoique un peu turriculée ; spire dimorphe, allongée et extraconique au sommet, conoïdale dans les cinq derniers tours ; l'angle spiral « moyen » est, par suite, d'environ 30° ; tours nombreux, d'abord lisses, plans et très étroits, puis plus élevés, et enfin ornés de plis rectilignes et verticaux qui apparaissent presque subitement vers les derniers tours un peu convexes. Dernier tour égal au tiers — ou à peu près — de la longueur totale, anguleux à la périphérie de la

(1) Gastr. Hallstadt, p. 79. — Etym. : γλυπτος, sculpté ; χρυσαλις, chrysalide.

base imperforée qui est un peu déprimée et sur laquelle les plis axiaux sont remplacés par de nombreuses et fines stries spirales. Ouverture inconnue.

Diagnose complétée d'après l'unique figure du génotype, vue du côté du dos, reproduite ci-contre [fig. 29].

Rapp. et diff. — L'auteur n'a pas indiqué si la columelle de *Glyptochrysalis* est perforée ; mais il rapproche le génotype de *Cœlochrysalis*, bien que l'ouverture n'en soit pas connue, et cela parce que la forme de la coquille est pupoïde. C'est plutôt auprès de *Spirochrysalis*, que je placerais le S-G. de Koken, parce que sa forme y ressemble davantage, et surtout parce que la base présente une ornementation qui n'est probablement que l'impression en creux — chez un spécimen incomplet — de carènes spirales analogues à celles qui garnissent le plafond interne de *S. nympha*. Dans ces conditions, *Glyptochrysalis* se distinguerait surtout de *Spirochrysalis* par son ornementation axiale et par son galbe beaucoup plus ventru et plus pupoïdal, enfin par sa spire encore plus dimorphe.

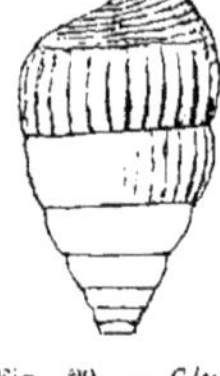

Fig. 29. — *Glyptochrysalis plicata* Koken.

Répart. stratigr.

Trias. — Deux espèces, y compris le génotype, dans le Juvavien d'Hallstadt : *G. regularis* Koken (*loc. cit.*). Une autre espèce probable, dans le Tyrolien de St-Cassian : *Melania anthophylloides* Klipst., classée comme *Tomochilus* par Kittl (*loc. cit.*, p. 252, pl. XIX, fig. 33-34), et rapprochée de *Glyptochrysalis* par Koken (*loc. cit.*, p. 80).

TRYPANOSTYLUS, Cossm. 1895 (1).
(= *Eustylus* Kittl 1894, *non* Schönh. 1843).

Coquille étroitement turriculée, à columelle perforée ; spire dimorphe ; premiers tours plissés ou carénés ; stries d'accroissement sinueuses ; ouverture subrhomboïdale ; base ombiliquée.

TRYPANOSTYLUS, *s. str.* G-T. : *Eustylus militaris* Kittl. Trias.
(= *Turristylus* Blaschke, 1905).

Taille au-dessous de la moyenne ; forme étroite, turriculée, généralement subcylindracée, parfois un peu conoïdale ; spire très longue, presque toujours dimorphe ; tours très nombreux, médiocre-

(1) Revue bibliogr. pour 1895, p. 211 (Journ. Conch.). — Etym. : τρυπανος, percé ; στυλος, columelle.

ment convexes, dont la hauteur varie — chez la même espèce — entre la moitié et les deux tiers de la largeur, séparés par des sutures fines, mais enfoncées ; les premiers tours sont le plus souvent ornés de plis axiaux presque rectilignes, tandis que les derniers ne portent que des stries d'accroissement un peu flexueuses. Dernier tour peu élevé, subanguleux à la périphérie de la base qui est déclive ou peu convexe, et qui montre une fente ombilicale plus ou moins ouverte. Ouverture subrhomboïdale ; labre mince, incurvé et incliné ; columelle courte, peu excavée, perforée sur toute sa longueur ; bord columellaire peu épais.

Diagnose complétée d'après les figures du génotype (*in* Kittl, Gastr. St-Cassian, p. 211 ; reproduction d'une des figures de *T. Konincki* Munst. *sp.* [Fig. 30].

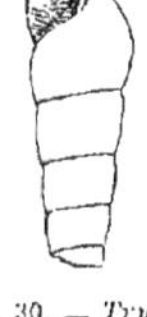

Fig. 30. — *Trypanostylus Konincki* Munst.

Rapp. et diff. — Abstraction faite de sa perforation columellaire qui le place dans les *Cœlostylinidæ*, ce Genre ressemble beaucoup plus à *Loxonema* ou à *Anoptychia* qu'à *Cœlostylina*. D'autre part, il n'a pas la forme pupoïde de *Spirochrysalis*, ni l'ouverture détachée de *Cœlochrysalis* ; ses caractères sont d'ailleurs assez variables, à tel point que l'auteur y a distingué deux groupes : *E. militaris* qui est la forme typique et qui, par l'intermédiaire de *T. Konincki*, passe au second groupe, celui d'*E. triadicus*, chez lequel la perforation columellaire tend à s'oblitérer presque totalement, tandis que les plis persistent sur les premiers tours. Il est difficile d'établir une limite bien nette entre ces deux groupes, de sorte que l'auteur a eu raison de ne pas séparer le second comme une Section distincte du premier, ainsi que l'a fait depuis M. Blaschke (1905, Gastr. Pachycard. Seiseralpe, p. 45) qui a donné le nom *Turristylus* aux formes du groupe de *T. triadicus* : cela me paraît excessif, et je préfère ne pas admettre cette nouvelle subdivision, à cause de l'impossibilité où je me trouverais de classer certaines espèces comme *Turristylus* plutôt que comme *Trypanostylus s. str.*

Répart. stratigr.

Trias. — Plusieurs espèces variables, dans le Tyrolien de St-Cassian et dans le Muschelkalk du lac Balaton (1) : *Eustylus Zitteli*, *militaris*, *curretensis* Kittl, *E. ladinus* Kittl (= *Melania Dunkeri*, *Plieningeri* Klipst.), *Melania Konincki*, *longissima* Munst. (= *M. acutestriata* Klipst.) ; *Eustylus triadicus*, *Richtofeni*, *Lepsiusi* Kittl, *Turritella semiglabra*, *flexuosa* Munst., d'après les Monogr. précitées. Trois espèces supplémentaires dans le Tyrolien (Raiblschichten) de Seiseralpe : *Turristylus Suessi*, *submilitaris*,

(1) 1900. Triad. Gastr. Bakonyerw., p. 32 et suiv., pl. II, fig. 22.

Waageni Blaschke (*loc. cit.*). Une espèce dans le Muschelkalk de l'Allemagne centrale : *Tryp. cylindricus* Picard (1903. p. 522, pl. XIII, fig. 19). Une espèce douteuse, dans les couches dolomitiques de la Souabe : *Eustylus Alberti* Philippi (*loc. cit.*, p. 190, pl. VIII, fig. 9). Nombreuses espèces dans le Dinarien de Marmolata et d'Esino : *Eustylus minor* Kittl, *Tryp. caravinensis* Kittl, *Spirostylus vittatus* J. Böhm (= *E. æqualis* J. Böhm), *Chemn. geographica* Stopp. (= *C. longissima, prælonga, exilis, perspirata* Stopp.), *E. ascendens* J. Böhm, *Loxonema Kokeni* J. Böhm, *Chemn. obliqua* Stopp., *Tryp. pradeanus, varieplicatus* Kittl, d'après la Monogr. d'Esino (1899, p. 95).

Lias. — Une espèce dans l'Hettangien de Provenchères sur Meuse : *T. cf. nudus* M. (*Turritella*) d'après Cossmann (1907 — p. 25), ma coll. ; cette espèce originale d'Allemagne aurait vécu dans le Toarcien et on la retrouverait dans le Charmouthien d'Angleterre, d'après Tate.

Heterogyra, Kittl, 1899 (1). G.-T. : *H. ladina* Kittl. Trias.

Taille petite ; forme turriculée, conique ; spire longue, dimorphe, croissant assez lentement sous un angle apical de 25° ; tours nombreux, d'abord carénés, puis lisses et arrondis, séparés par de profondes sutures, marqués de stries d'accroissement incurvées qui prennent une direction antécurrente vers la suture. Dernier tour égal au quart environ de la hauteur totale, à galbe arrondi, mais arqué à la périphérie de la base qui est déclive, puis excavée au centre vers la région ombilicale. Ouverture peu élevée, trapézoïdale à angles très arrondis ; columelle perforée (*fide auct.*).

Diagnose complétée d'après les figures du génotype ; reproduction de l'une d'elles [Fig. 31].

Fig. 31. — *Heterogyra ladina* Kittl.

Rapp. et diff. — Kittl a classé son Genre dans la Famille *Cerithidæ*, sans s'apercevoir qu'avec sa columelle perforée et ses tours dimorphes, *Heterogyra* se rapproche complètement de *Trypanostylus* ; si ce dernier est de la Fam. *Cœlostylinidæ*, il est impossible de ne pas classer le premier dans la même Famille. Je trouve même que leur analogie est tellement frappante qu'*Heterogyra* ne peut être qu'une simple Section de *Trypanostylus* qui ne s'en distingue que par des critériums d'une importance secondaire, tels que la différence de l'ornementation des premiers tours qui sont plissés au lieu d'être carénés. D'autre part, il est évident que, comme l'a justement fait observer Kittl, quand on ne

(1) Gastr. Esinokalk, p. 184. — Etym. : ετερος, différent ; γυρος, tour.

recueille que des fragments de cette coquille — soit de la pointe, soit des derniers tours — il est à peu près impossible de les identifier et surtout de deviner qu'ils appartiennent à une seule et même espèce. La même hésitation se produit d'ailleurs pour les fragments d'*Anoptychia*, dans les *Loxonematidæ*; mais ici, la perforation columellaire, quand on peut l'observer (ce qui n'est pas toujours le cas), fixe le classement de la coquille dans la Fam. *Cœlostylinidæ* et s'oppose à ce qu'on rapproche les premiers tours de *Promathildia* par exemple, et les derniers, de *Polygyrina*. La direction des stries d'accroissement — qui paraissent bien incurvées, confirme le classement que j'ai adopté, et s'oppose à ce qu'on place *Heterogyra* parmi les *Spirostylinidæ* qui ont d'ailleurs un galbe beaucoup plus étroit.

Répart. stratigr.

TRIAS. — Outre le génotype dans le Dinarien de Marmolata, une autre espèce voisine, dans les couches raibliennes de Seiseralpe (Tyrol méridional) : *H. Kokeni* Blaschke (1905. Gast. Pachycardientuffe, p. 211).

UNDULARIA, Koken, 1892 (1).

(= *Toxonema* J. Bohm, 1895 ; *ex eod. typo*).

Coquille turriculée, à tours carénés, plans ou même concaves, à sutures rainurées, souvent bordées; stries d'accroissement plus ou moins incurvées ; ouverture rhomboïdale, à columelle droite, à bec antérieur ; columelle perforée, ombilic plus ou moins apparent.

UNDULARIA, *s. str.* G.-T. : *Strombites scalatus* Schl. Trias.
(= *Protomosira* v. Ammon, 1892).

Taille assez grande ; forme turriculée, subulée, conique ; spire longue, croissant régulièrement sous un angle apical de 30° ; tours concaves, dont la hauteur atteint au plus la moitié de la largeur, séparés par des sutures profondément rainurées que bordent des bourrelets de part et d'autre, celui du bas plus saillant que l'autre ; stries d'accroissement fines et bien incurvées entre ces deux bourrelets; pas d'ornementation spirale. Dernier tour à peu près égal au tiers de la hauteur totale, anguleux ou subcaréné à la périphérie de la base

(1) N. Jahrb. f. Miner., etc.., p. 31. — *Undulare*, onduler.

déclive, sur laquelle les stries d'accroissement se replient subitement suivant un tracé un peu arqué et convexe. Ouverture tout-à-fait rhomboïdale, anguleuse en arrière dans le repli du bourrelet sutural, terminée en avant par un bec un peu pointu ; labre sinueux et excavé en arrière, peu proéminent en avant ; columelle presque droite, se raccordant par une courbe avec le plan déclive de la base ; bord columellaire calleux, recouvrant en grande partie la fente ombilicale, de sorte qu'on n'aperçoit bien la perforation de la columelle que sur la cassure des spécimens non adultes et non intacts.

Diagnose complétée d'après les figures du génotype (*in* Koken, 1898. Gastr. süddeutsch. Muschelk., Pl. III, fig. 5), et d'après un génoplésiotype de Marmolata : *Undularia disputata* Kittl (Gastr. Marmol., pl. V, fig. 8-10) ; reproduction de chacune des deux espèces [Fig. 32 et 33].

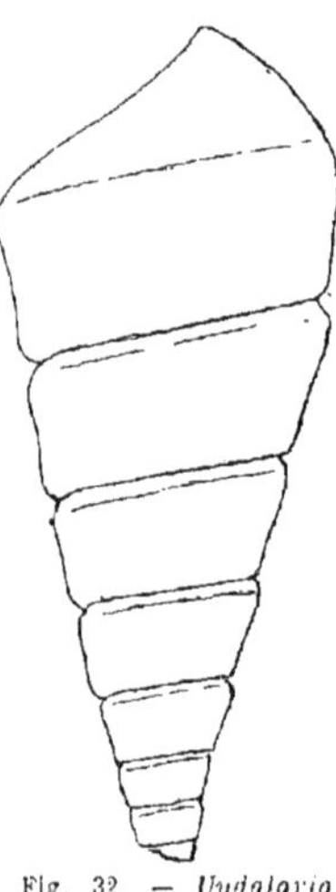

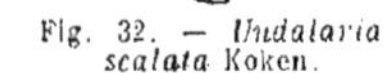

Fig. 32. — *Undalaria scalata* Koken.

Fig. 33. — *Undularia disputata* Kittl.

Observ. — Le G. *Undularia* a été proposé pour une espèce du Muschelkalk supérieur, très commune en Allemagne, mais malheureusement à l'état de moule ; Koken y a en outre rapporté une autre espèce du Tyrolien (*Turritella carinata* M.) qui, comme on l'a vu ci-dessus, appartient à un autre Genre et même à une autre Famille (*Anoptychia*, *Loxonematidæ*). En 1895, J. Böhm (Gastr. Marmolata, *in Palæontogr.* XVII Bd., pp. 267 et suiv.) a complètement dévoyé l'interprétation originale de Koken : en appliquant *Undularia* aux formes triasiques pour lesquelles Kittl avait déjà proposé *Protorcula*, et en proposant une nouvelle dénomination *Toxonema* pour *Str. scalatus* Schl., de Marmolata, qu'il considérait comme identique à l'espèce du Muschelkalk.

Dans son Étude sur les Gastropodes d'Hallstadt (1896), Koken a rétabli son interprétation primitive (*Undularia pro Str. scalatus*, p. 124), mais il a cherché à concilier les erreurs commises, en admettant néanmoins *Toxonema* pour l'espèce de Marmolata qui avait été confondue, à tort selon lui, avec le véritable *Str. scalatus* d'Allemagne.

Or, ainsi que l'a très justement fait observer Kittl (1899. Gastrop. Esinokalk, pp. 154 et suiv.), la conservation simultanée des deux noms *Undularia* et *Toxonema* est absolument incorrecte au point de vue de la nomenclature, puisqu'ils ont été proposés pour le même type de Schlotheim, le plus récent des deux (*Toxonema*) doit nécessairement tomber en synonymie avec l'autre. D'ailleurs, si la coquille de Marmolata est spécifiquement différente de celle d'Allemagne — ce qui n'est pas bien certain — il y a lieu de lui donner un autre nom spécifique (*U. disputata* Kittl); mais, comme il est manifestement impossible de la distinguer génériquement d'*Undularia*, il n'y a aucune raison de la dénommer *Toxonema*.

Il reste maintenant à expliquer pourquoi je réunis à *Undularia* le G. *Protomosira*, proposé en 1892 par v. Ammon (Gastr. Hochfell, p. 214) pour *Alaria Quenstedti* v. Dittmar, espèce rhétienne qui ne me paraît présenter aucune différence générique avec *Undularia* ; cette analogie a été confirmée par Koken (1896. Gastr. Hallstadt, p. 125) qui a fait remarquer que, sur des échantillons à l'état de moules, il n'est guère possible de vérifier si la columelle est perforée ; j'ajouterai que sur de tels génotypes, il est réellement excessif de proposer de nouveaux noms génériques.

Rapp. et diff. — Le G. *Undularia* se distingue d'*Omphaloptycha* — et à plus forte raison, *Calostylina* — par son galbe conique, par ses stries d'accroissement bien incurvées, et surtout par son ouverture complètement quadrangulaire par suite de la carène basale ; quoiqu'on doive tenir compte de l'état de conservation du génotype, il est certain que cette ouverture devait posséder en avant un bec qui rappelle plutôt celui de *Nerinea* que l'angle simple de *Cœlostylina*, ou même la disposition plus adoucie d'*Omphaloptycha* ; la columelle est plus rectiligne, et si elle est perforée, cette perforation est masquée, chez l'adulte, par l'épaississement du bord columellaire. Ce sont là des critériums différentiels qui ont une importance générique dans la Fam. *Cœlostylinidæ* ; toutefois, comme on le verra plus loin, il y a des formes qui — tout en étant démembrées d'*Undularia* — ont une tendance à se rapprocher plutôt d'*Omphaloptycha*.

Répart. stratigr.

Trias. — Outre le génotype du Muschelkalk d'Allemagne, une espèce très voisine dans le Dinarien des Alpes : *U. disputata* Kittl. Trois autres espèces dans le Muschelkalk de l'Allemagne centrale : *U. dux, tenuicarinata, concava* Picard (1903. Gloss. mitteldeutsch. Trias, p. 527, pl. XIV).

Rhétien. — Une espèce génotype de *Protomosira*, dans les grès de Nürtingen (Wurtemberg) : *Alaria Quenstedti* v. Dittmar (*in* Ammon. *loc. cit.*).

Undularia

PUSTULIFER, Cossm. 1895 (1); G.-T. : *Chemnitzia alpina* Eichw. Trias.
(= *Pustularia* Koken 1892, *non* Swainson 1840)

Taille grande ; forme trapue, conique ; spire assez longue ; tours concaves, élevés, séparés par des sutures profondes et encadrées par deux rangées de gros tubercules ; stries d'accroissement curvilignes sur le reste de la surface. Dernier tour grand, à base convexe, avec trois ou quatre rangées spirales de perles. Ouverture quadrangulaire ; columelle perforée.

Diagnose complétée d'après un fragment de l'espèce génotype, provenant du Tyrol méridional (Pl. II, fig. 4), ma coll. (recueilli par Klipstein et envoyé par lui).

Rapp. et diff. — L'auteur a lui-même indiqué (N. Jahrb. für Miner., p. 32) qu'il n'y a, entre son Genre et *Undularia*, d'autres différences que celle des tubercules suturaux et des rangées de perles de la base. Dans ces conditions, je ne puis admettre *Pustulifer*, après correction faite du double emploi de nomenclature, que comme une simple Section, plus voisine d'*Undularia* que *Toxoconcha*. Le fragment que j'ai étudié montre, dans sa coupe transversale, la forte perforation de la columelle qui est creuse ; Koken a passé sous silence ce caractère très important qui fixe la position de *Pustulifer* — et par suite d'*Undularia* — dans la Fam. *Cœlostylinidæ*. Kittl n'a mentionné l'existence de ce Genre ni à Marmolata, ni à Esino.

Répart. stratigr.

TRIAS. — Le génotype dans les couches raibliennes (Tyrolien) du plateau de Schlern, d'après l'auteur (*loc. cit.*). Une espèce à l'état de moule interne, dans les couches raibliennes de Lombardie : *Chemn. cf. Rosthorni* Hœrn., d'après la Monogr. de Parona (1889. Stud. monog. fauna raibl. Lombard., p. 69, pl. III, fig. 2).

BAJOCIEN. — Une espèce de grande taille, dans la Sarthe : *Chemn. Davoustana* d'Orb. (Pal. fr., pl. CCXXXIX, fig. 1). Plusieurs espèces dont la perforation columellaire n'a pas été signalée, dans l'Oolite inférieure d'Angleterre : *Chemn. heterocycla* Desl., *Pseudomelania robusta*, *pinguis* Hudleston (Gastr. infer. ool,, pp. 289 et suiv.).

TOXOCONCHA, Kittl, 1899 (2). G.-T. : *Chemnitzia Brocchii* Stopp. Trias.
(=? *Loxotomella* J. Böhm, 1895).

Taille moyenne ; forme turriculée, un peu ventrue, parfois un peu pupoïde, spire médiocrement allongée, à galbe généralement

(1) Revue bibliogr. p. l'année 1895 (*Journ. Conch.*), p. 62. — Etym.: *Pustula*, pustule.
(2) Gastr. Esinokalk, p. 161. — Etym.: τοξος, axe ; κογχα, coquille.

conique; tours presque plans, dont la hauteur atteint au plus la moitié de la largeur, séparés par des sutures rainurées, non bordées en dessous; stries d'accroissement assez sinueuses et arquées, avec quelques traces d'ornementation spirale, mais très irrégulières. Dernier tour supérieur au tiers de la hauteur totale, à peine subanguleux à la périphérie de la base qui est peu convexe ou déclive, très faiblement ombiliquée, quoique la columelle soit manifestement perforée. Ouverture subrhomboïdale; columelle presque droite.

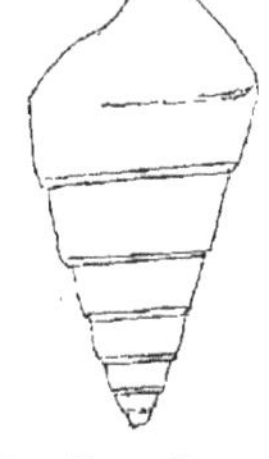

Fig. 34. — *Toxoconcha Brocchii* Stopp.

Diagnose traduite d'après celle de l'auteur, et complétée d'après les figures du génotype; reproduction de l'une d'elles [Fig. 34].

Rapp. et diff. — Si on limite *Undularia* aux formes carénées à la base, à sutures encadrées d'un double bourrelet, cette Section peut, à la rigueur, se distinguer par l'absence de ces deux caractères, ainsi que par sa spire moins allongée et par son dernier tour, plus élevé; tous les autres caractères sont semblables. Quant aux formes du groupe d'*Omphaloptycha turris*, elles s'en distinguent non seulement par leur angle spiral moins ouvert (20°), mais aussi par leurs stries moins incurvées.

En ce qui concerne le G. *Lotoxomella*, il a été proposé par J. Böhm (Gastr. Marmolata, p. 301) pour des fragments de deux espèces sur lesquels il est manifestement impossible de fonder une subdivision générique; Kittl a essayé de reconstituer *Loxotomella*, mais les formes qu'il y rapporte ne sont pas distinctes de son G. *Toxoconcha* (v. ci-dessous): il a d'ailleurs fait remarquer avec juste raison que, dès l'instant que J. Böhm déclare lui-même que les stries d'accroissement sont inconnues sur ses fragments de *Loxotomella Castor* et de *L. Pollux*, il n'est pas admissible d'attribuer au contour du labre la forme surbaissée et parabolique qu'il lui suppose et qui ne se trouve que chez les *Trochidæ*. En conséquence, *Loxotomella* doit disparaître.

Répart. stratigr.

Trias. — Quelques espèces, outre le génotype et ses variétés (*Chemn. lunulata*, *strigillata*, *lanceata* Stopp.), dans le Dinarien d'Esino et de Marmolata: *Undularia transitoria*, *bisculpta*, *striifera*, *ontragnana* Kittl, *Chemn. uniformis*, *jaculum* Stopp., *Toxonema telescopium*, *perspicuum* J. Böhm, d'après la Monogr. précitée de Kittl. Il y a lieu d'y ajouter les formes rapportées à *Loxotomella*, outre les cotypes indéterminables de J. Böhm: *L. cinensis*, *vernalensis*, *dubia* Kittl, provenant de Marmolata.

PROTORCULA, Kittl, 1894 [1]. G.-T. : *Turritella subpunctata* M. Trias.

Taille petite ; forme étroite, turriculée ; spire longue, à galbe conique ; tours plans ou concaves, généralement étroits, séparés par des sutures finement rainurées entre deux bourrelets saillants et parfois crénelés ; stries d'accroissement sinueuses, et excavées, souvent croisées par de fines stries spirales. Dernier tour inférieur au quart de la hauteur totale, munie d'une forte carène à la périphérie de la base qui est aplatie, ou même concave vers le cou, imperforée au centre, et ornée comme la spire. Ouverture subquadrangulaire, sauf au point d'implantation de la columelle sur la base, où le raccordement est un peu arrondi ; columelle droite, probablement perforée ; labre excavé sur le flanc, sinueux sur le plafond de l'ouverture.

Fig. 35. — *Protorcula subpunctata* Kittl.

Diagnose complète d'après les figures du génotype (*in* Kittl, pl. VII, fig. 50-54) ; reproduction de l'une d'elles [Fig. 35].

Rapp. et diff. — Non seulement ce Sous Genre s'écarte d'*Undularia* par sa forme turritelloïde, par son dernier tour beaucoup moins élevé, mais encore et surtout par la disparition complète de la fente ombilicale. Quoique je ne connaisse la section longitudinale d'aucun *Protorcula*, il me paraît probable que la columelle doit être aussi perforée dans l'axe de la coquille, comme celle d'*Undularia*, et que par suite, *Protorcula* fait également partie de la Fam. *Cœlostylinidæ*, plutôt que des *Turritellidæ* dont elle s'écarte par la sinuosité différente de ses accroissements. On peut encore rapprocher ce S.-G. d'*Anoptychia* dont le galbe est très voisin, mais qui s'en distingne par ses premiers tours costulés et par sa columelle certainement imperforée.

Répart. stratigr.

TRIAS. — Quelques espèces et leurs variétés, dans le Tyrolien de St Cassian : *Turr. subpunctata*, *nodulosa* Munst., *Turr. Gaytani*, *Bucklandi*, *Hehli* Klipst., *Protorcula densepunctata* Kittl, *Turr. excavata* Laube, d'après la Monogr. précitée de Kittl. Dans le Dinarien de Marmolata et d'Esino : *Undularia obliquelineata* Kittl, *Eustylus loxonemoides* Kittl, *Prot. unicarinata*, *larica* Kittl, *Nerinea Matthiolii*, *pusilla* Stopp., d'après la Monogr. précitée d'Esino (p. 186 et suiv., espèces classées à tort dans la Fam. *Cerithidæ*). Une espèce dans les environs de Predazzo (Dinarien) : *P. Kittli*

(1) Gastr. St-Cassian, p. 188. — Etym. : *Pro*, avant ; *Torcula*, G. récent de *Turritellidæ* (*T. exoleta L.*).

Häberle (1908, Pal. unt. triad. Gast. p. 426, pl. VI). Deux espèces dans le Muschelkalk de l'Allemagne centrale : *Prot. lissotropis*, *punctata* Picard (1903. Glossoph. mitteld. Trias, p. 532, pl. XIII, fig. 13-14).

Rhetien. — Une espèce probable dans le Dolomie supérieure de Monte Nota *Turritella circinnula* v. Ammon (1892. Gast. Hochfell., p. 195).

EUCHRYSALIS, Laube, 1868 (1).

Coquille petite, étroite, pupoïde, à tours peu convexes ; stries d'accroissement peu sinueuses : columelle imperforée : ouverture ovale.

Euchrysalis *s. str.* G.-T. : *Melania fusiformis* Munst. Trias.

Taille petite ; forme subulée, étroite ou même avénacée, le maximum du diamètre étant située à l'avant dernier tour ; spire peu allongée, à galbe subconoïdal, croissant d'abord lentement, puis plus rapidement ; premiers tours convexes, un peu déviés par rapport à l'axe longitudinal, peu élevés, tandis que sur les tours suivants, la hauteur finit par atteindre les deux tiers ou les trois quarts de la largeur ; sutures linéaires. Dernier tour, égalant à peu près la moitié de la hauteur totale, atténué à la base qui est peu arquée et imperforée ; surface lisse, stries d'accroissement peu marquées, presque rectilignes ou très faiblement sinueuses sur le dernier tour, Ouverture très élevée, ovalement étroite, anguleuse en arrière et en avant, à péristome subdétaché et un peu oblique ; columelle solide, d'après la coupe longitudinale de la coquille ; bord columellaire formant un pli contre la région ombilicale qui est fermée.

Diagnose traduite d'après celle du génotype, et complétée d'après les figures originales (*in* Kittl. Gast. St-Cassian, p. 323, pl. XV) ; reproduction d'une d'elles [Fig. 36].

Fig. 36. — *Euchrysalis fusiformis* Munst.

Rapp. et diff. — Quoique les coquilles de ce Genre paraissent avoir l'ombilic fermé et la columelle imperforée, je les conserve néanmoins dans la Fam. *Cœlostylinidæ* à cause de la déviation axiale

(1) Fauna St-Cassian, III, p. 42. — Etym. : ευ, bien ; χρυσαλις, chrysalide.

des premiers tours, qu'on observe chez *Cœlostylina* et qui n'existe jamais chez les *Pseudomelaniidæ*; en outre, les stries d'accroissement — quand on peut les observer — sont peu sinueuses; enfin, l'ouverture subanguleuse en avant ne ressemble aucunement à celle des Genres classés dans la Fam. *Pseudomelaniidæ*.

En principe, Laube avait placé dans son G. *Euchrysalis* beaucoup de formes qui n'avaient de commun avec la diagnose ci-dessus que leur galbe pupoïdal et la croissance irrégulière — d'abord lente, puis plus rapide — de leurs tours de spire. En reprenant l'étude de ce groupe pour la Monographie des fossiles de St-Cassian, Kittl a déjà restreint cette interprétation trop large du G. *Euchrysalis*, et, comme on l'a vu ci-dessus, il en a séparé *Spirochrysalis*, *Cœlochrysalis*, *Pseudochrysalis*, qui appartiennent à des Genres très différents. Ultérieurement, dans sa Monographie d'Esino, il a de nouveau insisté sur l'écart qui existe entre *Euchrysalis s. str.* et ces subdivisions plus voisines de *Cœlostylina*. Enfin Koken (Gastr. Hallstadt) en a encore séparé *Glyptochrysalis* qui est orné. Ainsi débarrassé de toutes les formes qui l'encombraient et qui contribuaient à rendre sa diagnose de plus en plus vague, *Euchrysalis* reste un Genre mieux défini, réduit à un petit nombre d'espèces et paraissant avoir survécu jusqu'à la partie inférieure du Système jurassique,

Répart. stratigr.

TRIAS. — Trois espèces et leurs variétés, dans le Tyrolien de St-Cassian: *Melania fusiformis* M., *M. larva*, *Hauslabi* Klipst., *E. crassa*, *sinistrorsa*, *alata* Kittl (*loc. cit.*). Plusieurs autres formes, dans le Dinarien de Marmolata et d'Esino: *Chemnitzia sphinx*, *fimbriata* Stopp., *E. lævis* (1) Kittl, *E. torpediniformis* I. Böhm, d'après la Monographie d'Esino (Kittl, 1899). Peut-être doit-on rapporter au même Genre *Eulima striatissima* J. Böhm, de Marmolata, malgré ses stries spirales?

BATHONIEN. — Deux espèces douteuses dans le Vésulien d'Angleterre, de l'Aisne et du Calvados: *Rissoa lævis* Sow., *Chemnitzia rissoæformis* Piette, d'après Cossmann (1885, Contrib. Bath., p. 169).

BOURGUETIA, Desh. *in* Terq. 1871 (2).
(= *Glyptostylina* Koken, 1898).

Coquille grande, turriculée, à tours régulièrement et profondément sillonnés; stries d'accroissement sinueuses en ε (*non vidi*);

(1) Puisque, comme on le verra ci-dessous, *Rissoa lævis* Sow. doit être classé dans le G. *Euchrysalis*, l'espèce tyrolienne doit changer de nom, et je propose pour elle: **E. Kittli**, *nobis*.

(2) Monogr. ét. Bath. départ. Moselle, p. 51. Terquem a écrit *Bourgetia*; le nom a été rectifié par Fischer dans son Manuel de Conchyl. (p. 698), l'étiquette manuscrite de la coll. Desh. porte Bourguet et non Bourget.

ouverture ovale-arrondie, un peu anguleuse à la jonction de la columelle qui paraît perforée.

BOURGUETIA *s. str.* G-T. *Melania striata* Sow. Oxf.

Test excessivement mince, presque toujours détruit par la fossilisation. Taille grande; forme turriculée, conique; spire assez longue, croissant régulièrement sous un angle spiral d'environ 25° ; tours assez nombreux, convexes surtout en avant, dont la hauteur égale à peu près la moitié de la largeur, séparés par des sutures profondes, non canaliculées ; ornementation composée d'une quinzaine de sillons spiraux qui s'espacent et s'approfondissent un peu à mesure qu'ils approchent de la suture antérieure de chaque tour, et de stries d'accroissement sinueuses en S. Dernier tour égal aux deux cinquièmes ou au tiers de la hauteur totale, arrondi jusqu'à la base qui n'est légèrement excavée que vers le cou très court, et sur laquelle se prolongent les rayons transformés en rainures larges et écartées ; fente ombilicale probablement apparente quand le test est conservé. Ouverture ovale-arrondie, médiocrement haute, probablement anguleuse à la jonction de la columelle et du contour supérieur ; labre très mince, probablement sinueux comme les accroissements, et proéminent en avant ; columelle excavé en arrière, perforée (*fide* Terquem).

Diagnose refaite d'après le génotype (*in* Sow. Miner, Conch., T. I, pl. XLVII) ; et d'après un spécimen de l'Oxfordien de Montigny-sur-Aube (Pl. II, fig. 3), ma coll.

Rapp. et diff. — L'état décortiqué dans lequel on trouve invariablement, non seulement le génotype, mais encore tous les spécimens de ce Genre, laisse planer l'incertitude la plus complète sur le classement de *Bourguetia*. L'auteur de la diagnose originale (Terquem) — qui a pu examiner l'implantation interne de la columelle chez de nombreux individus — inclinait à penser que ce Genre devrait être classé près des Natices ; malheureusement, le critérium sur lequel il s'est basé est très fugitif ; car, presque toutes les coupes internes de Gastropodes se ressemblent au point de vue de l'inclinaison de la columelle, de sorte que la théorie — que Terquem a voulu édifier sur les prétendues variations de l'angle de la tangente à cette courbure columellaire et de l'axe vertical — est manifestement l'œuvre de l'imagination. En tout cas, c'est la coupe axiale que

Terquem aurait dû prendre, tandis que les sections faites à des distances variables de l'axe de la coquille donnent nécessairement un angle chaque fois différent pour chaque individu ; la coupe axiale lui aurait, au contraire, permis de vérifier si la columelle est bien réellement perforée comme j'ai tout lieu de le présumer, et cette constatation eût été beaucoup plus utile au point de vue du classement de *Bourguetia*.

La sinuosité des stries d'accroissement est tout à fait semblable, d'après la figure publiée par Terquem, à celle des *Loxonematidæ* et des *Cœlostylinidæ* ; aussi, quoique je n'aie pu vérifier la courbure de cette sinuosité sur aucun de mes échantillons de *Bourguetia*, tenant compte de ce que la base porte un ombilic étroit qui est représenté sur la figure originale de Sowerby, et de ce que l'ouverture est subanguleuse à la base, je place ce Genre dans la Fam. *Cœlostylinidæ*.

En ce qui concerne les formes triasiques que Koken a très justement rapprochées de *Bourguetia*, je ne vois réellement pas de motifs pour leur attribuer, même à titre de Section, un nom distinct: *Glyptostylina* (1898. Gast. suddeutsch. Muschelk., p. 43) ; d'ailleurs, l'état de conservation de la seule des deux espèces figurées (le génotype ne l'a même pas été), nous mettrait hors d'état de caractériser cette Section avec quelque précision.

Répart. stratigr.

TRIAS. — Une espèce, génotype de *Glyptostylina*, dans le Juvavien de Hallstadt: *Cœlostylina inflata* Koken (*loc. cit.*, p. 78). Une autre espèce très grosse, à l'état de moule, dans le Muschelkalk d'Allemagne : *B. sulcata* Koken (*loc. cit.*).

LIAS. — Une espèce dans l'Hettangien de la Moselle et de la Meuse : *Turritella Deshayesea* Terq., ma coll.; *Turr. Zenkeni* Terq. n'en est probablement que la pointe, et peut être aussi *Melania cyclostoma* Terq., d'après les figures (Pal. d'Hettange, pl. III, fig. 6 et 8), quoique le texte mentionne des tours lisses. Une espèce voisine du génotype, dans le Sinémurien et le Charmouthien de Belfort, d'après M. Girardot (1905. Paléontostatique jurass., p. 24).

BAJOCIEN. — Le génotype ou une mutation, dans le calc. à Polypiers des environs de Nancy, d'après Terquem (1871. Monogr. ét. Bath. Mos., p. 52) ; dans le Doubs : *B. Sæmanni* Oppel, d'après M. Girardot (*ibid.* p. 87). La même dans la zone « *Murchisonæ* » de Bradford Abbas (Yorkshire), d'après Hudleston (Gast. inf. ool., p. 249).

BATHONIEN. — Le génotype ou une mutation, dans la grande oolite des Clapes (Moselle), d'après Terquem.

CALLOVIEN. — Le génotype dans les argiles de Villers, d'après le Prodrome de d'Orb. (I, p. 333).

OXFORDIEN. — Le génotype dans le Yorkshire (*fide* Sow.), en Allemagne, dans le Hanôvre (*fide* Rœmer : rare dans le Jura lédonien, d'après de Loriol (1903. Oxf. sup. et moy., p. 121).

RAURACIEN. — Le génotype ou une mutation, dans le Jura bernois, d'après de Loriol (1904, p. 7).

SEQUANIEN. — Le génotype ou une mutation, dans les couches astartiennes de Baden en Argovie, d'après de Loriol (1880, p. 31, pl. VIII, fig. 5).

KIMMERIDGIEN. — Une variété étroite du génotype, dans les argiles de Honfleur, d'après Eudes Deslongchamps (1842. Mém. Mélanies foss., p. 221, pl. XII, fig. 4).

SPIROSTYLINIDÆ *nov. Fam.*

Coquille très allongée, formant une baguette ou un pilier plus ou moins tordu en spirale, à galbe subulé ou cylindracé ; tours très nombreux, croissant rapidement en général ; stries d'accroissement peu incurvées, obliques de gauche à droite par rapport à l'axe vertical, la gauche étant prise au-dessus du point d'intersection ; ouverture courte, holostome ; labre oblique ; columelle solide, lisse, non perforée.

Rapp. et diff. — Je suis obligé de proposer une nouvelle division familiale pour classer un certain nombre de Genres qui ne pourraient être introduits dans les Familles existantes, à moins d'en élargir les diagnoses au point de les rendre tout à fait imprécises. Ici, le principal critérium consiste dans l'obliquité des stries d'accroissement qui, quoique peu sinueuses, auraient pu encore se rapprocher de celles des *Loxonematidæ* ; mais tandis que chez *Loxonema* et chez tous les Genres que nous avons passé en revue dans les deux précédentes Familles, les stries sont obliques de droite à gauche, la droite étant prise au dessus de leur intersection avec l'axe vertical de la coquille, c'est l'inverse (obliquité de gauche à droite) chez les *Spirostylinidæ*. Or, comme l'obliquité des accroissements règle celle du labre, il en résulte, dans le contour du péristome, une différence manifeste à laquelle j'attache une importance familiale.

D'autre part, chez les *Cœlostylinidæ*, même quand la columelle paraît presque imperforée comme celle de *Spirostylus*, et quand les stries sont peu sinueuses ou peu arquées, elles ont encore une inclinaison en sens inverse de celles de ce dernier Genre. Il en est de même chez les *Pseudomelaniidæ* qui ont toujours le labre plus ou moins excavé en arrière, plus ou moins proéminent en avant, jusqu'à sa jonction avec le contour basal.

L'ouverture est tantôt ovale, tantôt anguleuse, selon que la base est convexe ou déprimée : c'est le critérium que je choisis pour distinguer les uns des autres les Genres de cette Famille ; le critérium sous-générique consiste dans l'obliquité des sutures et dans la convexité des tours ; enfin j'admets comme critérium sectionnel la superposition des tours dans la coupe axiale de la coquille.

Les Genres — d'ailleurs peu nombreux — qui composent cette nouvelle Famille sont à peu près exclusivement confinés dans le Trias et dans le Lias. Pour suivre leur filiation ancestrale dans les formations paléozoïques, il faut remonter plutôt aux *Subulitidæ* qu'aux *Loxomenatidæ*, parce que les stries d'accroissement des premiers sont à peu près verticales : en admettant que, par une adaptation inconnue de nous, le labre de *Fusispira* se soit faiblement incliné à gauche de l'axe, on arrive presque à *Heligmostylus*. Au point de vue phylogénétique, il n'y a donc pas tant d'écart qu'on pourrait le croire entre ces différentes formes. Il faut d'ailleurs tenir compte de ce qu'il s'agit de coquilles rares, imparfaitement conservées, ou même exclusivement représentées par des fragments de la spire ; la connaissance de l'ouverture intacte confirmerait peut-être ma manière de voir.

Tableau des Genres, Sous-Genres et Sections

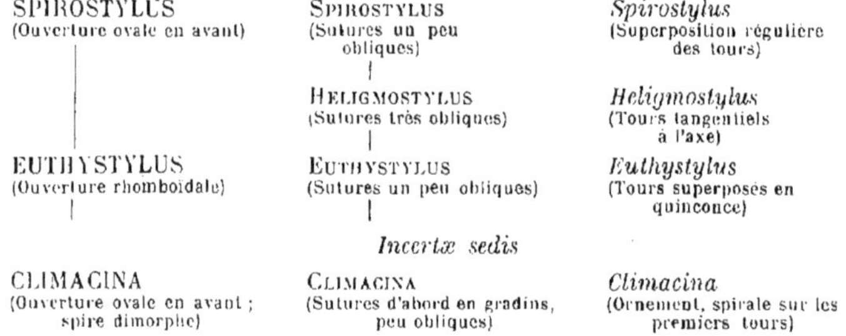

Genres	Sous-Genres	Sections
SPIROSTYLUS (Ouverture ovale en avant)	SPIROSTYLUS (Sutures un peu obliques)	*Spirostylus* (Superposition régulière des tours)
	HELIGMOSTYLUS (Sutures très obliques)	*Heligmostylus* (Tours tangentiels à l'axe)
EUTHYSTYLUS (Ouverture rhomboïdale)	EUTHYSTYLUS (Sutures un peu obliques)	*Euthystylus* (Tours superposés en quinconce)
	Incertæ sedis	
CLIMACINA (Ouverture ovale en avant ; spire dimorphe)	CLIMACINA (Sutures d'abord en gradins, peu obliques)	*Climacina* (Ornement, spirale sur les premiers tours)

SPIROSTYLUS, Kittl, 1894 (1)

Coquille petite, étroitement turriculée, à tours un peu convexes ; stries d'accroissement à peine flexueuses ; ouverture à peu près ovale, du moins en avant ; base non ombiliquée.

SPIROSTYLUS *s. str.* G.-T. *Melania subcolumnaris* M. Trias.

Taille petite ; forme étroite, subcylindracée, turriculée ; spire très allongée, croissant régulièrement sous un angle apical de 15° environ ; tours nombreux, peu convexes, dont la hauteur égale à peu près les deux tiers de la largeur, séparés par des sutures peu profondes ;

(1) Gast. St-Cassian, p. 216. — Etym. : σπεῖρος, spiral ; στῦλος, pilier.

surface lisse, sauf les stries d'accroissement qui sont presque rectilignes, simplement antécurrentes vers la suture inférieure et un peu convexes en avant, avec une obliquité très marquée de gauche à droite de l'axe vertical. Dernier tour égal au quart de la hauteur totale, ovale à la base qui est convexe et imperforée. Ouverture ovale, un peu anguleuse en arrière près de la suture, bien holostome en avant ; labre mince, oblique, peu sinueux ; columelle régulièrement excavée ; bord columellaire non calleux.

Diagnose refaite d'après les figures du génotype ; reproduction de l'une d'elles [Fig. 37].

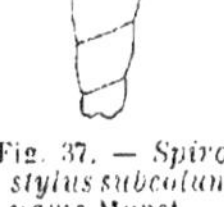

Fig. 37. — *Spirostylus subcolumnaris* Munst.

Rapp. et diff. — Kittl a placé ce Genre près de *Trypanostylus*, et il ajoute même que les limites entre les deux formes sont mal définies, quoique les extrêmes soient très différents. Il me paraît que cette opinion n'est pas fondée, et que les deux G. en question appartiennent à deux Familles bien distinctes, à cause des caractères différentiels que je crois avoir suffisamment développés dans les pages précédentes. D'ailleurs, l'auteur a trop élargi la diagnose de son Genre, afin d'y admettre des formes hybrides que j'ai dû en séparer, comme on le verra ci-après. D'autre part, il indique un rapprochement à faire entre *Spirostylus* et *Pseudomelania* : l'ouverture est en effet ovale dans l'un comme dans l'autre ; mais le bord columellaire paraît beaucoup plus mince chez *Spirostylus*, et le contour du péristome ne présente pas la sinuosité caractéristique des *Pseudomelaniidæ*. En définitive, c'est un Genre bien à part.

Répart. stratigr

Trias. — Quelques espèces, outre le génotype, dans le Tyrolien de St-Cass. : *S. Beneckei*, *contractus* Kittl (à l'état de fragments), *S. acus* Kittl, d'après la Monogr. précité. Dans le Dinarien de Marmolata et d'Esino : *S. subcontractus*, *longobardicus*, *retroscalatus* Kittl, *Omphaloptycha porrecta*, *lincta* J. Böhm, *Chemnitzia agilis* Stopp. (Kittl, 1899. Esinokalk, p. 201).

Lias. — Deux espèces douteuses, dans les calcaires cristallins du Sinémurien de Bellampo en Sicile : *Pseudomelania pyramidellæformis*, *rhaphis* Gemmellaro (*loc. cit.*, p. 270, Pl. XXII et XXIV).

Heligmostylus, *nov. subgen.* G.-T. *Melania columnaris* M. Trias.

Taille assez petite ; forme très étroite, turriculée, subulée ; spire très longue, croissant rapidement sous un angle apical de 10° ; tours

(1) Etym. : ἑλιγμος, enroulement ; στυλος, columelle.

nombreux, convexes et déliés, dont la hauteur dépasse un peu la largeur ; sutures linéaires, très obliques ; stries d'accroissement bien visibles, serrées, obliques, à peine sinueuses. Dernier tour très élevé, ovale jusqu'à la base qui est imperforée. Ouverture quatre fois aussi haute que large, très anguleuse en arrière, holostome en avant ; columelle solide, presque droite d'après la coupe axiale sur laquelle le plafond de chaque tour vient en contact tangentiellement avec la columelle ; labre mince, très oblique, non proéminent en avant ; bord columellaire peu calleux.

Diagnose établie d'après les figures du génotype (*in* Kittl, pl. XVI, fig. 8-10) ; reproduction de deux d'entre elles [Fig. 38].

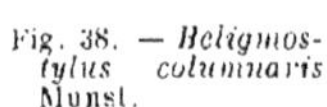

Fig. 38. — *Heligmostylus columnaris* Munst.

Rapp. et diff. — Il ne me paraît pas possible de conserver dans le groupe *Spirostylus s. str.* cette coquille qui s'en distingue par la superposition de ses tours ; ils croissent si rapidement que les sutures font presque un angle de 45° avec l'axe vertical, et que leur plafond s'enroule presque tangentiellement à cet axe. L'ouverture n'est pas celle des *Pseudomelaniidæ*, elle se rapproche plutôt de celles des *Loxonematidæ*, quoique les stries soient très peu sinueuses et très obliquement inclinées de gauche à droite.

J'ai autrefois décrit, dans le Bathonien, un G. *Heligmoloxus* qui a quelques points communs avec celui-ci, mais chez lequel la suture du dernier tour s'élève seule plus obliquement que les autres ; le galbe des deux Genres n'a d'ailleurs aucune analogie ; on trouvera *Heligmoloxus* un peu plus loin, à la fin de la Fam. *Pseudomelaniidæ*.

Répart. stratigr.

Trias. — Le génotype dans le Tyrolien de St-Cassian, d'après la Monographie précitée.

EUTHYSTYLUS, Cossm. 1895 (1).
(= *Orthostylus* Kittl 1894, *non* Beck, *nec* Macq. 1880).

Coquille baculiforme, à tours plans ; ouverture subrhomboïdale ; base concave, non ombiliquée ; columelle solide, spirale.

(1) Revue bibliogr. pour l'année 1895, p. 6. — Etym. : ευθυς, rectiligne ; στυλος, columelle.

EUTHYSTYLUS *s. str.* G T.: *Turritella Fuchsi* Klipst. Trias.

Taille moyenne; forme subulée, baculoïde ; spire longue, à galbe conique, croissant assez rapidement sous un angle apical d'environ 10° ; tours nombreux, presque plans, dont la hauteur égale les trois quarts de la largeur, séparés par des sutures linéaires, marqués de stries d'accroissement obliques de gauche à droite, à peine flexueuses; l'ornementation est parfois complétée par de fines stries spirales. Dernier tour relativement peu élevé, anguleux à la périphérie de la base qui est un peu excavée, lisse, dépourvue d'ombilic. Ouverture subquadrangulaire ; labre oblique ; columelle imperforée, excavée en arrière, inclinée en avant vers la gauche, formant une spirale en ziczac, d'après la coupe axiale de la coquille ; bord columellaire un peu calleux, appliqué sur la région ombilicale.

Diagnose complétée d'après les figures du génotype (*in* Kittl, Gast. St-Cass., p. 218, pl XVI, fig. 17-21) ; reproduction de deux d'entr'elles [Fig. 39].

Fig. 39. — *Euthystylus Fuchsi* Klipst.

Rapp. et diff. — Le Genre se distingue essentiellement de *Spirostylus* par ses tours plans, par sa base excavée et par son ouverture rhomboïdale. La coupe axiale n'a aucune ressemblance avec celle d'*Heligmostylus* : la superposition des tours s'y fait en quinconce « contrarié », de sorte que la columelle — au lieu d'être rectiligne — forme un ziczac spiral. Le galbe général de la coquille ressemble à celui de *Bactroptyxis* ; mais ses stries d'accroissement n'ont pas la direction rétrocurrente à la suture, comme cela a lieu chez les *Entomotæniata*. L'apparition de l'ornementation spirale — qui manque chez le génotype — paraît être un caractère purement spécifique ; il en est de même des deux cordons suprasuturaux que Kittl a signalés chez une autre espèce du même Genre.

Répart. stratigr.

TRIAS. — Outre le génotype, dans le Tyrolien de St-Cassian, trois autres formes assez différentes par leur ornementation spirale : *Melania angusta* M., *M. tenuissima* Klipst., *Orthostylus badioticus* Kittl (avec deux cordons suprasuturaux), d'après la Monogr. précitée. Une espèce très voisine du génotype, dans les calcaires dinariens de Marmolata : *Orthostylus hastilis* J. Böhm, d'après Kittl (1899. Esinokalk, p. 104). Une espèce à l'état de moule, dans la dolomie dinarienne de Piz di Cainallo : *Chemnitzia acutestriata* Stopp. (*ibid.*). une espèce dans le Muschelkalk du lac Balaton : *E. balatonicus* Kittl (1900. Triad. Gast. Bakon. p. 31, pl. II, fig. 20-21).

*

CLIMACINA, Gemmell. 1878 (1).

Coquille turriculée, à spire dimorphe ; tours d'abord en gradins et striés spiralement, puis subulés et lisses, sauf les stries obliques d'accroissement peu sinueuses ; ouverture ovale à la base ; columelle sans plis, imperforée.

CLIMACINA *s. str.* G-T.: *C. Catherinæ* Gemmell. Lias.

Taille moyenne ; forme turriculée, étroite, subcylindracée ; spire dimorphe, croissant lentement sous un angle apical qui varie de 17° à 7° ; tours nombreux, toujours plans, les premiers étroits, disposés en gradins et ornés de stries spirales très fines ; les suivants deviennent lisses, plus élevés, et leurs sutures se resserrent jusqu'à ce qu'elles deviennent linéaires ; stries d'accroissement obliques, rectilignes, non sinueuses ni rétrocurrentes en arrière (?). Dernier tour peu élevé, à peine égal au septième de la longueur totale, arqué à la périphérie de la base qui est déclive et imperforée, lisse comme les derniers tours. Ouverture assez petite, arrondie en avant (?), très anguleuse en arrière ; labre oblique, incliné de droite à gauche, non plissé à l'intérieur ; columelle solide, excavée en arrière, dépourvue de plis ou de torsion ; bord columellaire un peu calleux, en contact intime avec la base.

Diagnose traduite et complétée d'après les figures originales (*in* Gemm. pl. XXII, fig. 30-37) ; reproduction de l'une d'elles [Fig. 40].

Fig. 40. — *Climacius Catherinæ* Gemm.

Rapp. et diff. — Le classement de ce Genre me paraît très ambigu ; je ne l'ai pas rapporté aux *Nerineidæ* — parmi lesquelles il paraîtrait, par son galbe, devoir se placer près d'*Aptyxiella* — parce que l'absence de sinuosité rétrocurrente ou d'entaille, au-dessus de la suture, prouve que ce n'est pas un *Entomotæniata* ; pour ce caractère, je m'en rapporte du moins à ce qu'à écrit Gemmellaro ; car, à défaut des échan-

(1) Sui foss. calc. crist. Mte del Casale, p. 243. — Etym. : κλῖμαξ, gradin.

tillons originaux, on ne peut vérifier sur les figures s'il existe au-dessus de la suture une bande représentant les accroissements d'une entaille excessivement fine.

D'autre part, j'avais d'abord hésité à faire entrer *Climacina*, malgré sa spire dimorphe, dans ma nouvelle Fam. *Spirostylinidæ* ; mais l'inclinaison des stries d'accroissement et du labre est inverse, c'est-à-dire de droite à gauche, la droite étant prise au-dessus de l'intersection de ces stries avec l'axe vertical. Enfin, la forme arrondie que Gemmellaro a attribuée à la partie antérieure de l'ouverture, bien qu'aucun individu ne soit intact de ce côté, pourrait faire supposer que c'est un *Pseudomelaniidæ* ; mais la rectitude des stries d'accroissement, le dimorphisme de la spire, excluent cette hypothèse, à mon avis. En définitive, il faut attendre la récolte de meilleurs matériaux avant qu'on puisse être fixé sur le classement exact de *Climacina*.

Répart. stratigr.

Lias. — Quatre espèces dont la seconde seule est adulte, dans le Sinémurien des environs de Palerme : *C. Catherinæ, Mariæ, Josephinia, gracilis* Gemmellaro (*loc. cit.*).

PSEUDOMELANIIDÆ Fischer, 1885.

« Coquille allongée, turriculée, ressemblant à celle des *Melaniidæ* ; ouverture ovale, généralement entière, [non] échancrée [ni] canaliculée [mais souvent versante] à la base ; columelle simple ou plissée à sa partie antérieure ; labre aigu, arqué, sinueux ».

« Les Genres qui composent cette Famille sont tous des fossiles marins, ce qui les distingue des *Melaniidæ* et des *Pleuroceridæ* dont l'habitat est fluviatile. On a cru devoir les rapprocher [des *Pyramidellidæ*, et en particulier] de *Turbonilla* ; mais leur nucléus apical n'est jamais renversé ou hétérostrophe. Ce sont donc des types anciens, aujourd'hui éteints, et dont les affinités semblent difficiles à préciser. On sait qu'il existe chez les *Melaniidæ* et les *Pleuroceridæ* des Genres siphonostomes ; les *Pseudomelaniidæ* nous montrent une disposition analogue dans l'ouverture du Genre *Soleniscus* [incomplètement connu d'ailleurs], sans qu'on puisse affirmer que ces Mollusques aient été carnassiers comme la plupart des Siphonostomes actuels ».

« Il serait curieux de rechercher, au point de vue de la descendance, si les *Pseudomelaniidæ* n'ont pas fourni deux branches parallèles, l'une maritime, éteinte dans les terrains tertiares, l'autre fluviatile et aboutissant aux *Melaniidæ* actuels ? »

Rapp. et diff. — Je n'ai pas grand chose à ajouter à la diagnose et aux excellentes considérations que Fischer a fournies ci-dessus, à l'appui de la création de cette Famille indispensable, et que j'ai reproduites entre guillemets en mettant entre crochets les quelques mots que j'ai cru devoir y changer. En réalité, l'ouverture des *Pseudomelaniidæ* n'est jamais réellement siphonostome, même chez *Soleniscus* qui doit d'ailleurs se rapprocher plutôt des *Subulitidæ* : ce qui caractérise la Famille *Pseudomelaniidæ*, c'est au contraire la forme arrondie et la disposition souvent versante du contour supérieur de l'ouverture, sur lequel on ne constate jamais l'interruption échancrée de *Melanopsis* par exemple. D'ailleurs, la spire est aiguë et elle n'est pas corrodée au sommet comme l'est souvent celle des *Melaniidæ* : la protoconque, quand on peut l'observer, est obtuse ; c'est donc une erreur de classer — comme l'a fait Zittel par exemple — *Pseudomelania* dans les *Pyramidellidæ*. Il me paraît au contraire évident que cette nouvelle Famille a des rapports intimes avec les *Loxonematidæ*, quoiqu'on la distingue de *Loxonema* par ses accroissements beaucoup moins sinueux, et par son ouverture versante en avant, ou dont le contour supérieur est sinueux en plan, quand on la regarde en dessus, la pointe de la coquille étant fichée dans le sable. Du côté des *Cœlostylinidæ*, la différence capitale consiste dans l'imperforation constante de la columelle : lorsque la base d'un *Pseudomelaniidæ* présente une trace de fente ombilicale, celle-ci n'est que le résultat d'un recouvrement imparfait du bord columellaire, mais la columelle est invariablement solide, non creuse. Enfin les *Pseudomelaniidæ* se distinguent des *Spirostylinidæ* par leurs stries d'accroissement qui n'ont pas la même obliquité et qui sont plus sinueuses, en outre par la sinuosité du contour supérieur de l'ouverture ; d'ailleurs, *Spirostylus* a un galbe de Nérinée, tandis que *Pseudomelania* a plutôt un galbe de Mélanie.

Pour fixer les critériums servant de base au classement systématique des subdivisions dont se compose cette Famille, je me suis guidé d'après les considérations suivantes :

La sinuosité du contour supérieur, ou la forme versante de la partie antérieure de l'ouverture, constitue un caractère de première importance, qui permet de séparer des Genres les uns des autres, quoiqu'il ne soit pas toujours facile de l'observer chez les fossiles, à cause de leur état imparfait de conservation : c'est donc ce critérium générique que j'ai adopté.

La disposition de la columelle — qui influe sur la forme générale de l'ouverture — représente un excellent moyen de grouper les Sous-Genres dans un même Genre : ce sera donc notre critérium sous-générique.

Enfin le galbe de la spire, ou son ornementation, très variables dans les mêmes groupes, ne peuvent évidemment servir qu'à caractériser les Sections ; encore, par forme courte ou allongée, faut-il entendre qu'il s'agit surtout des proportions relatives du dernier tour, selon qu'il reste constamment inférieur — ou au contraire supérieur — à la moitié de la hauteur totale, quand on le mesure de face jusqu'à la suture de l'avant-dernier tour ; l'ornementation est généralement assez faible ou peu variée chez les membres de cette Famille ; pourtant, quand la surface n'est pas lisse, cette exception se conserve avec une certaine constance dans un même groupe de coquilles : on peut donc admettre le galbe et l'ornementation comme critériums sectionnels.

Ces bases étant admises, il se trouve que — précisément — le classement qui en résulte et qui est résumé dans le tableau ci-dessous, se conforme bien aux données phylogénétiques. Les *Pseudomelaniidæ* ne sont pas aussi anciens que les *Loxonematidæ*, ni même que les *Cœlostylinidæ* et les *Spirostylinidæ* ; mais ils se sont prolongés beaucoup plus longtemps, parallèlement aux *Cerithiacea* qui dérivent de la même souche, mais sans atteindre l'époque actuelle comme ces derniers et comme les *Melaniidæ*. Leur plus grande abondance est dans le Système jurassique, puis il s'est produit une sorte d'éclipse pendant le Système crétacique, et enfin, avant de s'éteindre complètement après la période éogénique, cette Famille a encore été richement représentée par le G. *Bayania* qui a pullulé dans l'Eocène et dans l'Oligocène.

Tableau des Genres, Sous-Genres et Sections

Genre	Sous-Genre	Section
PSEUDOMELANIA (Ouverture non versante, sinueuse en plan)	PSEUDOMELANIA (Columelle excavée, ouverture ovale)	*Pseudomelania* (Surface lisse, forme allongée)
		Oonia (Surface lisse, forme courte)
		Rhabdoconcha (Surface striée ou ponctuée, forme allongée)
	CLOUGHTONIA (Columelle excavée, ouverture anguleuse)	*Cloughtonia* (Surface lisse, forme conique)
	MESOSPIRA (Columelle droite, ouverture semi-lunaire)	*Mesospira* (Surface semistriée, forme courte)
	MICROSCHIZA (Columelle peu excavée, ouverture ovale)	*Microschiza* (Surface treillissée, forme assez courte)
		Tuberculopleura (Surface pustuleuse)
		Hudlestoniella (Premiers tours costulés, forme eulimoïde)

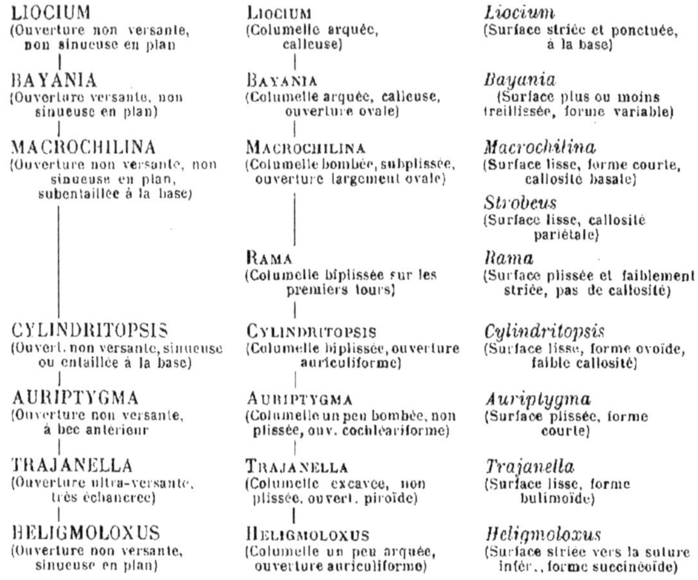

Genres non connus à l'état fossile.

Vanesia A. Adams, 1861. — G.-T. : *V. trifasciata* A. Ad. Coquille mélaniforme, subperforée, mince, à tours peu convexes ; ouverture ovale, rétrécie en arrière, arrondie en avant ; bord columellaire mince ; labre aigu. Ce Genre a été classé par Adams près de *Turbonilla*, mais il n'a pas mentionné la forme du nucléus apical. D'autre part, Fischer (Man. Conch., p. 698) le place dans la Famille *Pseudomelaniidæ*, malgré la minceur du test. Je n'ai pas les matériaux nécessaires pour élucider cette question, mais je serais très surpris qu'il y eût encore un descendant de *Pseudomelania* à l'époque actuelle, alors qu'on en cherche vainement la trace dans le Miocène et le Pliocène.

Amaurella A. Adams, 1861. — G.-T. : *A. Japonica*. Ce Genre représenterait, paraît-il, *Macrochilina* à l'époque actuelle, et cela me paraît tout à fait invraisemblable, attendu que ce dernier s'est éteint bien avant la période mésozoïque. Toutefois, là encore, je suis obligé, faute de renseignements certains, de me borner à enregistrer cette opinion.

Genre à éliminer de la Famille.

Orthonema (1). Meek et Worthen, 1861. — G.-T. : *O. Salteri* Meek, Dévonien et Carboniférien. Coquille imperforée, allongée, polygyrée ; tours carénés en

(1) Etym. : ορθος, droit ; νημα, fil.

travers, à stries d'accroissement presque droites ; dernier tour non prolongé en avant; ouverture légèrement dilatée et versante en avant, anguleuse en arrière; labre simple, presque droit ; péristome interrompu. L'ornementation spirale de cette coquille, surtout ses stries d'accroissement presque droites, ne permettent pas de placer dans la Fam. *Pseudomelaniidæ*. D'autre part, les figures que Whiteaves (Palæont. Canada, III, p. 336) a publiées pour *Loxonema gracillimum* et *L. cingulatum* Whit., du Dévonien du Canada, répondent complètement à la diagnose d'*Orthonema*, et leur aspect me fait penser que ce sont probablement des ancêtres de *Promathildia* : si donc la vérification du nucléus apical faisait constater, sur ces coquilles, l'existence d'un embryon dévié en crosse, ce serait dans la Fam. *Mathildiidæ* qu'il faudrait placer *Orthonema*.

PSEUDOMELANIA, Pict. et Camp. 1862 (1).
(= *Chemnitzia* d'Orb. 1850, *ex parte*, *non* 1839).

« Coquille turriculée, allongée, à spire aiguë, non ombiliquée, à test épais..., à bouche ovale, régulièrement arrondie en avant et terminée en arrière par un angle plus ou moins aigu, sans sinus ni canal, à columelle épaissie, participant à la courbure générale de la bouche, toujours dépourvue de plis, à labre simple sans bourrelet ni dents ».

PSEUDOMELANIA *s. str.* Néogénotype : *Chemn. normaniana* d'Orb. Baj.

Test assez épais. Taille parfois grande ; forme turriculée, conique; spire longue, aiguë au sommet, subulée ou quelquefois un peu étagée en arrière ; tours nombreux, généralement un peu convexes, assez élevés, séparés par des sutures linéaires, non canaliculées; surface ordinairement lisse, ou simplement ornée de stries d'accroissement curvilignes. Dernier tour variant entre le tiers et le quart de la hauteur totale, ovale-arrondi à la base qui est obliquement déclive et imperforée, lisse comme la spire et complètement dépourvue de cou ; les stries d'accroissement sont sinueuses en ∽, très détendu. Ouverture relativement petite, ovale ou semilunaire, à péristome discontinu, anguleuse en arrière, arrondie en avant où elle paraît

(1) Desc. foss. terr. crét. Ste-Croix, IIe part., p. 266. — Etym. : ψευδος, faux ; *Melania*, G. de Gastropodes.

faiblement échancrée lorsqu'on la regarde en plan; labre mince, lisse à l'intérieur, à profil légèrement incurvé, proéminent en avant et se raccordant avec la sinuosité échancrée du contour supérieur; columelle lisse, sans plis, excavée au milieu et se reliant en avant par une courbe régulière avec le coutour supérieur; bord columellaire mince, peu calleux, hermétiquement appliqué sur la base. Coloration composée de flammules brunes dans le sens axial.

Diagnose complétée d'après le néogénotype du Bajocien de Sully (Pl. I, fig. 7-8), ma coll.; et d'après un génoplésiotype du Callovien de Montreuil-Bellay : *P. Deslongchampsi* (1) *nom. mut. pro Melania procera* Héb. et Desl. non Eudes Desl. (Pl. I, fig. 9-11), coll. de l'Ecole des Mines.

Observ. — J'ai déjà expliqué ci-dessus, à propos de la Fam. *Loxonematidæ*, les motifs pour lesquels il y a lieu d'éliminer complètement la dénomination *Chemnitzia*, improprement appliquée aux fossiles mésozoïques, et d'adopter *Pseudomelania* pour les formes lisses, à labre peu sinueux, à columelle non perforée, et à ouverture faiblement échancrée par une sinuosité sur son contour supérieur, mais non versante en avant. La diagnose proposée par Pictet et Campiche et reproduite ci-dessus entre guillemets, est absolument conforme aux caractères des coquilles jurassiques que d'Orbigny classait comme *Chemnitzia*; on croirait en la lisant, que Pictet a dû prendre pour type de son nouveau Genre l'une de ces espèces généralement bien conservées et munies de leur test intact, plutôt que les trois espèces crétaciques qu'il a décrites à la suite de la diagnose générique, attendu que ces dernières ne sont connues qu'à l'état de moules internes sur lesquels il est matériellement impossible de distinguer aucun des détails soigneusement énumérés dans la dite diagnose. C'est pourquoi, à l'exemple de Fischer (*loc. cit.*, p. 697), j'ai adopté, à la place *P. Gresslyi* P. C., du Néocomien, un néogénotype bajocien (*P. normaniana*) qu'on trouve dans un excellent état de conservation et qui correspond d'ailleurs, mot pour mot, à la diagnose originale de *Pseudomelania*.

Rapp. et diff. — Il est manifeste que *Pseudomelania* — et surtout *Bayania* — a des rapports intimes avec le test de *Melania*, et qu'a priori, le seul motif qu'on ait de les distinguer génériquement, c'est qu'on recueille le premier dans des sédiments d'origine exclusivement marine, en compagnie de Céphalopodes et de Brachiopodes qui n'ont pas un habitat saumâtre et qui vivent loin de l'embouchure des grands fleuves. On peut ajouter cependant que l'ouverture de *Pseudomelania* n'est jamais aussi versante en avant que celle des vrais Mélaniens chez lesquels l'échancrure — quand elle existe — ressemble presque à celle d'un Siphonostome; en outre, la spire de *Pseudomelania* est aiguë au sommet et elle n'est jamais corrodée comme l'est souvent celle de *Melania*.

D'autre part, quoiqu'on n'ait pas encore observé — que je sache — la proto-

(1) Voir l'annexe à la fin de ce volume.

conque de *Pseudomelania*, il paraît peu probable qu'elle ait été déviée comme celle des vrais *Chemnitzia*. Comme d'ailleurs les fausses *Chemnitzia* costulées sont des *Loxonematidæ*, ainsi qu'on l'a vu plus haut, il ne reste guère dans le G. *Pseudomelania* que des formes lisses, faciles à distinguer, à première vue, des *Chemnitzia* actuelles qui sont costulées comme *Turbonilla* et qui ont aussi un pli columellaire.

On pourrait, à la rigueur, distinguer deux groupes parmi les *Pseudomelania* jurassiques : l'un formé des espèces subulées, l'autre comprenant les espèces étagées par un bourrelet à la suture et ayant les tours légèrement concaves au milieu ; ce second groupe est représenté, par une série de formes à peu près ininterrompue, depuis le Bajocien (*Mel. procera*) jusqu'au Portlandien (*Ch. strambergensis*). Mais l'ouverture est identique dans les deux groupes, de sorte que je n'aperçois réellement pas la nécessité de dénommer une nouvelle subdivision pour séparer les formes à bourrelet sutural, d'autant moins que celles-ci commencent par être subulées sur les premiers tours.

Le G. *Pseudomelania* se distingue principalement par sa grande longévité : il paraît authentiquement représenté dans le Trias, et l'on constate encore son existence jusqu'au milieu du Système crétacique ; à la partie supérieure de ce Système, les espèces qu'on y a rapportées sont à l'état de moules internes, de sorte qu'on ne peut en faire état d'une manière bien certaine.

Répart. stratigr.

Trias. — Quelques espèces dans le Tyrolien de St-Cassian : *P. subsimilis, subterebra, subula, Gaudryi* Kittl (*loc. cit.*, p. 192, pl. XV, fig. 56-61).

Hettangien. — Deux espèces dans la Vendée : *P. Chartroni, miliacea* Cossm. (1902. Infral. Vendée, p. 191, pl. III, fig. 17, et pl. IV, fig. 8 et 10), coll. Chartron.

Sinemurien. — Une espèce dans la mine de fer de la Côte-d'Or : *Chemnitzia Phidias* d'Orb., ma coll. Plusieurs espèces dans les calcaires cristallins de Bellampo en Sicile : *Ch. megastoma, Niobe, Falconeri, Marii, Rhea, Cleola, Aristomaca, Erope, parvula* Gemmellaro (les autres sont plus douteuses et appartiennent peut-être aux *Spirostylinidæ*), d'après la Monographie précitée de cet auteur (p. 263 et suiv., pl. XXII et XXIV).

Charmouthien. — Une espèce rapportée à *Turritella nuda* Goldf., dans le gisement d'Ambérieux, d'après Dumortier (1869. Dép. jur. Bass. Rhône, vol. III, p. 218) ; mais comme l'espèce allemande est un *Trypanostylus*, cette citation sans figure me paraît des plus douteuses.

Toarcien. — Une espèce dans l'Isère : *Ch. Repeliniana* d'Orb., d'après les fig. de la Paléont. fr. ; Dumortier en a ajouté une autre, de la Verpillière, qu'il a confondue avec *Melania procera* Desl.

Bajocien. — Plusieurs espèces dans l'oolite brune du Calvados : *Chemn. Normaniana* d'Orb., *Melania lineata* Sow., *M. turris, coarctata, procera* Desl., ma coll. et d'après les fig. de la Pal. fr. Quelques autres espèces, avec trois des précédentes, dans l'oolite inférieure d'Angleterre : *Eulima lævigata, Chemnitzia simplex, C. scarburgensis* Morr. et Lyc., *P. astonensis* Hudleston (Gast. infer. Ool., p. 243 et suiv.).

Pseudomelania

Bathonien. — Nombreuses espèces dans la grande oolite de France et d'Angleterre : *Chemnitzia niortensis, Neptuni, sarthacensis* d'Orb., *C. Leckenbyi* Morr. et Lyc. *Eulima communis* M. et L., *Ps. Laubei* Cossm., *Ch. incompta* Piette, d'après ma Monogr. précitée (1885).

Callovien. — Deux espèces dans la Sarthe, les Deux-Sèvres, la Haute-Marne : *Chemn. Bellona, Aedonia* d'Orb. (Pal. fr., pl. CCXLI, fig. 1-3). Une espèce confondue avec *M. procera*, à Montreuil Bellay : *P. Deslongchampsi nob.* (V. l'annexe ci-après), ma coll.

Oxfordien. — Trois espèces dans le minerai de fer des Ardennes : *Ch. Blandina* d'Orb., *Bucc. sublineatum* Rœmer, *Melania heddingtonensis* Sow. ma coll. ; la seconde dans l'Allemagne du Nord, et la troisième en Angleterre.

Rauracien. — Plusieurs espèces dans les calcaires coralligènes de France : *Ch. athleta, Calliope, Clytia, Pollux, corallina* d'Orb., d'après les fig. de la Pal. fr. et ma coll. Une grande espèce dans les couches coralligènes du Jura bernois : *Ps. liesbergensis* de Lor., ma coll., avec deux autres : *P. Kobyi* de Lor. (*loc. cit.*, pl. XI, fig. 1), *P. inconspicua* de Lor., ma coll.

Sequanien. — Quelques-unes des précédentes avec d'autres distinctes, dans le Corallien de Tonnerre et de Cordebugles : *Ch. columna, Dormoisi, Cæcilia, rupellensis* d'Orb., d'après les fig. de la Pal. fr., et *P. ambigua* de Lor. (Séq. Tonn., p. 45, pl. III, fig. 8-9).

Kimmeridgien. — Quelques espèces, soit au Hâvre, soit dans le Ptérocérien de l'Ain du Jura : *Ch. Delia* d'Orb., ma coll., *C. Clio* d'Orb. ; dans la Charente *C. Danae* d'Orb., d'après les fig. de la Pal. fr.

Portlandien. — Plusieurs espèces dans les calcaires tithoniques des Carpathes : *Chemn. Gemmellaroi, Castor, flexicostata, strambergensis* Zittel, d'après la Monogr. de cet auteur (pl. XLV, fig. 16-21).

Neocomien. — Trois espèces dans la Valanginien et l'Hauterivien du Jura suisse : *P. Gresslyi, Jaccardi, Germaini* Pict. et Camp., d'après la Monogr. du Crétacé de Ste-Croix (p. 269, pl. LXX, fig. 1-8). Une grande espèce, également à l'état de moule, dans l'Hauterivien du Portugal : *P. Dollfusi* Choffat (1886. Faune crét. Port., p. 24, pl. III, fig. 7).

Barremien. — Deux espèces non décrites ni figurées, dans le gisement d'Escragnolles : *Chemn. Moutoniana, varusensis* d'Orb., d'après le Prodrome (T. II, p. 103).

Aptien. — Deux espèces de petite taille, dans les calcaires blancs d'Orgon : *P. leptomorpha, urgonensis* Cossm. (Observ. coq. crét., IV, pp. 8-9, pl. I, fig. 14-19), ma coll.

Cenomanien. — Une espèce à l'état de moule dans les calcaires de Batna (Algérie) : *P. scalaris* Coq., ma coll.

OONIA, Gemmellaro, 1878. G.-T. : *Pseudomelania hettangiensis* (¹) Cossm. (= *Melania abbreviata* Terq.) Hettang.

Taille moyenne ; forme ovoïdo-conique, ventrue ; spire assez courte, à galbe conique ; tours étroits, légèrement convexes, lisses, séparés par des sutures assez profondes, parfois faiblement étagés au-dessus de la suture. Dernier tour très élevé, généralement égal ou supérieur aux deux tiers de la hauteur totale, ovale et arrondi à la périphérie de la base qui est à peu près imperforée, lisse et dépourvue de cou ; stries d'accroissement très faiblement sinueuses. Ouverture assez haute, équivalant presque à la moitié de la hauteur totale, très rétrécie en arrière où elle est subcanaliculée, élargie et un peu versante en avant ; contour supérieur très peu échancré lorsqu'on le regarde en plan ; labre mince, lisse à l'intérieur, à peine incurvé au milieu et peu proéminent en avant ; columelle lisse, excavée, imperforée ; bord columellaire épais, un peu calleux, se détachant quelquefois de la base et découvrant ainsi une étroite fente ombilicale.

Diagnose complétée d'après les figures du génotype et d'une autre espèce du Sinémurien de la Sicile : *Chemnitzia turgidula* Gemm. Génoplésiotype du Séquanien de Cordebugles, provisoirement rapporté à *C. Calypso* d'Orb. (Pl. II, fig. 1-2), ma coll.

Rapp. et diff. — De toutes les subdivisions que Gemmellaro (Sui foss. calc. crist. M^te del Casale, p. 252) a proposées, en les rapportant à tort au G. *Chemnitzia*, *Oonia* est celle qui se rapproche le plus intimement de *Pseudomelania* : la principale différence consiste dans les proportions de la spire et du dernier tour qui est énorme chez *Oonia*, et beaucoup plus ventru que celui de *Pseudomelania* ; les autres caractères sont tellement semblables que j'ai hésité à conserver *Oonia* même à titre de Section ; peut-être la sinuosité du labre et des stries d'accroissement est-elle encore moins visible chez *Oonia*. Quant à la fente ombilicale, visible sur le génoplésiotype ci-dessus figuré, il n'est pas prouvé qu'elle existe, même à l'état rudimentaire chez le génotype qui n'a été figuré par Terquem que vu du côté du dos et suivant une coupe

(1) Il n'y a pas moins de quatre *Melania abbreviata* : Rœmer, 1836, Kim. ; Deslongchamps, 1842, Bajoc. ; Klipstein, 1844, Tyrol. ; Terquem, 1855, Hettangien. C'est pour cette dernière, non encore corrigée, que j'ai changé la dénomination.

transversale ; Gemmellaro n'en a fait mention ni dans ses diagnoses, ni sur ses figures.

Répart. stratigr.

TRIAS. — Trois espèces dans le Tyrolien de Saint-Cassian : *Pseudomelania miles* Kittl, *Melania subtortilis* Munst., *M. Hagenowi* Klipst., d'après la Monogr. précitée de Kittl (*M. similis* M. n'a aucun rapport avec *Oonia !*). Dans le Dinarien de Marmolata : *O. incrassata* Kittl. (*O. texta* Kittl, vu de dos seulement, doit vraisemblablement appartenir à un tout autre Genre.

HETTANGIEN. — Le génotype à Hettange, d'après la Monogr. précitée de Terquem (1855. Pal. Hett., p. 255, pl. XIV, fig. 12).

SINEMURIEN. — Une espèce dans la mine de fer de la Côte-d'Or : *Chemn. Vesta* d'Orb., ma coll. ; une autre espèce plus douteuse, dans le Jura : *Chemn. globosa* Marcou, d'après les fig. de la Pal. fr. Plusieurs espèces dans les calcaires cristallins de Bellampo, en Sicile : *Chemn. Hebe, turgidula, rupestris, Gregorii, cuspiroides* Gemmell. (*loc. cit.*, pl. XXII et XXIII).

BAJOCIEN. — Une espèce à l'état de moule, dans la Vendée : *Chemn. curta* d'Orb., d'après la figure de la Pal. fr. Une espèce confondue avec *Phas nuciformis* M. L., en Angleterre, d'après Hudleston (Gastr. infer. Ool., p. 255, pl. XIX, fig. 17).

BATHONIEN. — Trois espèces dans la grande oolite de France et d'Angleterre : *Chemn. rumignyensis* Piette, *C. phasianoides* M. et L., *Pseudom. actæonoidea* Piette, d'après ma Monogr. de l'étage Bathonien (1885).

RAURACIEN et SEQUANIEN. — Une espèce à Châtel-Censoir et à Tonnerre : *Ch. Cornelia* d'Orb. (Pal. fr., pl. CCXLV, fig. 2-3). Deux espèces dans le Jura bernois : *O. Guirandi, Daphne* de Lor., d'après la Monogr. précitée de cet auteur (pl. III, fig. 16, et Suppl. I, pl. XI, fig. 6). Deux espèces dans l'oolite de Bellebrune et le calcaire de Brucdale : *Ps. Pellati, collisa* de Lor. (Et. sup. Boul., p. 81, pl. XII, fig. 29-30).

KIMMERIDGIEN. — Une espèce bien caractérisée, dans les calcaires ptérocériens d'Oyonnax : *Ch. Calypso* d'Orb. (Pal. fr., p. 68, pl. CCXLIX, fig. 5-6); deux autres espèces à Valfin ; *O. Guirandi* (voir Séq.), *exilis* de Loriol (Couches corall. Valfin, p. 145, pl. XV, fig. 5-8).

PORTLANDIEN. — Une espèce dans le Hanôvre et le Bolonien : *Chemn. paludinæformis* Credner, d'après la Monogr. précitée de M. de Loriol sur le Boulonnais (p. 15, pl. II, fig. 12).

BARREMIEN. — Deux espèces bien caractérisées, dans les calcaires urgoniformes du Gard : *P. Capduri, Allardi* Cossm., d'après ma Monogr. (pl. 18 pl. II, fig. 13-14).

RHABDOCONCHA, Gemmellaro, 1878 (1). G.-T. : *Mel. crassilabrata* Terq. Hett.

Taille moyenne ou assez grande ; forme turriculée, étroite ; spire longue, baculoïde ; tours nombreux, assez élevés, faiblement convexes, séparés par des sutures peu profondes, ornés de stries spirales très fines qui sont souvent ponctuées par des accroissements légèrement sinueux. Dernier tour égal au cinquième environ de la hauteur totale, arqué à la périphérie de la base qui est peu convexe et déclive. « Ouverture ovale, arrondie ou anguleuse en avant, rétrécie en arrière ; columelle droite, ou un peu incurvée et légèrement encroûtée ; labre mince et sinueux ».

Diagnose reproduite d'après celle de l'auteur (la fin textuellement) et d'après les figures de deux espèces du Sinémurien de la Sicile : *Chemn. multipunctata*, *multisulcata* Gemm. ; reproduction de l'une d'elles [Fig. 41].

Fig. 41. — *Rhabdoconcha multipunctata* Gemm.

Rapp. et diff. — A part l'ornementation, il ne paraît pas y avoir de différences appréciables entre *Rhabdoconcha* et *Pseudomelania* ; il est vrai que l'on n'en connaît pas l'ouverture, aussi ai-je reproduit entre guillemets la partie de la diagnose de Gemmellaro qui est relative à l'ouverture à laquelle il attribue une forme « arrondie ou anguleuse » : ce devrait être l'un ou l'autre, ou bien il n'y a plus de critériums ! Il est probable que la qualification « anguleuse » a été inscrite d'après un spécimen incomplet. Il en est de même du génotype désigné par Gemmellaro (*Melania crassilabrata* Terq.), qui n'est représenté (Pal. Hett., pl. XIV, fig. 13) que vu du côté du dos et suivant une coupe longitudinale tout à fait informe ; on se demande même pourquoi Gemmellaro — qui avait à sa disposition de meilleurs individus provenant de la Sicile — a choisi précisément comme génotype un spécimen aussi peu déterminable ?

Aussi est-il advenu de ce Sous-Genre ce qui se produit toutes les fois qu'une dénomination générique est fondée sur des spécimens mal conservés : les auteurs qui ont suivi Gemmellaro ont épilogué sur les caractères présumés de *Rhabdoconcha*, et ils ont rapporté à ce Sous-Genre des formes qui doivent appartenir à des Familles tout à fait différentes. Koken a fait remarquer à ce sujet (1896. Gast. Trias Hallstadt, p. 119) que, si l'on adopte comme génotype *M. crassilabrata* Terq. — dont se rapproche complètement *R. multistriata* Gemm., —

(1) Sui foss. calc. crist. Mte del Casale, p. 251. — Etym. : ραβδος, baguette ; κογχα, coquille. Gemmellaro a écrit *Rabdoconcha* parce que, dans la langue italienne, l'*h* des étymologies grecques est invariablement supprimée.

la seule espèce ponctuée en spirale (*R. multipunctata* Gemm.) s'en écarte au contraire par ce caractère de la ponctuation des stries qu'on n'observe guère que chez les Opisthobranches ; en outre, cette dernière espèce a un galbe presque cylindrique, tandis que les autres sont plus turriculées, avec un angle spiral plus court.

De toutes ces controverses, il n'y a qu'une conclusion à tirer, c'est que le Sous-Genre dont il s'agit a été mal formé, avec des éléments probablement disparates et en tous cas peu propres à caractériser une diagnose précise, de sorte que l'on ne pourra se faire une opinion exacte à cet égard, que lorsqu'on aura recueilli des spécimens munis de leur ouverture pour chacune des espèces qui y sont provisoirement classées. En attendant, je place *Rhabdoconcha* dans la Fam. *Pseudomelaniidæ*, à cause de sa ressemblance extérieure avec *Pseudomelania*.

Répart. stratigr.

HETTANGIEN. — Deux espèces dans les grès d'Hettange : *M. crassilabrata*, *turbinata* Terq., d'après la Monogr. précitée de cet auteur.

SINEMURIEN. — Les deux espèces précitées, dans les calcaires cristallins de Casale et de Bellampo, en Sicile, d'après la Monogr. précitée de Gemmellaro.

BATHONIEN. — Une espèce douteuse, dans la grande oolite d'Angleterre et du Boulonnais : *Chemn. Lonsdalei* Morr. et Lyc., ma coll.

KIMMERIDGIEN. — Une espèce probable, dans les calcaires ptérocériens de Valfin : *P. valfinensis* de Lor. (*loc. cit.*, p. 141, pl. XIV, fig. 7).

CLOUGHTONIA, Hudleston, 1882 (1). G.-T. : *Phasian. cincta* Phill. Bajoc.

Test assez épais. Taille moyenne ; forme turbinée, courte, conique ; spire étagée, médiocrement longue ; tours généralement excavés, munis en arrière d'un bourrelet saillant qui fait un gradin sur la suture linéaire ; surface lisse ou marquée d'accroissements obliques, un peu sinueux. Dernier tour au moins égal à la moitié de la hauteur totale, excavé ou parfois plan au-dessus du bourrelet postérieur, limité par un angle émoussé à la périphérie de la base qui est déclive et munie d'un renflement circa-ombilical, avec une étroite fente au centre. Ouverture ovale-oblongue, subcanaliculée en arrière, arrondie en avant, versante et subéchancrée à droite, un peu anguleuse à gauche ; labre faiblement sinueux, à profil oblique, fortement antécurrent vers le bourrelet inférieur, peu proéminent en avant ;

(1) On the Yorkshire Oolites, Geol. Mag. Dec. II, vol. IX, p. 20. — Etym. : Cloughton bay, entre Scarborough et Peak, gisement du génotype.

contour supérieur échancré quand on le regarde en plan, au point où aboutit le bourrelet circa-ombilical ; columelle obliquement rectiligne suivant le prolongement de la région pariétale, excavée en avant vis-à-vis de la région versante de l'ouverture ; bord columellaire assez calleux, un peu détaché de la base et découvrant une étroite fente ombilicale.

Diagnose complétée d'après le génotype et d'après un génoplésiotype du Séquanien de Cordebugles, provisoirement rapporté à *Melania abbreviata* Rœmer (Pl. II, fig. 5-6), ma coll.

Rapp. et diff. — La séparation de ce Sous-Genre est justifiée, non seulement par le galbe conique et étagé de la spire, mais encore par la disposition versante de l'ouverture, par l'absence de courbure à la columelle, enfin par l'inclinaison des stries d'accroissement, résultant de ce que le labre est très peu sinueux et peu proéminent en avant. A l'échancrure basale correspond une sorte de bourrelet circa-ombilical qu'on n'observe pas chez les autres *Pseudomelania* ; la fente ombilicale rappelle *Oonia*, et l'inclinaison oblique de la columelle rapproche *Cloughtonia* de *Mesospira*, mais il n'y a pas de stries spirales comme chez ce dernier. De ces éléments de comparaison, il résulte évidemment que toutes ces formes appartiennent à la même Famille, et qu'en définitive la disposition de la columelle rectiligne ou excavée n'a que l'importance d'un critérium secondaire, c'est-à-dire d'un Sous-Genre.

Répart. stratigr.

Bajocien. — Le génotype dans l'Oolite inférieure d'Angleterre, d'après Hudleston (Gastr. infer. Ool., p. 247, pl. XIX, fig. 7).

Oxfordien. — Une espèce dans le calcaire de Trouville : *Melania condensata* Desl., d'après la fig. publiée par l'auteur (1843, Mém. Soc. linn. Norm. T. VII, p. 227, pl. XII, fig. 13).

Séquanien. — Le génoplésiotype ci-dessus figuré, dans le Calvados, ma coll. (il y a peut-être deux espèces ou une variété de la même).

Kimmeridgien. — Une espèce dans le Hanôvre : *Melania abbreviata* Rœmer, ma coll.

Portlandien. — Une espèce dans le Bolonien des environs de Boulogne : *Ps. Beaugrandi* de Lor., ma coll.

Mesospira, Cossm. 1892 (1). G-T. : *Phasian. Leymeriei* d'Arch. Bath.

« Taille moyenne ; forme ovo-conoïdale ; spire courte, lisse en apparence, mais ornée de très fines stries spirales qui ne persistent

(1) Ann. géol. univ., p. 719. — Etym. : μεσος, moyen ; σπειρα, spire. La diagnose est textuellement reproduite d'après « Etudes sur le Bath. de l'Indre », I, p. 17 (B. S. G. F., 4e sér., T. XXVII, p. 559, année 1899).

qu'à la partie inférieure du dernier tour. Ouverture semilunaire, anguleuse en arrière, arrondie en avant, avec une sinuosité versante et assez profonde à la jonction du contour supérieur et du bord columellaire ; labre mince, proéminent en avant, un peu sinueux et excavé vers le tiers postérieur, aboutissant presque perpendiculairement à la suture ; columelle obliquement rectiligne, formant une large surface cylindracée, recouverte par une mince callosité à peine distincte de la base ».

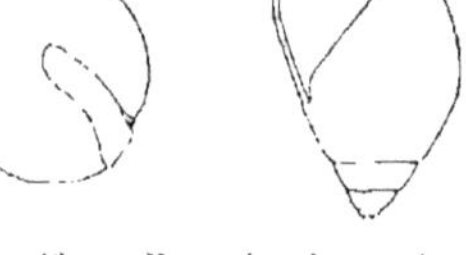

Fig. 42. — *Mesospira Leymerici* d'Arch.

Diagnose textuellement reproduite d'après celle du génotype du Bathonien de St-Gaultier ; reproduction du croquis de l'ouverture [**Fig. 42**]. Spécimens de l'espèce génotype de St Gaultier (Pl. I, fig. 22), d'Eparcy (Pl. II, fig. 10 11), ma coll.

Rapp. et diff. — Ainsi que je l'ai fait observer en 1899, ce Sous-Genre doit être surtout comparé à *Oonia* qui a presque le même galbe, avec une spire courte et un dernier tour ventru ; mais *Mesospira* se distingue essentiellement des autres *Pseudomelaniidæ* par sa columelle presque rectiligne et oblique qui ne se raccorde pas — comme celle d'*Oonia* — par une courbe régulière avec le contour supérieur ; ce dernier est d'ailleurs sinueux quand on le regarde en plan, exactement comme chez *Pseudomelania*, ce qui exclut toute assimilation avec les *Littorinidæ* dont *Mesospira* se rapprocherait, à première vue, par sa columelle. D'ailleurs *Mesospira* se rattache à la Fam. *Pseudomelaniidæ* par ses accroissements sinueux et par son ouverture versante à la base. Les stries spirales — dont la spire est ornée et qui ne persistent pas à la partie médiane ni antérieure du dernier tour — sont encore un caractère sectionnel qui sépare ce Sous-Genre d'*Oonia* dont la spire est toujours lisse. Le bord columellaire est, d'autre part, hermétiquement appliqué sur la base comme celui de *Pseudomelania*, mais il est plus mince et il est à peine limité du côté externe.

Répart. stratigr.

BAJOCIEN. — Une espèce confondue avec le génotype, dans le Lincolnshire : var. *lindonensis*, d'après Hudleston (*loc. cit.*, p. 253, pl. XXI, fig. 5).

BATHONIEN. — L'espèce génotype dans la grande oolite vésulienne de l'Aisne et de l'Indre, ma coll.

MICROSCHIZA, Gemmell. 1878 ([1]). G-T. : *Turbo Philenor* d'Orb. Lias.

Taille moyenne ; forme turbinée ou buccinoïde, parfois un peu élancée ; spire assez courte, à galbe conique sous un angle apical plus ou moins ouvert, généralement étagée en gradins ; tours peu nombreux, croissant rapidement, bordés au-dessus de la suture, ornés de plis axiaux assez épais et sinueux, que croisent des cordons spiraux, tantôt aussi saillants que les plis sur lesquels ils forment de grosses crénelures arrondies, tantôt plus serrés et seulement visibles dans les intervalles des plis. Dernier tour élevé, atteignant quelquefois les trois cinquièmes de la hauteur totale, arqué à la périphérie de la base qui est déclive et un peu convexe, imperforée au centre, et sur laquelle se prolonge l'ornementation de la spire. Ouverture ovale, largement arrondie et faiblement versante en avant, rétrécie en arrière, à peine échancrée sur son contour supérieur quand on la regarde en plan ; labre mince et sinueux, quoique peu proéminent en avant ; columelle médiocrement excavée en arrière, se raccordant en avant avec le contour supérieur par une courbe régulière ; bord columellaire calleux, assez large, recouvrant hermétiquement la région ombilicale.

Diagnose complétée d'après une espèce voisine du génotype : *Littorina clathrata* Desh. (Pl. I, fig 20-21), de l'Hettangien, ma coll.

Rapp. et diff. — Voici encore un Sous-Genre que l'auteur a fondé sur un fossile qui n'a été figuré que vu du côté de dos ! l'ouverture étant inconnue, comment pouvait-on en caractériser la diagnose ? Les génoplésiotypes, recueillis par lui en Sicile et rapportés au même Sous-Genre, ne sont guère mieux conservés, non plus que celui du Lias de la vallée du Rhône, figuré par Dumortier qui l'a comparé au génotype. Fort heureusement, il existe dans l'Hettangien une coquille commune, bien conservée et bien connue (*Littorina clathrata* Desh., ci-dessus figurée), qui ressemble tellement à *Turbo Philenor* par son aspect extérieur, que je me demande si ce n'est pas la même espèce, de sorte qu'on pourrait l'admettre comme néogénotype de *Microschiza*. Les autres formes — rapportées par Gemmellaro à ce Sous-Genre — s'en écartent un peu par leur galbe plus élancé ; l'ornementation spirale y a complètement disparu, peut-être par suite de l'usure du test, et elle est très fine chez l'espèce de la Vendée que

(1) Sul foss. Calc. crist. M^te^ del Casale, p. 252. — Etym. : μικρος, petit ; σχιζω, je scinde.

je rapporte aussi à ce Sous-Genre ; mais je ne crois pas qu'il y ait lieu de séparer ces formes sous un nom distinct, comme Section de *Microschiza*.

L'ouverture du néogénotype est exactement celle des *Pseudomelaniidæ*, mais avec une sinuosité basale beaucoup moins marquée, avec un labre beaucoup moins proéminent en avant, et avec un bord columellaire plus calleux que celui de *Pseudomelania*. Cependant, ce n'est pas un *Littorina*, comme le croyait Deshayes, non seulement par ce que la columelle est très différente et plus excavée, mais encore parce que les plis d'accroissement sont sinueux. Si l'on compare *Microschiza* avec *Oonia*, on l'en distingue de suite par son ornementation ; il en est de même en ce qui concerne *Mesospira* qui n'a jamais de côtes axiales et dont les stries spirales sont imperceptibles.

Les formes crétaciques que je rapporte à ce Sous-Genre se rattachent aux espèces du Lias par leurs tours étagés crénelés à la suture, par leurs fortes côtes axiales, mais on n'y distingue aucune trace d'ornementation spirale, exactement comme chez les espèces siciliennes figurées par Gemmellaro sous le nom *Microschiza*. Je suis, d'autre part, assez étonné de ne trouver aucune espèce formant la transition et la filiation phylogénétique entre le Lias et le Crétacique inférieur ; leur attribution au Sous-Genre en question m'inspire donc encore quelques doutes ; mais, étant donné l'état de conservation de ces coquilles crétaciques, je me suis abstenu de les séparer comme Section distincte. D'ailleurs il est possible qu'en étudiant de plus près les coquilles nombreuses et variées qu'on a uniformément déterminées Littorines dans le Jurassique, je m'aperçoive ultérieurement qu'il y a parmi elles des espèces formant la transition désirée entre les *Microschiza* du Lias et ceux du Crétacique inférieur.

Répart. stratigr.

Hettangien. — Le génotype et le néogénotype ci-dessus figuré, dans les grès d'Hettange et de Luxembourg.

Sinemurien. — Une espèce voisine du génotype, dans les minerais de fer de vallée de la Saône, ma coll. Deux espèces dans les calcaires cristallins de Casale, en Sicile : *Chemn. Myrto, acutispira* Gemmellaro (*loc. cit.*, pp. 276-277, pl. XXI et XXV).

Charmouthien. — Deux espèces dans les calcaires oolitiques de la Vendée : *M. colpophora, macrospira* Coss., coll. Chartron. Une espèce très usée dans le gisement de St-Bonnet : *Chem. brannoviensis* Dumortier (1869. Dép. jur. bass. Rhône. III, p. 218, pl. XXVII, fig. 11).

Néocomien. — Une espèce probable, sans ornements spiraux dans l'Hauterivien du Portugal : *Purpurina Falloti* Choffat (1901-1902, Faune crét. Port. p. 127, pl. IV, fig. 30-32). Deux espèces dans les « Grodischt. Schichten » des Carpathes : *Chemn. grodischtana* Hohenegger, *Ch. orthoptycha* Ascher (1906. Gastr. Grod., p. 147, pl. I et II).

Barrémien. — Une espèce sans ornements spiraux, dans les calcaires urgoniformes du Gard : *M. Pellati* Cossm., d'après ma Monogr. (p. 18, pl. IV, fig. 12-13).

Turonien. — Une espèce sans ornements spiraux, dans les grès d'Uchaux : *Chemn. inflata* d'Orb., ma coll.

TUBERCULOPLEURA, Jakowlew, 1899 ([1]). G.-T. : *T. Kulogoræ* Jak. Perm.

Taille au dessous de la moyenne ; forme turbinée, conique ; spire courte, trochoïde, croissant régulièrement sous un angle apical d'environ 40° ; tours peu nombreux, plans, dont la hauteur égale à peu près la moitié de la largeur, séparés par des sutures profondes et rainurées ; surface ornée de pustules tuberculeuses, obsolètes, alignées sur des côtes axiales et formant trois ou quatre rangées spirales. Dernier tour égal aux deux cinquièmes de la hauteur totale, sur lequel l'ornementation s'efface souvent, subanguleux à la périphérie de la base qui est peu convexe, lisse et déclive. Ouverture ovale, plus haute que large, holostome en avant ; columelle peu excavée ; labre légèrement incliné.

Diagnose complétée d'après la fig. du génotype (*loc. cit.*, pl. V, fig. 24), reproduite [**Fig. 43**].

Fig. 43. — *Tuberculopleura Kulogoræ* Jakowlew.

Rapp. et diff. — L'auteur a rapproché son Genre de *Microschiza* qui a également une ornementation treillissée ; mais, comme on ne connaît pas l'ouverture intacte de *Tuberculopleura*, ce rapprochement n'est peut-être que provisoire, il n'est même pas certain que cette Section soit bien à sa place dans la Fam. *Pseudomelaniidæ*. M. Jakowlew a, d'autre part, comparé l'une de ses espèces à *Microdoma* Meek et Worthen, que Fischer classe auprès d'*Amberleya*.

Répart. stratigr.

PERMIEN. — Trois espèces, outre le génotype, dans le Bassin du Donetz : *Loxonema tricinctum* Sibirtz, *T. anomala*, *sinensis* Jakowlew (*loc. cit.*, pp. 122-123, pl. V).

HUDLESTONIELLA, Cossm., *nom. mut.* ([2])

G.-T. *Pseudomelania burtonensis* Hudl. Bajoc.

(= *Hudlestonia* Cossm. 1892, *non Huddlestonia* Buckm. 1890).

Taille moyenne ou petite ; forme eulimoïde, turriculée ; spire

(1) Die fauna einiger oberpal. Ablager. Russlands, I, p. 121. — Etym. : *tuberculum* ; πλευρον, flanc.

(2) Le nom *Hudlestonia* a été publié, en 1892, dans l'Ann. géol. (p. 719), à l'occasion de l'analyse du Mémoire de M. Hudleston sur le Bajocien d'Angleterre. Or il est probable que c'est au même auteur que Buckman a dédié un G. d'Ammonite, mais en orthographiant son nom avec deux *d* (*fide* Zool., rec., Waterhouse, 1900) : il y a donc vraisemblablement un double emploi et je suis obligé de le corriger ici.

assez longue, non déviée, à galbe conique ; protoconque lisse, composée d'un tour et demi, à nucléus déprimé ; les trois tours suivants sont ornés de costules droites, légèrement obliques, presque aussi larges que leurs interstices, le reste de la spire se compose de tours lisses, à peine convexes, dont la hauteur égale à peu près la moitié de la largeur, séparés par des sutures linéaires. Dernier tour égal au tiers environ de la hauteur totale, arrondi à la périphérie de la base qui est déclive et imperforée au centre. Ouverture ovale, rétrécie en arrière, arrondie en avant où elle ne présente aucune trace d'entaille versante ni de sinuosité ; labre un peu oblique, non sinueux ; columelle lisse, excavée ; bord columellaire indistinct.

Diagnose établie d'après les figures de l'espèce génotype (1892. Gast. infer. Ool., p. 246, pl. XIX, fig. 5) ; reproduction de l'une d'elles [Fig. 44]. Génoplésiotype du Callovien de l'Anjou : *Eulima calloviensis* Héb. et Desl. (Pl. II, fig. 19), ma coll.

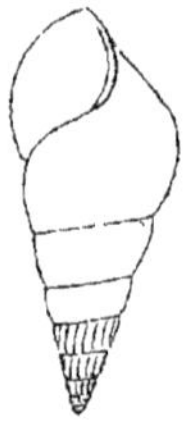

Fig. 44. — *Hudlestoniella burtonensis* Hudlest.

Rapp. et diff. — *Chemnitzia Nerei* d'Orb., qui est l'une des deux espèces que je rapporte à cette Section, a été classée par Koken dans son G. *Anoptychia* — c'est-à-dire près de *Zygopleura* — à cause de l'ornementation de ses premiers tours qui a été très exactement observée par d'Orbigny, et fidèlement reproduite dans la Paléontologie française ; or il n'y a absolument aucune ressemblance entre la spire et l'ouverture d'*Anoptychia*, et celles d'*Hudlestoniella* : ce dernier a l'ouverture ovale et les sutures linéaires, tandis que *Turritella supraplecta* (génotype d'*Anoptychia*) a l'ouverture subrectangulaire, les sutures rainurées, la base striée, les stries d'accroissement en &. D'autre part, la figure publiée par Hudleston pour le génotype d'*Hudlestoniella* (*Pseudomelania burtonensis*) laisse croire que la base est ombiliquée et la columelle perforée, ce qui m'avait d'abord induit à rapprocher cette Section de *Cœlostylina* ; mais le texte de la diagnose de cette espèce ne fait nullement mention d'un ombilic, de sorte que ce doit être une faute du dessinateur ; l'autre espèce (*Chemn. Nerei*) est certainement imperforée. Dans ces conditions, en tenant compte de la forme de l'ouverture, je conclus qu'il faut placer *Hudlestoniella* dans la Fam. *Pseudomelaniidæ*, tout près de *Microschiza* dont il se distingue par la cessation de l'ornementation dès le quatrième tour de spire, et par ses sutures non étagées ; les autres caractères répondent assez bien à ceux du S.-G. en question, dont ce n'est par conséquent qu'une Section. Remarquons incidemment que le sommet de la spire n'a aucun rapport avec celui d'*Eulima s. str.* dont *Hudlestoniella* se rapproche un peu par son galbe général.

Répart. stratigr.

BAJOCIEN. — Le génotype dans le gisement du Burton Bradstock, d'après M. Hudleston (*loc. cit.*).

BATHONIEN. — Une espèce bien caractérisée, dans le Cornbrash du Boulonnais et du Yorkshire : *Eulima Nerei* d'Orb., coll. Legay.

CALLOVIEN. — Une espèce probable dans les couches de Montreuil-Bellay : *Eulima calloviensis* Héb. et Desl.. ma coll. (Ces auteurs lui attribuent une dent columellaire analogue à celle de *Macrochilina*, mais que je crois inexistante ; d'autre part, je n'ai pu vérifier sur mes plésiotypes l'existence de costules au sommet).

LIOCIUM, Gabb, 1869 (1).

Coquille mélanoïde, imperforée ; ouverture ovale, non versante ni sinueuse ; columelle arquée et lisse ; bord columellaire calleux ; surface lisse, ornée de stries ponctuées seulement sur la base.

LIOCIUM, *s. str.* G.-T. : *L. punctatum* Gabb. Crét.

« Forme allongée ; spire longue ; sommet dextre ; surface polie et ornée par des stries ou des traces de ponctuations. Ouverture ovale, non échancrée antérieurement ; labre légèrement sinueux et bordé par un bourrelet épaissi, columelle encroûtée et lisse, ne portant pas de plis ».

Traduction textuelle de la diagnose originale, d'après la figure de l'espèce génotype (*loc. cit.*, pl. XXVIII, fig. 59), reproduite [Fig. 45].

Fig. 45. *Liocium punctatum* Gabb.

Rapp. et diff. — D'après Gabb, l'épaisseur du labre et la callosité de la columelle, l'ornementation de cette coquille de petite taille la rapprocheraient de *Cinulia* ou de *Ringinella* ; mais elle s'en distinguerait par son ouverture holostome, par l'absence de dents ou de plis à la columelle, et aussi, d'après la diagnose, par sa protoconque non hétérostrophe. D'autre part, l'examen de la figure considérablement grossie me laisse complètement l'impression qu'il s'agit là d'un *Pseudomelaniidæ* extrêmement voisin de *Bayania* ; mais outre que le labre est légèrement sinueux et épaissi (*fide* Gabb), *Liocium* diffère essentiellement de *Bayania* par son ouverture non versante en avant ; d'autre part, ce n'est pas un

(1) Palæont. of Calif, vol. II, p. 174. — Etym. : λεῖος, lisse ?

vrai *Pseudomelania*, parce que l'ouverture ne paraît pas avoir de sinuosité en plan, parce qu'il y a des stries ou des traces de ponctuations spirales quoique la surface soit polie ; la figure indique précisément que ces stries deviennent plus visibles sur la base, exactement comme chez *Bayania*. En résumé, le Genre *Liocium* — s'il doit être conservé — forme le trait d'union entre *Pseudomelania* mésozoïque et *Bayania* tertiaire. Il est possible même que ce soit à ce Genre *Liocium* plutôt qu'à *Bayania* qu'il faudrait rapporter les espèces supracrétaciques, ci-après citées, que j'ai provisoirement placées dans le G. *Bayania*. Toutes ces questions ne pourront être résolues que quand il nous sera possible de comparer les échantillons eux mêmes, au lieu de figures plus ou moins bien reproduites d'après eux.

Répart. stratigr.

ATURIEN. — Le Génotype dans le « Shasta group » de Fox Hill (Californie), d'après la Monogr. de Gabb (*loc. cit.*).

BAYANIA, Munier-Chalm. 1877 (1).

Coquille mélaniforme, à spire aiguë, non corrodée au sommet ; premiers tours généralement treillissés, le dernier souvent lisse ou faiblement orné ; ouverture petite, ovale, holostome, quoique versante à la base, et à contour supérieur sinueux ; labre presque rectiligne ; columelle arquée, calleuse, dépourvue de pli ; bord columellaire calleux, surtout dans l'angle inférieur de l'ouverture.

BAYANIA *s. str.* G.-T. : *Melania lactea* Lamk. Eoc.

Test assez épais. Taille moyenne ou petite ; forme de *Melania*, ovoïdo-turriculée, parfois très étroite, ou même conique ; spire assez longue, aiguë au sommet, à protoconque obtuse, non corrodée ; tours peu convexes, assez hauts, séparés par des sutures profondes, mais linéaires ; les premiers sont généralement treillissés par des costules axiales et par des rainures spirales qui séparent d'assez larges rubans aplatis ; tantôt cette ornementation se prolonge jusqu'au dernier tour et les costules deviennent même subnoduleuses ; tantôt au contraire, elle s'efface, et les derniers tours sont à peu

(1) *In* **Fischer, Man. Conch.**, p. 698.

près lisses ou simplement marqués de stries spirales ; en résumé, l'aspect de la coquille est très variable selon les espèces ou parfois chez la même espèce. Dernier tour généralement très élevé, quoique ses proportions varient beaucoup d'une espèce à l'autre ; il est ovale jusque sur la base, parfois un peu arqué — ou même subanguleux — à la périphérie de la base qui est imperforée. Ouverture relativement petite, ovale dans son ensemble, anguleuse en arrière, arrondie et manifestement versante en avant ; labre presque vertical, à peine sinueux au milieu, à bord tranchant et lisse à l'intérieur, il est peu proéminent en avant où il se raccorde avec le contour supérieur de l'ouverture qui paraît échancrée quand on la regarde en plan : columelle arquée, lisse, calleuse vers la région versante de l'ouverture ; bord columellaire assez large, bien limité, vernissé et calleux dans l'angle inférieur de l'ouverture, limité en avant par une petite carène qui se raccorde avec la courbe du contour supérieur.

Diagnose refaite d'après un spécimen lutécien de l'espèce génotype [Pl. II, fig. 12-13], Damery, ma coll. Génoplésiotype du Stampien de Pierrefitte : *Melania semidecussata* Lamk. [Pl. I, fig. 12-14], ma coll.

Rapp. et diff. — Fischer n'a admis *Bayania* que comme Sous-Genre de *Pseudomelania* ; toutefois, d'après les critériums que j'ai établis pour cette Famille, on doit séparer complètement ce Genre, non seulement à cause de l'ornementation de sa spire, mais encore et surtout à cause de la forme bien versante de son ouverture, tandis que le labre n'est presque plus sinueux ; le bord columellaire est aussi plus calleux, notamment sur la région pariétale. L'épaississement antérieur de la columelle rappelle un peu celui de *Macrochilina* ; toutefois, il n'est jamais pliciforme comme chez ce dernier Genre, c'est seulement une couche de vernis qui s'étale vers la région versante sans former une saillie aussi proéminente que chez le Genre dévonien. En définitive, *Bayania* est bien évidemment le successeur de *Pseudomelania* dans la période éogénique, mais il s'y éteint avec des formes qui deviennent presque microscopiques, et je n'en connais pas de représentant bien authentique dans le Miocène proprement dit.

D'autre part, M. Oppenheim (1894. Eoc. fauna Me Pulli, p. 372) est encore revenu sur la question d'identité de *Bayania* avec *Melania*, et plus particulièrement avec *Tiaropsis* (= *Melanoides*). Il est incontestable qu'il n'y a la plus grande analogie de forme entre ces coquilles, et qu'en outre l'habitat saumâtre du second n'est pas un suffisant motif pour séparer *Bayania* à titre de Genre marin, puisqu'on trouve des Cyrènes, des Potamides et des *Melanopsis* dans les mêmes gisements que les *Bayania*. Cette question ne pourrait être tranchée que si on connaissait l'animal ou au moins l'opercule de *Bayania*. En attendant, je persiste à conserver *Bayania*, ce qui n'est pas gênant, parce qu'il est universellement admis, et par la raison qu'on ne fait de ces suppressions que quand on peut se baser sur une certitude complète.

Répart. stratigr.

ATURIEN. — Une espèce bien caractérisée dans le groupe d'Arrialoor, de l'Inde méridionale : *Eulima antiqua* Forbes (*ibid.*, p. 289, pl. XXVIII, fig. 2). Deux espèces douteuses dans les sables de Vaals, près d'Aix-la-Chapelle : *Chemn. turritelliformis* Müller, *Ch. Dewalquei* Holzapfel, d'après la Monographie de cet auteur (pp. 133-134, pl. XIV, fig. 13-14).

PALEOCENE. — Une espèce dans le Thanétien des environs de Paris : *B. Laubrierei* Cossm., ma coll. Une espèce probable, dans le Montien de Belgique : *Melania Elisæ* Briart et Cornet (1873. Calc. gr. de Mons, II, p. 69, pl. VII, fig. 4). Une autre espèce dans les couches de Copenhague : *Melania obtusata* v. Kœnen (1885. Pal. Fauna Kopenh. p. 61, pl. II, fig. 19).

EOCENE. — Nombreuses espèces aux trois niveaux du Bassin de Paris : *Melania lactea*, Lamk., *M. sulpiciensis, delibata, sejuncta, herouvalensis, ventriculosa, minutissima, substriata, sulcatina* Desh., *M. hordacea* Lamk., *M. semicostellata, mixta, varians, fibula* Desh., *M. canicularis* Lamk., *M. subtenuistriata* d'Orb., *M. triticea* Fér., *Bayania Bourdoti, essomiensis* Cossm., *B. pupiformis* Morlet, ma coll. Trois autres espèces dans le Lutécien supérieur de la Loire-Inférieure : *M. Bezançoni* Vasseur, *B. gouetensis, inæquilirata* Cossm., coll. Dumas. Le génotype dans le Cotentin, avec une espèce voisine de *M. substriata* Desh., coll. Brasil. Une espèce voisine du génotype, dans le Vicentin (Roncà) : *Melania Stygis* Brongn. 1823 (= *M. inflata* Borson, 1821, *fide* Sacco). Plusieurs espèces non encore figurées, dans le Bassin de Londres : *B. linigera, plicatella* Edw. *mss.*, d'après le Catalogue de M. Newton (1891, p. 204). Deux espèces dans le Priabonien de Granoona et de Poleo : *B. granconensis, poleana* Oppenh. (1901. Priabonaschichten, p. 201, pl. XX, fig. 22-24). Une très petite espèce dans le Claibornien de l'Alabama : *Melania claiborniensis* Heilp. (*in* White, 1882. Review of non marine Moll. pl. XXVIII, fig. 15).

OLIGOCENE. — Le génoplésiotype ci-dessus figuré, dans les environs d'Étampes, ma coll. Deux espèces dans le Tongrien de la Belgique ; *Melania Nysti, Melania inflata* Duch. ma coll. Plusieurs espèces dans la série de Headon et à Hempstead (Angleterre) : *Melania fasciata* Sow., *B. interrupta, obesa* Edw. *mss* (*ibid.*, p. 204). Une espèce dans le Vicentin : *Melania inæqualis* Fuchs (1870. Beitr. vicent. Tert, p. 35, pl. 35, fig. 17-18). L'espèce du Tongrien de l'Allemagne du Nord, intitulée *Bayania subtilis* V. Kœn, ne me paraît pas appartenir à ce Genre.

MIOCENE. — Une espèce de petite taille, dans le Burdigalien de Dax et l'Helvétien du Béarn : *Rissoa purpusilla* Grat. d'après M. Degrange-Touzin. (1895. Faluns d'Orthez, p. 63).

MACROCHILINA, Bayle, 1880 (1)

(= *Macrocheilus* Phill. 1841, *non* Hope 1838 ; = *Duncania* Bayle 1879, *non* Pourt. 1874).

« Coquille plus ou moins ventrue, buccinoïde, à spire aiguë ; ouverture évasée, subovale, simple ; bord externe mince et tranchant, à profil sinueux ; bord supérieur arqué ; columelle calleuse, faiblement tordue sur elle-même ; callosité ne s'étendant que sur la partie supérieure du bord interne ; surface lisse ou ornée de stries d'accroissement » (2).

MACROCHILINA *s. str.* G.-T. : *Buccinum imbricatum* Sow. Dév.

Test peu épais. Taille moyenne ou assez grande ; forme ventrue, buccinoïde, rarement élancée ; spire courte, à galbe conoïdal, souvent aiguë au sommet ; tours peu nombreux, dont la hauteur égale la moitié ou le tiers de la largeur, séparés par des sutures linéaires, parfois étagés par une rampe au-dessus de la suture ; surface lisse ou marquée de plis d'accroissement obliques et légèrement sinueux. Dernier tour au moins deux fois plus long que la spire, ovale, arrondi vers la base qui est imperforée ; ouverture ovale, non versante, évasée et arrondie en avant, rétrécie en arrière ; contour supérieur non sinueux quand on le regarde en plan ; labre mince, obliquement antécurrent vers la suture, légèrement sinueux au milieu, non proéminent en avant, se prolongeant presque en ligne droite sur le contour supérieur ; columelle renflée au milieu par une callosité faiblement tordue sur elle-même, se raccordant à son extrémité antérieure avec le contour supérieur, de sorte que l'ouverture présente un simulacre d'entaille, quoique parfaitement holostome ; bord columellaire calleux, prolongeant le renflement de la columelle jusque sur la base.

(1) Journ. Conchyl., 1, 20, p. 24. — Etym. de *Macrochilus* (*in* Phill. Palæoz. foss., p. 103) : μακρος, grand ; χειλος, lèvre.

(2) Diagnose textuelle *in* de Koninck (1881. Faune Carb. Belg., T. III, p. 27).

Macrochilina

Diagnose complétée d'après un génoplésiotype du Dévonien de Paffrath. *Buccinites arculatus* Schl. (Pl. I, fig. 16-19), coll. de l'École des Mines et ma coll. ; et d'après une autre espèce du Carboniférien de Tournai : *Buccinum acutum* Sow. (Pl. II, fig. 7-9), ma coll.

Rapp. et diff. — *Macrochilina* a presque le même galbe qu'*Oonia* ; mais on l'en distingue, à première vue, par sa columelle renflée et par le petit « golfe » qui sépare en avant cet épaississement columellaire du contour supérieur. En outre, le labre est encore moins sinueux que chez *Pseudomelania*, et il n'existe aucune sinuosité du contour supérieur, quand on regarde la coquille en plan. La longévité de ce Genre est d'ailleurs beaucoup moindre que celle de *Pseudomelania* qui a vécu pendant toute la période mésozoïque, tandis que *Macrochilina* qui n'est signalé qu'à partir du Silurien supérieur, paraît s'être éteint dans le Trias, car les petites formes jurassiques sont très douteuses.

On a généralement pris comme génotype *B. arculatus* Schl. (= *M. Schlotheimi* d'Arch. et de Vern.) ; mais cette espèce a été simplement citée — non figurée — par Phillips, tandis qu'il a figuré en premier *M. imbricatus* Sow., ainsi que d'autres formes qui ont été ultérieurement placées dans d'autres Genres.

Répart. stratigr.

Silurien. — Plusieurs espèces dans le Gothlandien de la Bohême : *Phasianella intermedia* [1], *rara*, *dispar* Barr., d'après la Monogr. de M. Perner (p. 360).

Dévonien. — Plusieurs espèces, outre le génotype, dans le Cornouailles : *Macrochilus Phillipsi*, *subimbricatus* d'Orb. *M. elongatus* Phill., *Murex harpula* Sow., d'après d'Orbigny (Prod. I, p. 63) ; dans l'Eifélien d'Allemagne : *Buccinum Oceani* Goldf., *Buccinites subcostatus*, *annulatus* Schl., d'après l'atlas de Goldfuss et la Monogr. de Holzapfel (1895, p. 166) ; dans le Coblentzien de la Bohême : *Loxonema ovatum* Rœmer, *Phasianella evoluta*, *copillosa*, *crassior* Barr., *Macr. recticosta*, *Whidbornei* Perner, d'après la Monogr. précitée de cet auteur. Une espèce de petite taille, dans les couches de Manitoba (Canada) : *M. pulchella* Whiteaves (1892, Canad. Pal. IV, p. 340, pl. XLIV, fig. 6, 6*a*).

Carboniférien. — Nombreuses espèces — peut-être trop multipliées — dans le Dinantien de la Belgique : *Macrochilina monodontiformis*, *Michotiana*, *obtusa*, *turgida*, *tumida*, *oviformis*, *pusilla*, *maculata*, *turbinata*, *striata*, *ventricosa*, *conspicua*, *obesa*, *minor*, *intermedia*, *multispirata*, *Phillipsiana*, *uniformis*, *polyphemoides* de Koninck, d'après la Monogr. précitée de cet auteur. Plusieurs autres espèces en Irlande et en Angleterre : *M. ovalis* M'Coy, *Buccinum imbricatum*, *acutum* Sow., *B. sigmilineum*, *rectilineum*, Phill., *M. canaliculatus*, *fimbriatus* M'Coy, d'après le Prodrome de d'Orbigny (T. I, pp. 117-118). Deux espèces dans les « Salem limestone » de l'Indiana : *M. littoratus* Hall., *M. stinesvilliensis* Cumings (1906, Rep. State geol., p. 1341, pl. XXIV et XXV).

(1) Cette espèce doit changer de nom, puisqu'il existait déjà *M. intermedia* de Kon. ; je propose pour la forme silurienne : **M. Barrandei** *nobis*.

PERMIEN. — Plusieurs espèces dans les calcaires à Fusulines de la Sicile : *M. subulitoides, sosiensis, chemnitziæformis, adrianensis, subzonatus, intusplicatus, conicus, Barroisi, Brancoi* Gemmellaro (Fiume Sosio, p. 123 et suiv., pl. XIV et XIX). Une espèce dans le Bassin du Donetz : *M. intercalaris* M. et W., d'après Jakowlew (*loc. cit.* pl. V, fig. 20).

TRIAS. — Quelques représentants dans le Tyrolien de St-Cassian : *M. Sandbergeri, Orbignyi* Laube, *Pleurotoma sublineata* Munst., *M. brevispira* Kittl (*loc. cit.*, III, p. 227, pl. XVI).

BATHONIEN. — Une petite espèce incertaine, dans le Bradfordien de Luc-sur-mer : *Odontostomia luciensis* Cossm., ma coll. (1885. Contrib. ét. Bath. p. 220, pl. IV, fig. 13.

PORTLANDIEN. — Une espèce naticiforme dans le Bolonien de Terlincthun : *Odostomia jurassica* de Lor. (1866. Port. Boul., p. 16, pl. II, fig. 14).

STROBÆUS de Koninck, 1881 (1). G.-T.: *S. ventricosus* de Koninck. Carb.

Taille petite ; forme buccinoïde, ventrue ; spire courte, aiguë au sommet, à galbe conique ; tours peu nombreux, convexes, croissant très rapidement, séparés par des sutures profondes, mais non étagés ; surface entièrement lisse, portant rarement quelques lignes d'accroissement peu visibles et légèrement onduleuses. Dernier tour très développé, ovoïde, mesurant plus des trois quarts de la hauteur totale, arrondi et convexe à la base qui est imperforée. Ouverture ovale ou semilunaire, arrondie sur son contour supérieur qui n'est pas sinueux ; labre mince, presque droit ; columelle munie d'un pli tordu et médian, assez saillant, dont l'extrémité se raccorde en avant avec le contour supérieur ; forte callosité pariétale, parfois ridée, mais ne persistant pas sur la base vis-à-vis du pli columellaire.

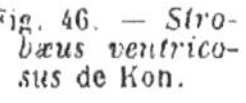

Fig. 46. — *Strobæus ventricosus* de Kon.

Diagnose refaite d'après les figures du génotype ; reproduction de l'une d'elles [Fig. 46].

Rapp. et diff. — Si l'on compare les diagnoses de *Macrochilina* et de *Strobæus*, on remarque immédiatement qu'elles ne présentent de différence qu'en ce qui concerne la position de la callosité basale qui, chez *Macrochilina*, est située en face du renflement ou pli columellaire, sur la région ombilicale, tandis que *Strobæus* possède une callosité pariétale qui est circonscrite beaucoup plus bas comme celle d'un *Cepatia*, et qui cesse précisément à la hauteur du pli columellaire.

(1) Faune calc. Carb., Belg., I, III, p. 25. — Etym. : στροβιλος, toupie.

En outre, ce pli est plus mince et plus tranchant, d'après la diagnose du moins, car les figures, imparfaitement dessinées, représentent au contraire un renflement à peu près semblable à celui de *Macrochilina*. Le galbe de la coquille de *Strobæus* est naticoïde, et son dernier tour est extrêmement développé; mais, parmi les nombreuses formes de *Macrochilina* du Carboniférien, il y en a qui ont à peu près les mêmes proportions que *Strobæus*. En résumé, je ne puis admettre ce dernier que comme une Section bien voisine de *Macrochilina*.

Répart. stratigr.

Carboniférien. — Trois espèces dans le Dinantien de la Belgique: *S. ventricosus*, *lepidus*, *gracilis* de Kon., d'après la Monogr. précitée (pl. III, fig. 26-27, pl. IV, fig. 55-58).

Permien. — Une espèce douteuse à cause de sa forme plus élancée que celle du génotype, dans les calcaires à Fusulines du fleuve Sosio (Sicile): *S. elegans* Gemmellaro, d'après cet auteur qui indique l'existence d'une callosité pariétale « striée » (*loc. cit.*, p. 122, pl. XVIII, fig. 21-22, pl. XIX, fig. 4 *male*).

Rama, J. Böhm, 1895 (1). G.-T. : *Macrochilina ptychitica*, Kittl. Trias.

Taille petite; forme d'*Odontostomia*, ovoïdo-allongée; spire médiocrement longue, à galbe conoïdal, l'angle apical de 25° décroissant à mesure que la coquille vieillit; tours un peu convexes, d'abord étroits, puis plus élevés, dont la hauteur dépasse la moitié et finit par atteindre les trois quarts de la largeur, séparés par des sutures linéaires, non étagées, un peu déprimées; ornementation composée de plis d'accroissement légèrement obliques, que croisent de très fines stries spirales, visibles à la loupe sur la région inférieure de chaque tour. Dernier tour égal à la moitié de la hauteur totale, ovale, un peu déclive à la base sur laquelle les stries d'accroissement deviennent sinueuses. Ouverture ovale, médiocrement haute, rétrécie en arrière, arrondie en avant; labre mince et sinueux; columelle avec deux plis (*fide* Kittl.).

Diagnose refaite d'après l'une des figures originales du génotype (il faut éliminer la fig. 30 *in* Kittl, Marmolata, p. 173); reproduite [Fig. 47].

Fig. 47. — *Rama-ptychitica* Kittl.

Observ. — Ce Sous-Genre est fondé sur une espèce du Dinarien des Alpes, dont Kittl a publié deux figures (29 et 30) en 1894, reproduites par J. Böhm, dans son Mémoire sur le même gisement de

(1) Die Gastrop. des Marmolatakalkes, p. 294 (Palæontogr., XLII Bd.). — Etym. ?

Marmolata (fig. 88 et 89, 88 correspond à 30, et 89 à 29). Or, dans son Etude ultérieure sur les calcaires d'Esino (1899, p. 184), Kittl a repris l'examen de cette espèce, et tout en admettant le S-G. *Rama*, il en a expressément éliminé la fig. 30 de *Macrochilina ptychitica*, qui représente *Euchrysalis lævis*, de sorte qu'il ne reste que la fig. 29, c'est-à-dire précisément celle qui représente le génotype vu du côté du dos. D'autre part, dans le type de Marmolata, cet auteur avoue qu'il n'a pas encore la preuve de l'existence des deux plis columellaires, que Koken avait mise en doute dès 1896 (Gastr. Hallstadt, p. 126). Il en résulte que ce Sous-Genre est fondé sur un génotype ambigu, et que sa principale caractéristique repose uniquement sur l'analogie qu'il présente avec une autre espèce du Trias de St-Cassian (*Melania inæquistriata* Munst.), sur laquelle des coupes ont pu être faites, et qui montre bien, aux tours médians, deux plis très rapprochés et euroulés sur la columelle (V. Gastr. St-Cassian, 1894, pl. XVI, fig. 38). Il faut avouer que ce sont là des bases bien fragiles pour la constitution d'un nouveau Sous-Genre.

Rapp. et diff. — Malgré ce que je viens de faire remarquer à propos de l'origine contestable du S.-G. *Rama*, je l'ai conservé parce que le galbe de la coquille est très différent de celui de *Macrochilina*, et parce que son ornementation l'en distingue également. Comme on le verra ci-après, l'existence de plis multiples à la columelle, est un caractère qu'on retrouve aussi chez *Cylindritopsis*. Néanmoins, c'est une subdivision à réviser.

Répart. stratigr.

TRIAS. — Outre le génotype, une espèce bien caractérisée, dans le Tyrolien de St-Cassian et du lac Balaton : *Melania inæquistriata* Munst., d'après les figures publiées dans les Monogr. précitées.

CYLINDRITOPSIS, Gemmellaro, 1891 (1).

Petite coquille lisse, auriculiforme ; ouverture non versante, subéchancrée à la base par une sinuosité étroite et profonde ; columelle munie de deux plis très inégaux ; labre non sinueux, un peu oblique ; callosité pariétale peu épaisse.

CYLINDRITOPSIS, *s. str.* G.-T. : *C. ovalis* Gemmell. Perm.

Test épais. Taille petite ; forme ovale ou ovoïdo-conique ; spire courte, à galbe conoïdal ; tours peu nombreux, étroits, légèrement convexes, séparés par des sutures déprimées mais peu visibles ; sur-

(1) Fauna calc. Fusul. Sosio, p. 113. — Etym. : *Cylindrites*, G. d'Opisthobranches ; ὄψις, semblable.

face lisse, quoique marquée de stries d'accroissement très fines, obliques et rectilignes. Dernier tour égal aux trois quarts au moins de la hauteur totale, ovale, à base arrondie et à peu près dépourvue de cou ; pas de perforation ombilicale. Ouverture allongée, très étroite en arrière, un peu élargie au milieu, à contour supérieur arrondi et entaillé par une sinuosité profonde et peu développée, au point de raccordement avec le bord columellaire ; labre mince, simple, oblique, plus ou moins développé en avant où il se raccorde par une courbe régulière avec le contour supérieur ; columelle plissée en travers et tordue au-dessus de ce pli par une forte saillie tronquée, épaisse, qui limite la sinuosité échancrée ; bord columellaire un peu calleux sur la région pariétale, moins distinct en avant, où il se perd sur le cou.

Diagnose complétée d'après les figures du génotype (*loc. cit.*), pl. XIII, fig. 7-8) ; reproduction de l'une d'elles [Fig. 48].

Fig. 48 — *Cylindritopsis ovalis* Gemmell.

Rapp. et diff. — Au premier abord, cette coquille a complètement l'aspect d'un *Auricula*, à cause de son pli antérieur, tordu, saillant et épais, et de son galbe ovoïde, tandis qu'elle n'a aucune affinité avec *Cylindrites*. Je ne conçois pas qu'un paléontologiste aussi savant que Gemmellaro ait eu l'idée de rapprocher *Cylindritopsis* des Opisthobranches : ainsi que je l'ai fait antérieurement remarquer (Essais, vol. 1, p. 45), ni la plication de la columelle, ni la surface de la coquille, ni la direction des stries d'accroissement ne justifient un tel classement, d'autant moins que l'auteur a précisément mentionné *Strobæus* comme un Genre carboniférien qu'on pourrait comparer à *Cylindritopsis*. Il est très admissible qu'il faille l'écarter des *Auriculidæ* qui sont des coquilles d'eau douce, tandis que le gisement de *Cylindritopsis* est franchement marin ; mais il était tout indiqué de le ramener près de *Macrochilina* qui n'en diffère que par sa plication moins puissante, et par son entaille basale moins profonde ; la callosité pariétale se rapproche aussi de celle qu'on constate chez *Strobæus*, quoiqu'elle soit moins épaisse.

Répart. stratigr.

Permien. — Cinq espèces dans les calcaires à Fusulines du fleuve Sosio, en Sicile : *C. ovalis*, *inflatus*, *minimus*, *chilodontus*, *conicus* Gemmell. (*loc. cit.*, pl. XIII et XIX).

AURIPTYGMA, Perner, 1907 (1).

« Coquille turbinée ; tours bombés, scalariformes ; sutures étroites et profondes ; dernier tour très développé ; bouche elliptique, allongée vers le bas ; labre interne ni épaissi, ni retroussé, mais seulement tordu et passant seulement dans la columelle ; celle-ci est étroite et solide ; stries transverses tranchantes, légèrement inclinées, un peu courbées ».

AURIPTYGMA *s. str.* G.-T.: *Phasianella fortior* Barr. Silur.

Taille assez grande ; forme phasianoïde ou turbinée, ovoïdo-conique et ventrue ; spire médiocrement allongée, pointue au sommet, à galbe conique ; tours assez élevés, arrondis et très convexes, à sutures profondes mais étroites, ce qui leur donne l'aspect étagé, quoiqu'il n'y ait aucune rampe suturale ; ornementation composée de lignes d'accroissement un peu saillantes, très serrées, obliques et légèrement convexes, en travers desquelles on aperçoit vaguement quelques bandes spirales et irrégulières, peut être dues à des traces de coloration. Dernier tour très développé, auriforme, arrondi, dépassant les deux tiers de la hauteur totale, faiblement excavé à la base et vers le cou qui est court ; les plis d'accroissement, d'abord incurvés et obliques, se dirigent ensuite presque verticalement depuis la périphérie jusqu'au milieu de la base ; en outre, on distingue, chez quelques spécimens, trois à cinq bandes spirales, à peine saillantes sur la surface du bombement du test. Ouverture semilunaire, un peu rétrécie ou cochléariforme en avant, quoique holostome ; labre oblique, mince, non sinueux, se raccordant presque en ligne droite avec le bec antérieur, sur le contour supérieur ; columelle non épaissie, excavée en arrière, un peu bombée au milieu, se raccordant très subitement par une courbe à petit rayon

(1) Gastrop. Silur. Bohême, T. II, p. 361. — Etym. grécolatine : *Auris*, oreille ; πτυγμα, pli.

avec le bec antérieur ; bord columellaire un peu retroussé en avant, formant une lamelle mince derrière laquelle est un renforcement basal, non ombiliqué ; en arrière, ce bord se perd dans l'excavation de la columelle, sans se répandre sur la base.

Diagnose complétée d'après les figures du texte (*loc. cit.* fig. 260-261) reproduction de l'une d'elles [Fig. 49].

Fig. 49. — *Auriptygma fortius* Barr.

Rapp. et diff. — L'auteur a beaucoup hésité avant de rapprocher ce Genre de *Macrochilina* plutôt que de *Naticopsis* ou d'*Holopea* : il s'est laissé guider par la disposition de la columelle qui présente — au milieu et en avant — un bombement analogue à celui de *Macrochilina*, de sorte que le bec antérieur qui en résulte représente à peu près le « golfe » qui caractérise l'ouverture de ce dernier Genre. La coupe longitudinale (fig. 260) montre que ce bombement persiste à chaque tour sur l'axe de la coquille, sans que ce soit véritablement un pli columellaire. Le bord columellaire est beaucoup moins épaissi que chez *Macrochilina* et surtout que chez *Strobæus*. D'autre part, *Auriptygma* se distingue de *Naticopsis* et de *Turbonitella* par sa columelle non excavée au milieu et en avant, par sa spire bien plus pointue, à tours plus bombés. En présence de ces caractères, nous ne pouvons que confirmer le classement proposé par M. Perner, c'est-à-dire auprès de *Macrochilina*.

Répart. stratigr.

Silurien. — Deux espèces dans le Gothlandien (Bande e_1) de la Bohême : *Phas. fortior*, *Natica consepulta* Barr., d'après M. Perner (pl. 61, fig. 51-53, et pl. 70, fig. 10-11). Une autre espèce dans les couches de Gothland : *Holopea nitidissima* Lindstr., d'après M. Perner.

TRAJANELLA, Popovici-Hatzeg, 1899 (1).

Coquille eulimoïde, lisse, à tours conjoints ; ouverture ovale, très versante à la base et laissant apercevoir l'enroulement interne ; labre sinueux, taillé à angle droit avec le contour supérieur ; columelle excavée, se prolongeant en spirale avec le contour supérieur ;

(1) Contrib. Crét. sup. Roumanie (M. S. G. F. Pal., n° 20, p. 9). — Etym. : dédié à l'empereur Trajan qui a conquis la Dacie (= Roumanie) à la civilisation romaine.

callosité pariétale assez épaisse, s'étendant en avant jusque sur le contour de l'échancrure.

TRAJANELLA *s. str.* G.-T.: *Eulima amphora*, d'Orb. Tur.

Test épais. Taille assez grande ; forme d'*Eulima* ou de *Stylifer* gigantesque ; spire allongée, à galbe styliforme au sommet, ensuite extraconique, enfin conoïdal à l'état adulte ; tours conjoints ou légèrement convexes, d'abord étroits, puis plus élevés et atteignant à la fin une hauteur presque égale à leur largeur ; sutures simples, linéaires ; surface lisse ou ornée seulement de très fines stries d'accroissement, obliques de gauche à droite par rapport à l'axe vertical, et légèrement sinueuses. Dernier tour mesurant, de face, plus de la moitié de la hauteur totale, jusqu'à la suture de l'avant-dernier tour ; il est ovale jusqu'à la base qui est imperforée. Ouverture ovale, très courte, à peine supérieure à la moitié de la hauteur du dernier tour, rétrécie en arrière, élargie en avant, et tellement versante qu'elle paraît tronquée, vue de face, par une large échancrure qui laisse apercevoir en partie l'enroulement interne ; labre mince, lisse à l'intérieur, à contour oblique et sinueux, se terminant en avant par un angle de 90° environ avec le contour supérieur qui est échancré en demi-cercle quand on le regarde en plan ; columelle lisse, courte, excavée, disposée en spirale qui se prolonge avec le contour échancré de l'ouverture, presque sans discontinuité et plus bas que l'angle opposé où se termine le labre ; bord columellaire calleux, la callosité pariétale remplit presque complètement l'angle du labre tangent à l'avant dernier tour, puis elle s'amincit et se transforme en un bourrelet filiforme qui contourne toute l'échancrure supérieure, jusqu'à l'angle terminal du labre.

Diagnose complétée d'après d'excellents spécimens du génotype, dans les grès d'Uchaux (Pl. II, fig. 16-18), ma coll., coll. de l'École des Mines.

Rapp. et diff. — C'est sur le conseil de Munier Chalmas que M. Popovici-Hatzeg a séparé et nommé ce Genre dont le génotype avait jadis été fort mal restauré dans la Paléontologie française de d'Orbigny. On l'a comparé à tort à *Euchrysalis* qui s'en distingue essentiellement par sa columelle perforée et par l'absence complète d'échancrure basale. Je ne puis le rattacher qu'à la Famille *Pseudomelaniidæ*, où il vient se placer, à cause de son labre sinueux et oblique, à la suite de *Macrochilina* ; mais le petit « golfe basal » de ce dernier Genre se transforme ici en une énorme échancrure versante, et l'épaississement terminal de la columelle est ici remplacé par une spirale continue. L'obliquité du labre de *Trajanella* — surtout sa terminaison à 90° du contour supérieur — est caractéristique, elle n'a aucun rapport avec la convexité régulière du contour du labre des *Eulima*, et elle rappelle plutôt celle des stries des *Spirostylinidæ*, mais avec une sinuosité comparable à celle des *Loxonematidæ* ; toutefois, cette sinuosité est inversée parce que la suture coupe l'S plus bas, de sorte que c'est presque une *S* ainsi que je l'ai indiqué ci-dessus à propos du Genre *Loxonema*.

Il n'est pas impossible que *Trajanella* ait eu pour encêtre *Euchrysalis* ; mais, entre le Trias et le Crétacique supérieur, je ne vois pas, jusqu'à présent, de formes qui aient pu servir de transition, si ce n'est *Pseudomelania* qui — lui-même — descend des *Loxonematidæ* ; on devrait alors admettre que la sinuosité basale du contour supérieur s'est exagérée au point de se transformer en une échancrure semi circulaire, sans que l'ouverture cesse d'être versante. Mais, même avec cette explication, la brisure anguleuse du contour extrême du labre reste une particularité qui isole complètement *Trajanella* des autres membres de la même Famille.

Répart. stratigr.

CENOMANIEN. — Une espèce dans le conglomérat et les grès de Roumanie : *T. Munieri* Popovici, d'après le Mémoire précité (p. 9, pl. II, fig. 3).

TURONIEN. — Le génotype ci-dessus figuré, dans les grès de Vaucluse, très commun, mais rarement intact. Une espèce non nommée, dans les couches du Pondoland (Natal), d'après la Monogr. de M. H. Woods (1906. p. 313, pl. XXXVIII, fig. 1).

SENONIEN. — Une espèce dans les groupes de Trichinopoly et d'Arrialoor (Inde méridionale) : *Euchrysalis gigantea* Stoliczka, d'après la Monogr. de cet auteur (T. II, p. 289, pl. XXI, fig. 3-5) ; la même (?) d'après M. Sturm, dans les couches de Chlomek en Saxe (Sandstein Kieslingswalde, p. 67, pl. V, fig. 1).

HELIGMOLOXUS, Piette, 1885 (1).

Coquille limnéiforme, à suture ascendante sur le dernier tour, à surface très finement striée dans le sens spiral ; ouverture piriforme ou auriculiforme, oblique et versante en avant.

(1) Piette *mss* (*in* Cossm. Contrib. ét. Bath. France, M. S. G. F., 3e sér., T. III, p. 180). — Etym. : ἑλιγμος, enroulement ; λοξος, oblique. Ce Genre a été orthographié à tort *Eligmoloxus* : il faut une *H* comme à *Heligmus*.

HELIGMOLOXUS *s. str.* G.-T. : *Limnea bulimoides* Piette. Bath.

Test mince. Taille moyenne ; forme de *Limnea*, ovale-oblongue ; spire courte, à galbe légèrement conoïdal, quoique pointue au sommet ; tours peu nombreux, à peine convexes, à cloisons emboîtées, croissant rapidement, l'avant dernier atteignant une hauteur supérieure à sa largeur ; sutures linéaires, d'abord horizontales et devenant obliques, surtout à la limite de l'avant-dernier tour et du dernier ; stries d'accroissement peu visibles, un peu obliques de gauche à droite de l'axe vertical, croisées, surtout vers le bas de chaque tour, par d'imperceptibles stries spirales. Dernier tour formant la plus grande partie de la hauteur de la coquille, quand on le mesure de face jusqu'à la suture inférieure, régulièrement ovale jusqu'à la base, marqué de stries d'accroissement obliques, sinueuses comme une S très détendue, et de quelques stries spirales gravées au-dessus de la suture inférieure, et ascendantes comme celle-ci vers le labre. Ouverture auriculiforme, très rétrécie et acuminée en arrière où le labre est tangent à la convexité de la base, largement arrondie et versante en avant, située dans un plan assez oblique, et sinueuse sur son contour supérieur ; labre mince et faiblement sinueux comme les accroissements, déprimé vers la suture, se raccordant en courbe avec le contour supérieur ; columelle probablement lisse et arquée, à bord renversé sur la région ombilicale qui est imperforée.

Diagnose reproduite d'après celle de l'auteur, et complétée d'après les figures originales (*loc. cit.*, pl. XVII, fig. 29-30) ; reproduction d'une de ces figures [**Fig. 50**].

Fig. 50. — *Heligmoloxus bulimoides* Piette.

Rapp. et diff. — Piette, dans les lettres qu'il m'a écrites il y a près de 25 ans, au sujet de ce Genre que j'ai adopté, insistait sur le classement d'*Heligmoloxus* parmi les Gastropodes pulmonés d'eau douce, en faisant remarquer que le spécimen génotype avait pu être entraîné du rivage en pleine mer. Je n'ai pas partagé son opinion à cette époque, et je persiste à placer ce Genre auprès des *Pseudomelaniidæ*, à cause de son ouverture versante et sinueuse à la base, à cause de ses stries d'accroissement un peu sinueuses ; les traces de stries spirales dont la spire est ornée le distingnent néanmoins de *Pseudomelania*. Aucun de ces caractères ne se rencontre chez *Limnea* ni chez *Succinæa*, dont *Heligmoloxus* ne se rapproche que par son galbe général, par sa suture ascendante au dernier tour, et par la minceur de son test. Toutefois, l'ouverture est moins versante, moins découverte et moins sinueuse à la base, que celle de *Trajanella*. En résumé, c'est une forme bien à part dans la Famille *Pseudomelaniidæ*.

Répart. stratigr.

BATHONIEN. — Outre le génotype précité, une autre espèce plus douteuse, dans le Corn Brash du Boulonnais : *Eligmoloxus limneiformis* Cossm., coll. Rigaux au Musée de Boulogne (Contrib. ét. Bath., p, 181, pl. V, fig. 1-2).

CALLOVIEN. — Une espèce douteuse, dans les couches à *A. Renggeri* du Jura lédonien : *E. Choffati* de Loriol, d'après la Monogr. de cet auteur (p. 105, pl. VI, fig. 27).

SUBULITIDÆ Lindström, 1884 (1).

Coquille plus ou moins allongée, fusiforme, à axe parfois incurvé ; tours peu convexes, à sutures linéaires ; stries d'accroissement rarement visibles, toujours rectilignes et un peu obliques ; ouverture oblongue, presque toujours tronquée à la base, subanguleuse quoique holostome en avant ; columelle « involute », c'est-à-dire roulée en cornet sur elle-même ; labre vertical, un peu dévié à gauche de l'axe, du côté antérieur.

Observ. — La plupart des auteurs ont hésité au sujet de la place à assigner à *Subulites* dans la classification des Gastropodes. Lindström, le créateur de cette Famille, a attribué à l'ouverture un caractère de siphonostomie qu'elle ne possède pas en réalité, de sorte que Fischer, abusé par la troncature de la columelle, a émis l'avis que les *Subulitidæ* pourraient être rapprochés des *Strombidæ* plutôt que des formes holostomes. Koken (1896. Leitfoss., p. 166) a provisoirement rangé cette Famille dans l'Ordre *Opisthobranchiata*, ce qui n'est pas admissible à cause de la rectitude des stries d'accroissement qui ne sont jamais

(1) Silur. Gastr. Gothl., p. 192.

rétrocurrentes vers la suture inférieure. Stoliczka a directement associé *Subulites* au G. *Terebellum*, à cause de la forme repliée sur elle même que présente quelquefois le labre ; il est évident qu'il y a une grande analogie entre l'aspect de ces coquilles ; mais *Terebellum* a l'ouverture réellement échancrée à la base, la pointe de la columelle finit en rostre aigu beaucoup plus haut que le bord opposé, de sorte que la courbe du contour supérieur de l'ouverture n'est pas du tout semblable à celle de *Subulites* ; enfin, il n'y a aucune corrélation phylogénétique entre les *Subulitidæ* paléozoïques et les *Terebellum* tertiaires, durant toute l'étendue de la période mésozoïque. Je crois donc que la solution adoptée par M. Perner (Gastr. Bohême. p. 374) est la seule admissible : en rapprochant les *Subulitidæ* des *Loxonematidæ*, il a fait ressortir avec beaucoup de justesse que certaines espèces du Genre *Fusispira* — qui se rapproche tellement de *Subulites* que je le considère même comme un S.-G. de ce dernier — peuvent difficilement être séparés de *Macrochilina*. Il y a lieu de noter d'ailleurs que les stries sinueuses de *Loxonema*, déjà moins incurvées chez *Pseudomelania*, sont absolument rectilignes chez *Spirostylus*, comme chez *Subulites* : il n'y a donc, à ce point de vue, aucune objection capitale au rapprochement proposé.

Les *Subulitidæ* sont des coquilles essentiellement paléozoïques, dont l'origine est encore incertaine, et dont la descendance n'est pas non plus très clairement établie. Le test des échantillons est presque toujours absent, de sorte que l'étude en est extrêmement ambiguë. C'est d'après la forme de l'extrémité antérieure de l'ouverture qu'il faut, à mon avis, se guider pour séparer les uns des autres les Genres de cette Famille ; la disposition de la columelle — et aussi celle du cou — me paraît être un excellent critérium sous-générique ; enfin la forme de la spire peut être admise comme critérium sectionnel.

Tableau des Genres, Sous-Genres et Sections

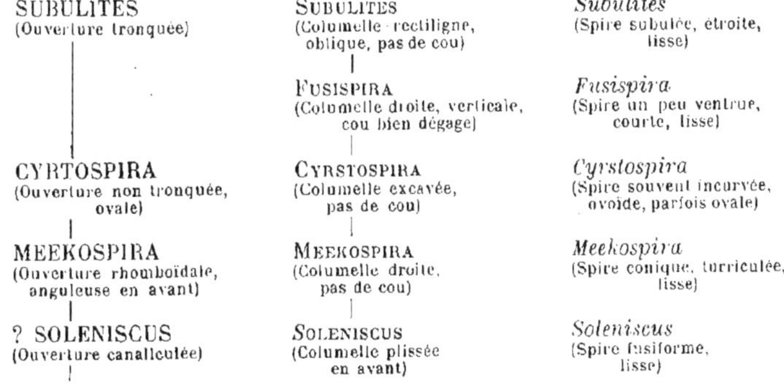

Genres	Sous-Genres	Sections
SUBULITES (Ouverture tronquée)	SUBULITES (Columelle rectiligne, oblique, pas de cou)	*Subulites* (Spire subulée, étroite, lisse)
	FUSISPIRA (Columelle droite, verticale, cou bien dégagé)	*Fusispira* (Spire un peu ventrue, courte, lisse)
CYRTOSPIRA (Ouverture non tronquée, ovale)	CYRSTOSPIRA (Columelle excavée, pas de cou)	*Cyrstospira* (Spire souvent incurvée, ovoïde, parfois ovale)
MEEKOSPIRA (Ouverture rhomboïdale, anguleuse en avant)	MEEKOSPIRA (Columelle droite, pas de cou)	*Meekospira* (Spire conique, turriculée, lisse)
? SOLENISCUS (Ouverture canaliculée)	SOLENISCUS (Columelle plissée en avant)	*Soleniscus* (Spire fusiforme, lisse)

SUBULITES, Emmons, 1842 [1].

(= *Polyphemopsis pars*, Portlock 1843 ; = *Bulimella* Hall 1856, *non* Pfeiffer 1852).

Coquille allongée, fusiforme, lisse, imperforée, spire longue, subulée, à protoconque obtuse : tours légèrement convexes, à sutures peu marquées et obliques ; columelle médiocrement arquée, tronquée à la base comme celle de *Glandina* ; labre non sinueux, un peu arqué en avant, tangent à la suture en arrière.

SUBULITES, *s. str.* G.-T. : *S. elongatus* Conrad. Silur.

Test mince. Taille souvent assez grande ; forme subulée, étroite, allongée ; spire longue, acuminée au sommet, quoique la protoconque soit obtuse (*fide* Perner) ; tours nombreux, croissant rapidement, plus élevés que larges, séparés par des sutures linéaires et très obliques ; surface entièrement lisse. Dernier tour dépassant le tiers et atteignant parfois la moitié de la hauteur totale, presque cylindracé, arqué à la périphérie de la base qui est très déclive. Ouverture étroite, égale au quart ou au cinquième de la hauteur totale, très rétrécie et même acuminée en arrière, plus ou moins élargie en avant où elle est holostome, quoique tronquée comme un cornet ; labre mince, vertical en arrière où il forme un plan presque tangent à l'avant dernier tour, arqué et rétrocurrent en en avant où il se raccorde avec le contour supérieur qui est plus ou moins échancré en arc de cercle ; columelle lisse, peu excavée, presque sans bombement pariétal, involute en avant, terminée en pointe non raccordée avec le contour supérieur, à peu près comme chez *Glandina* ; bord columellaire indistinct.

Diagnose refaite d'après les figures du génotype, et d'après un génoplésiotype du Silurien de la Livonie : *Phasianella gigas* Eichwald (Pl. I, fig. 15), coll. de Verneuil à l'Ecole des Mines.

(1) Geol. N. Y., p. 392, pl. CI, fig. 3. — Etym. : *Subula*, alène. Attribué à Conrad, tandis que, d'après Herrmannsen et d'après le *Nomencl. zool.* (1882, Suppl. list), Conrad n'a mentionné *Subulites* qu'en 1847.

Observ. — Après les démembrements qui ont été faits dans ce Genre par Hall, Ulrich et Scofield, il ne reste sous le nom *Subulites s. str.* que les formes sveltes, à axe non courbé, à ouverture tronquée et subéchancrée à la base, quoique holostome. Or ce sont précisément les caractères d'un certain nombre de coquilles que Portlock a dénommées *Polyphemopsis*, dénomination qui est d'ailleurs postérieure à *Subulites* Emmons, de sorte qu'elle en est complètement synonyme à éliminer. Il en est de même de *Bulimella* Hall, qui ferait en outre un double emploi de nomenclature. Quant aux *Polyphemopsis* carbonifériens, représentés dans l'ouvrage de Koninck, ce sont soit des *Loxonema* douteux, soit des *Murchisonia* dont la bande spirale a disparu ; aucun d'eux n'a le galbe ni la troncature columellaire de *Subulites* ou de *Fusispira*.

Répart. stratigr.

Silurien. — Une espèce dans le Gothlandien de Gotland : *S. attenuatus* Lindström, d'après la Monogr. de cet auteur (1882. Silur. Gastr. Gothl., p. 194, pl. XV). Deux espèces dans le Gothlandien de la Bohême : *Terebellum bohemicum* Barr., *Subulites sp. ind.*, d'après M. Perner (*loc. cit.*, p. 379, pl. XCVI, fig. 41-44). Plusieurs espèces dans l'Ordovicien moyen du Canada, de Minnesota et du Wisconsin : *S. canadensis, Conradi, dixonensis, beloitensis, pergracilis, parvus, nanus, regularis* Ulrich, d'après la Monogr. d'Ulrich et Scofield (1897. Pal. of Minnesota, p. 1071 et suiv., pl. LXXXI). Plusieurs espèces dans l'Ordovicien de la Prusse orientale, outre le génoplésiotype ci-dessus figuré : *S. subula* var. *thulensis, S. revalensis, stromboides, wesenbergensis* Koken., *Polyphemopsis elongatus* (qui n'est probablement pas l'espèce de Conrad), d'après la Monogr. de Koken (Gastr. balt. Untersilur., p. 211). Une espèce dans le Gothlandien d'Ontario : *S. compactus* Whiteaves (1895. Palæozoic foss. Can. vol. III, part. II, p. 96, pl. XIV, fig. 4-5). Une espèce dans les « Chazy limestone » de l'Etat de New-York : *S. prælongatus* Raymond (1908. Gast. Chazy lim., p. 210, pl. LIV, fig. 13).

Carboniférien. — Une espèce douteuse, étroite et incurvée, dans les « Salem limestone » de Harrodsburg (Indiana) : *S. harrodsburgensis* Cumings (1906. Report State geol. Ind., p. 1363, pl. XXIV, fig. 7).

Fusispira, Hall, 1871 (1). G.-T. : *F. ventricosa* Hall. Silur.
(= *Bulimorpha* Whitfield, 1882).

Taille moyenne ou assez grande ; forme fusoïde, ovoïdo-conique ; spire élevée, à galbe conique ou extraconique, très pointue au sommet ; tours généralement convexes, moins hauts que larges, à sutures peu obliques, enfoncées et distinctes ; surface ornée de stries d'accroissement tranchantes, presque rectilignes ou faiblement

(1) Rep. N. Y. State Mus. XXIV, p. 299. — Etym. : *Fusus*, fuseau ; *spira*, spire.

sinueuses et antécurrentes vers la suture, elles forment sur le test de petites saillies espacées avec régularité, capillaires ou écailleuses (*fide* Perner), ou ponctuées (*fide* Ulrich). Dernier tour un peu plus bombé que les précédents, parfois très grand et égal aux deux tiers de la longueur totale, ovoïdal à la périphérie de la base qui est invariablement excavée vers le cou assez long. Ouverture élevée, ayant la forme d'un secteur d'ellipse, atténuée aux deux extrémités, atteignant toute sa largeur au milieu ; labre mince, légèrement sinueux sur son contour, développé en arc de cercle en avant, et aboutissant presque orthogonalement à l'extrémité de la troncature columellaire, avec une légère sinuosité du contour supérieur ; columelle à peu près verticale, non excavée, implantée sur la région pariétale avec laquelle elle forme un angle ouvert et arrondi, amincie et faiblement involute à son extrémité antérieure, de sorte que l'ouverture paraît subcanaliculée en avant, quoique holostome.

Diagnose complétée d'après la figure de l'espèce génotype, assimilée à *S. inflatus* Meek et Worthen, reproduction d'une des figures publiées par Ulrich et Scofield (*loc. cit.*, pl. LXXX, fig. 17-18) pour cette dernière espèce [Fig. 51].

Fig. 51. *Fusispira inflata* Meek et Worthen.

Rapp. et diff. — *Fusispira* a la columelle tronquée et involute comme *Subulites* : ce n'est qu'un Sous-Genre de ce dernier ; mais il s'en distingue essentiellement par sa base excavée et par son cou bien formé, par sa columelle droite, non excavée, non située dans le prolongement de la région pariétale, avec laquelle elle fait un angle net, quoique arrondi, au point où elle s'implante. Les autres différences tirées du galbe de la coquille qui est beaucoup moins subulée, de ses sutures moins obliques, et aussi de ses stries d'accroissement, sont moins importantes, quoiqu'elles méritent d'être signalées. C'est à *Fusispira*, plutôt qu'à *Subulites*, qu'il y a lieu de réunir *Bulimorpha* Whitfield, de sorte que ce n'est pas comme correction de *Bulimella* qu'on doit le prendre, mais comme synonyme de *Fusispira*.

Répart. stratigr.

Silurien. — Outre le génotype, plusieurs espèces dans l'Ordovicien moyen du Minnesota, du Wisconsin, de l'Illinois : *Murchisonia subfusiformis* Hall, *Fusispira intermedia*, *subbrevis*, *Schucherti*, *sulcata*, *convexa*, *nobilis*, *planulata*, *angusta* et var. *subplana* Ulrich et Scofield (*loc. cit.*, p. 1075 et suiv., pl. LXXX et LXXX). Le génoplésiotype ci-dessus figuré dans l'Ordovicien du lac Winnipeg (Canada, d'après Whiteaves (1897. Pal. foss. vol. IV, part. III, p. 199).

DEVONIEN. — Une espèce dans la bande f2 (Coblentzien) de Bohême : *Phasianella longior* Barr. d'après M. Perner (*loc. cit.*, p. 376, pl. LXI, fig. 43-46).

CARBONIFERIEN. — Une espèce dans l'Iowa et le Colorado : *Bulimorpha chrysalis* Meek et Worthen, d'après M. Girty (1903. Carb. Color., pl. X, p. 466, fig. 6-7). Trois espèces dans les « Salem limestone » de Harrodsburg et de Spergen Hill (Indiana) : *Bulimorpha canaliculata, bulimiformis, elongata* Hall, d'après M. Cumings (1906. Report State Geol. Ind., p. 1343, pl. XXV).

CYRTOSPIRA, Ulrich, 1897 (1)

Coquille fusiforme, à axe incurvé; spire courte, à tours lisses et convexes ; dernier tour enveloppant et très élevé ; ouverture ovale, étroite, non réellement tronquée à la base ; columelle arquée.

CYRTOSPIRA, *s. str.* G.-T. : *C. tortilis* Ulrich. Silur.

Test peu épais. Taille moyenne ou médiocrement grande ; forme de *Limnea* incurvée, l'axe de la coquille étant généralement incliné à gauche vers l'ouverture, rarement du côté opposé ; spire peu allongée, à galbe conoïdal ; tours convexes, peu élevés, se recouvrant ou emboîtés, séparés par des sutures linéaires et obliques, celles du moule interne en retrait et plus haut que celles du test, par suite du recouvrement des tours ; surface ordinairement lisse, quelquefois ponctuée (*fide* Koken) ; stries d'accrissement peu visibles, très serrées, presque droites. Dernier tour très élevé, enveloppant plus des trois quarts de la coquille, ovoïde jusque sur la base qui est régulièrement convexe, sans aucune apparence de cou. Ouverture égale à la moitié de la hauteur du dernier tour, ovale en avant, rétrécie en arrière, ce qui lui donne à peu près la forme d'un pépin ; elle est

(1) Palæont. of Minnesota. — Gastr. lower Silur., p. 1073. — Etym. : κυρτος, courbé ; σπειρα, spire.

holostome et à peu près dépourvue de troncature basale ; labre vertical, se raccordant par une courbe dilatée avec le contour supérieur ; columelle très arquée, se reliant par un arc à cercle avec le bord antérieur, et par une *S* très élégante avec la région priétale ; bord columellaire indistinct.

Fig. 52. — *Cyrtospira inexpectata* Barr.

Diagnose refaite d'après les figures du génotype, et d'après un génoplésiotype du Dévonien inférieur de la Bohême : *Subulites inexpectatus* Barr. (Pl. II, fig. 20-22), coll. de l'École des Mines ; reproduction de la figure (*in* Perner) de ce dernier (Fig. 52).

Rapp. et diff. — Ce Genre diffère de *Subulites*, non seulement parce que la coquille est plus courte et presque toujours incurvée, mais surtout par sa columelle arquée, non tronquée à son extrémité, ce qui change absolument la forme de l'ouverture, d'autant plus que le labre est beaucoup plus dilaté en avant, moins tangent à l'avant dernier tour en arrière. Comparé à *Fusispira*, *Cyrtospira* s'en distingue par son galbe très différent et incurvé, surtout par sa columelle non rectiligne en avant, se raccordant par des courbes élégantes et sinueuses à ses deux extrémités, ainsi que par l'absence complète de cou, la base étant régulièrement bombée au lieu d'être excavée. L'ornementation constatée par Koken sur *Subulites priscus* a inspiré à cet auteur l'idée de rapprocher les *Subulitidæ* des Opisthobranches ; j'ai déjà réfuté ci-dessus cette erreur, en me fondant sur la direction non rétrocurente des stries d'accroissement ; j'ajouterai que les ponctuations de *S. priscus* ne sont qu'un caractère adventif et tout au plus spécifique, qu'on ne constate pas chez le génotype de *Cyrtospira*, et auquel il n'y a pas lieu d'attacher une importance exagérée.

Répart. stratigr.

SILURIEN. — Trois espèces dans l'Ordovicien moyen du Kentucky, du Tennesee et du Minnesota : *C. tortilis. bicurvata, wykoffensis* Ulrich (*loc. cit.*, p. 1074, pl. LXXXI). Deux espèces dans le Gothlandien de la Bohême : *S. inexpectatus* Barr., *C. funata* Perner (*loc. cit.*, p. 377, pl. LIII. fig. 1-5). Une espèce dans le Gothlandien de Gothland : *Sub. curvus* Lindström (*loc. cit.* p. 193, pl. XV). Plusieurs espèces dans l'Ordovicien de Livonie et dans la Prusse orientale : *Subul. priscus, amphora, inflatus* Eichw., *S. nitens* Lindst., *S. bullatus* Koken (Untersil. balt. p. 209). Une espèce dans les « Chazy limestone » de l'Etat de Nek-York : *Subulites Raymondi* Hudson, d'après M. Raymond (1908. Gastr., Chazy limest. p. 281, pl. LIV, fig. 14-15).

MEEKOSPIRA, Ulrich, 1897 [1].

Coquille conique, imperforée; ouverture rhomboïdale: columelle peu arquée, non tronquée, sans plis: lignes d'accroissement presque rectilignes et verticales.

Meekospira *s. str.* G.-T. : *Eulima peracuta* Meek et Worthen. Carb.

Taille moyenne; forme conique, eulimoïde, à axe non incurvé; spire turriculée, croissant régulièrement sous un angle apical de 30° environ; tours presque plans ou à peine convexes, légèrement emboîtés en avant, séparés par des sutures linéaires et peu obliques; surface entièrement lisse. Dernier tour inférieur à la moitié de la hauteur totale, arqué à la périphérie de la base qui est obliquement déclive et presque plane, dépourvue de cou en avant. Ouverture courte, à peu près rhomboïdale, anguleuse en arrière, holostome avec un angle arrondi en avant; labre mince, non sinueux un peu oblique de gauche à droite de l'axe; columelle lisse, non excavée, presque rectiligne et inclinée vers la gauche de l'axe, se raccordant à son extrémité, sans troncature, avec le bord opposé, bord columellaire indistinct.

Diagnose complétée d'après la figure d'un génoplésiotype de l'Ordovicien : *M. subconica* Ulrich et Scofield (*loc. cit.* pl, LXXXI, fig. 40-41); reproduite ci-contre (Fig. 53).

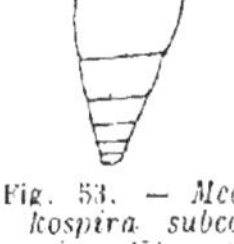

Fig. 53. — *Meekospira subconica* Ulr. et Scof.

Rapp. et diff. — Le Genre a été placé par son auteur dans la Fam. *Loxonematidæ*, bien que ses accroissements soient à peu près rectilignes, et bien que son labre ne présente aucune apparence de sinuosité. Je crois au contraire que la place de *Meekospira* est plutôt indiquée dans la Fam. *Subulitidæ*, où il doit être rapproché de *Cyrtospira* et de *Fusispira*: il s'écarte du premier par sa spire non incurvée, par son ouverture rhomboïdale, par sa base presque plane; mais, à part ces différences génériques, il semblerait presque que c'est un *Cyrtospira* redressé. Comparé à *Fusispira*, on trouve que *Meekospira* s'en éloigne par son galbe conique et par son ouverture moins anguleuse en avant, avec une columelle non tronquée, par l'absence de cou et par sa base non excavée.

(1) Ulrich et Scofield. Pal. of Minnesota, Gastr., p. 1079. — Etym. : Meek, paléontologiste; *spira*, spire.

D'après les figures, la coquille de *Meekospira* a un peu l'aspect général d'un *Eulima* trapu et à axe non dévié, de même que *Subulites* a une apparence de *Subularia* à ouverture tronquée : c'est ce qui explique pourquoi les anciens auteurs ont rapproché les *Subulitidæ* des *Eulimidæ*, *Cystopira* étant incurvé comme quelques-uns de ces derniers. Seulement j'ai déjà indiqué ci-dessus les motifs pour lesquels ce rapprochement n'est pas admissible.

Répart. stratigr.

SILURIEN. — Le génoplésiotype ci-dessus figuré, dans l'Ordovicien supérieur du Minnesota. Quatre espèces dans le Gothlandien de Gothland : *Macrochilina bulima*, *cancellata*, *fenestrata* Lindström (*loc. cit.*) ; et une dans l'Ohio : *Polyphemopsis planilateralis* Fœrste, d'après Ulrich (*loc. cit.*).

DEVONIEN. — Deux espèces, l'une européenne : *Melania antiqua* Goldf. ; l'autre américaine : *Polyphemopsis Louisvillæ* Hall et Whitfield, d'après Ulrich (*loc. cit.*).

CARBONIFERIEN. — Le génotype et deux autres espèes, dans les « Coal Measures » des Etats-Unis : *Polyphemopsis nitidula*, *inornata* Meek et Worthen, d'après Ulrich (*loc. cit.*).

SOLENISCUS, Meek et Worthen. 1860 (1)

Coquille fusiforme. lisse ; dernier tour contracté en avant : ouverture étroite, munie d'un canal antérieur distinct ; columelle portant un pli oblique ; labre aigu, lisse intérieurement. »

G.-T. : *S. typicus* Meek et Worthen. Carb.

Diagnose reproduite d'après celle du Manuel de Fischer ; reproduction de la figure de *S. glaber* Cumings (Fig. 54).

Fig. 54. — *Soleniscus glaber* Cum.

Rapp. et diff. — Fischer a classé ce Genre auprès de *Macrochilina*, à cause de son pli columellaire ; toutefois, je crois que la troncature de la columelle — qui donne à l'ouverture l'apparence canaliculée en avant — et le galbe général de cette coquille, sont plutôt les caractères de la Fam. *Subulitidæ*. En tous cas, pour acquérir une certitude à cet égard, il faudrait des matériaux plus complets que ceux dont je dispose à présent ; en conséquence, je ne donne cette indication de classement qu'à titre provisoire et dubitatif.

Répart. stratigr.

CARBONIFERIEN. — Outre le génotype, une autre espèce dans le Colorado, l'lOhio : *Macrochilina paludinæformis* Hall, d'après la Monogr. de Girty sur le « Coal Measures » du Colorado (1903, p. 466, non fig.). Une autre espèce dans les « Salem limestone » de Spergen Hill (Indiana) : *S. glaber* Cumings (1906. Report State geol. Indiana, p. 1363, pl. XXIV. fig. 9).

(1) Proc. Acad. Nat. Sci. Philad. — Etym. : σωληνισκος, petit tuyau.

LISSOCHILINA, Kittl, 1894 (1).

Coquille lisse, brillante, finement mais profondément striée dans le sens spiral ; spire conique, pointue ; tours subulés, à peine convexes ; base arrondie, simplement déprimée vers la région ombilicale qui est imperforée ; sutures peu profondes, marquées par une faible dépression. Ouverture élevée, ovale, holostome en avant, quoique munie d'un bec formé par l'intersection des deux contours opposés ; columelle simple. G.-T. : *L. picta* Kittl. Trias.

Fig. 55. — *Lissochilina picta* Kittl.

Diagnose traduite presque textuellement d'après celle de l'auteur ; reproduction de l'une des figures originales de la pl. XVI [**Fig. 55**].

Rapp. et diff. — Kittl a placé ce Genre avec un point de doute dans la Fam. *Eulimidæ*, mais il signale quelques affinités avec *Macrochilina*. N'est-ce pas plutôt un descendant des *Subulitidæ* auprès desquels je le place provisoirement à cause de son bec subanguleux ? Il faut évidemment attendre de meilleurs matériaux, car le génotype n'est représenté que par un individu très insuffisamment dessiné à petite échelle : c'est une base trop fragile pour fonder un nouveau Genre.

Répart. stratigr.

Trias. — Le génotype dans le Tyrolien de St-Cassian (*loc. cit.*).

(1) Gast. St-Cassian, p. 233. — Etym. : λισσος, lisse ; χειλος, lèvre.

MELANIACEA Hinds 1844.

(= *Melaniana* Lamk. 1812 et 1822) (1)

Coquille plus ou moins turriculée, fluviatile ou d'eau saumâtre, à ouverture holostome, quoique ayant parfois l'apparence canaliculée, par suite de la discontinuité du péristome qui est généralement sinueux ou même échancré à la base. Operculé corné.

Observations. — Ce Cénacle a d'abord été proposé, à titre de Famille des Trachélipodes, par Lamarck, pour les trois Genres *Melania*, *Melanopsis* et *Pirena*; il a depuis été étendu par Deshayes qui y comprenait en outre *Planaxis*, par Swainson qui y a ajouté *Paludomus* et *Cerithidea*, par Gray qui y a même classé des *Potamides* et des *Assiminea*. Il faut évidemment en éliminer toutes les formes véritablement canaliculées, échancrées à la base, qui ont déjà été étudiées dans ces « Essais » (livr. VII, *Potamidinæ*). Je reconnais, d'ailleurs, que la distinction n'est pas toujours facile à faire, si l'on ne considère que la coquille — et c'est précisément le cas des paléontologistes; mais les malacologistes ont depuis longtemps indiqué, dans les caractères de l'animal et aussi de l'opercule, des différences qui permettent de délimiter très nettement les Genres ambigus à cause de leur ouverture similo-canaliculée.

C'est pour ce motif que j'ai rapproché le Cénacle *Melaniacea* des *Cerithiacea*, tandis que Fischer intercale entre eux les *Turritellidæ*, etc... Je l'aurais même fait suivre immédiatement après les *Cerithiacea* si, par des considérations phylogénétiques, je n'avais été dans la nécessité de traiter auparavant les *Loxonematacea* — desquels dérivent, par une filiation indubitable, les *Cerithiacea* d'une part, les *Melaniacea* d'autre part — et qui, cependant, sont nettement holostomes, comme toutes les coquilles ancestrales des Gastropodes dans les systèmes paléozoïques.

Outre les Familles qu'on est habitué à trouver dans ce Cénacle : *Melaniidæ*, *Melanopsidæ*, *Pleuroceridæ*, j'y ramène aussi les *Glauconiidæ* qui ne sont guère à leur place auprès des *Turritellidæ*, et qui — comme on le verra ci-après — ont des caractères très voisins de ceux des *Melaniacea*. Ainsi composé, ce Cénacle présente une homogénéité qui en justifie pleinement l'existence, et que corrobore, d'autre part, l'habitat invariablement fluviatile ou saumâtre des Familles dont il est formé. Beaucoup d'auteurs — plus spécialement paléontologistes —

(1) Hist. VI, 2, p. 163 (ed. 2 a, VIII, p. 425, d'après Herrmannsen).

pensent cependant que cette caractéristique, fondée sur l'habitat n'est pas suffisante pour servir de base à une Famille, ni même à un Genre. Ils allèguent, à l'appui de leur opinion, que l'apparence de la coquille n'est pas modifiée par la salure plus ou moins grande de l'eau ambiante, qu'on trouve des formes franchement saumâtres, au milieu de coquilles nettement marines, etc... ; mais la malacologie vient à notre aide pour leur répliquer que l'animal a nécessairement subi des modifications qui lui ont permis de s'adapter au milieu dans lequel il vit, et que ce sont précisément ces changements adaptatifs — dont la constatation est du ressort de l'anatomie — qui justifient la séparation des Genres en question.

MELANIIDÆ Latr. 1825.

Habitat fluviatile ou de lacs saumâtres. Coquille turriculée ou globuleuse, à spire plus ou moins allongée, souvent corrodée au sommet ; tours lisses ou ornés ; base imperforée. Ouverture holostome, à péristome parfois discontinu, ordinairement sinueux ou versant à la base, mais non véritablement échancré ; par suite, la base ne porte aucune trace de bandelette spirale contre le bord columellaire ; columelle excavée, lisse, généralement calleuse, quelquefois un peu tordue à son extrémité antérieure, mais même dans ce cas, se raccordant sans troncature avec le contour versant de l'ouverture. Opercule corné, non conservé chez les fossiles, spiral ou sublamelleux, à nucléus subcentral ou marginal.

Observations. — Il y a plusieurs Genres franchement marins qui ont été rapprochés des Mélaniens d'après la forme de leur coquille, et qui ont été récemment groupés dans une Famille distincte (*Pseudomelaniidæ*) comme on l'a vu ci-dessus ; à une ou deux exceptions près, cette Famille — qui a débuté avec les terrains secondaires — ne paraît pas avoir atteint le système néogénique, ni surtout l'époque actuelle ; au contraire, les Mélaniens n'ont guère apparu que dans les terrains qui composent la partie tout-à-fait supérieure du Système crétacique : il paraît donc évident, autant par la stratigraphie que par l'aspect de la coquille, que les *Melaniidæ* dérivent phylogénétiquement des *Pseudomelaniidæ*, de même que les Néritines procèdent des Nérites, mais avec cette grande différence que ces derniers coexistent encore aujourd'hui. En outre, tous les *Pseudomelaniidæ* (à part *Bayania*) se rencontrent en compagnie de Céphalopodes de haute mer, ce qui accentue encore davantage la coupure qui les sépare des *Melaniidæ* qu'on trouve plutôt avec des coquilles littorales et qui peuvent avoir été déversées par un fleuve à son embouchure.

L'ouverture est holostome et le labre est généralement sinueux, comme chez les *Pseudomelaniidæ* : mais, de même que les *Loxonematidæ* ont donné peu à peu naissance aux *Procerithidæ* à ouverture munie d'un bec, et ceux-ci aux *Cerithidæ* à ouverture nettement canaliculée, de même aussi les *Melaniidæ* comprennent, à côté des formes typiques à ouverture versante, des groupes chez lesquels la columelle se raccorde moins directement en courbe avec le contour supérieur, de sorte que l'ouverture commence à avoir l'aspect subéchancré à la base, tout en restant encore holostome. L'échancrure basale ne se dessine complètement que chez les *Melanopsidæ*, ainsi qu'on le verra ci-après : c'est ce qui explique pourquoi l'on ne constate jamais chez les véritables *Melaniidæ* l'existence d'une bandelette formée par les accroissements successifs d'une échancrure sur la base.

Par conséquent, c'est à ce critérium du contour basal qu'il convient de recourir pour la division des *Melaniidæ* en trois Sous-Familles, ainsi que je les ai ci-après établies : *Melaniinæ*, *Stomatopsinæ*, *Semisininæ*. La forme de l'ouverture me paraît ensuite être un bon critérium générique ; celle du péristome — et par suite, du labre — peut être adoptée comme critérium sous-générique ; enfin, le galbe de la coquille, l'ornementation des tours, permettant de distinguer assez facilement les Sections les unes des autres. J'ajouterai, d'ailleurs, que ces dernières ont été multipliées chez les Mélaniens de l'époque actuelle ; l'étude de Brot (1871), enchérissant encore sur les créations proposées par les frères Adams, a surchargé la nomenclature de dénominations nouvelles dont on se serait aisément passé en Paléontologie, sans qu'on puisse y puiser séparément les groupes qui eussent été nécessaires pour classer les fossiles dont la plupart appartiennent à des formes éteintes aujourd'hui et inconnues de beaucoup de malacologistes.

Tableau des Genres, Sous-Genres et Sections

* *MELANIINÆ* (Ouverture holostome, columelle non tronquée)

Genre	Sous-Genre	Sections
MELANIA (Ouverture ovale, un peu versante)	MELANIA (Péristome peu épais, sinueux)	*Melania* (Spire épineuse à la suture)
		Melanoides (Spire élancée, anguleuse et tuberculeuse sur l'angle)
		Eumelania (Spire élancée, funiculée)
		Tarebia (Spire muriquée)
		Sermyla (Spire courte, costulée)
		(A) Melasma (Spire assez longue, décussée)
		(B) Stenomelania (Spire élancée, lisse)

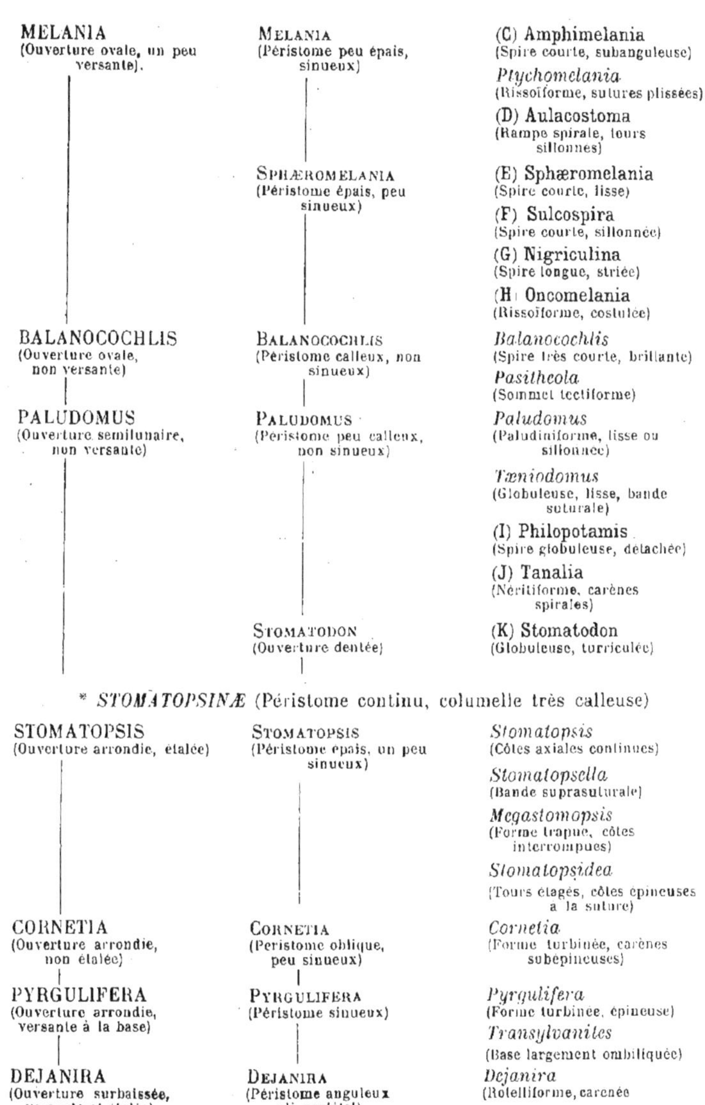

MELANIA (Ouverture ovale, un peu versante).	MELANIA (Péristome peu épais, sinueux)	(C) Amphimelania (Spire courte, subanguleuse) *Ptychomelania* (Rissoïforme, sutures plissées) (D) Aulacostoma (Rampe spirale, tours sillonnés)
	SPHÆROMELANIA (Péristome épais, peu sinueux)	(E) Sphæromelania (Spire courte, lisse) (F) Sulcospira (Spire courte, sillonnée) (G) Nigriculina (Spire longue, striée) (H) Oncomelania (Rissoïforme, costulée)
BALANOCOCHLIS (Ouverture ovale, non versante)	BALANOCOCHLIS (Péristome calleux, non sinueux)	*Balanocochlis* (Spire très courte, brillante) *Pasithcola* (Sommet tectiforme)
PALUDOMUS (Ouverture semilunaire, non versante)	PALUDOMUS (Péristome peu calleux, non sinueux)	*Paludomus* (Paludiniforme, lisse ou sillonnée) *Tæniodomus* (Globuleuse, lisse, bande suturale) (I) Philopotamis (Spire globuleuse, detachée) (J) Tanalia (Néritiforme, carènes spirales)
	STOMATODON (Ouverture dentée)	(K) Stomatodon (Globuleuse, turriculée)
* *STOMATOPSINÆ* (Péristome continu, columelle très calleuse)		
STOMATOPSIS (Ouverture arrondie, étalée)	STOMATOPSIS (Péristome épais, un peu sinueux)	*Stomatopsis* (Côtes axiales continues) *Stomatopsella* (Bande suprasuturale) *Megastomopsis* (Forme trapue, côtes interrompues) *Stomatopsidea* (Tours étagés, côtes épineuses à la suture)
CORNETIA (Ouverture arrondie, non étalée)	CORNETIA (Péristome oblique, peu sinueux)	*Cornetia* (Forme turbinée, carènes subépineuses)
PYRGULIFERA (Ouverture arrondie, versante à la base)	PYRGULIFERA (Péristome sinueux)	*Pyrgulifera* (Forme turbinée, épineuse) *Transylvanites* (Base largement ombiliquée)
DEJANIRA (Ouverture surbaissée, versante et étalée)	DEJANIRA (Péristome anguleux pli pariétal)	*Dejanira* (Rotelliforme, carénée

* *SEMISININÆ* (Ouverture holostome, columelle tordue)

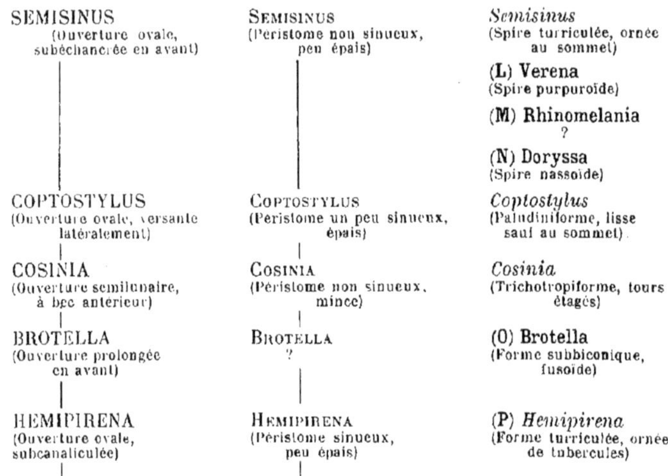

SEMISINUS (Ouverture ovale, subéchancrée en avant)	SEMISINUS (Péristome non sinueux, peu épais)	*Semisinus* (Spire turriculée, ornée au sommet)
		(L) **Verena** (Spire purpuroïde)
		(M) **Rhinomelania** ?
		(N) **Doryssa** (Spire nassoïde)
COPTOSTYLUS (Ouverture ovale, versante latéralement)	COPTOSTYLUS (Péristome un peu sinueux, épais)	*Coptostylus* (Paludiniforme, lisse sauf au sommet)
COSINIA (Ouverture semilunaire, à bec antérieur)	COSINIA (Péristome non sinueux, mince)	*Cosinia* (Trichotropiforme, tours étagés)
BROTELLA (Ouverture prolongée en avant)	BROTELLA ?	(O) **Brotella** (Forme subbiconique, fusoïde)
HEMIPIRENA (Ouverture ovale, subcanaliculée)	HEMIPIRENA (Péristome sinueux, peu épais)	(P) *Hemipirena* (Forme turriculée, ornée de tubercules)

Genres, Sous-Genres et Sections non signalés à l'état fossile

A. — MELASMA, H. et A. Adams, 1854. — G.-T. : *M. crebricosta* Lea. Coquille solide, spire assez longue, à tours peu convexes, ornés de plis axiaux et peu sinueux, souvent sillonnés dans le sens spiral ; labre mince, peu sinueux ; columelle peu calleuse. L'ouverture des coquilles de cette Section est un peu prolongée en avant, sans se terminer toutefois par un véritable bec. H. et A. Adams ont fait de *Melasma* un S.-G. de *Melania* interprété dans le sens d'*Eumelania* (= *Striatella*) ; mais, si l'on tient compte des nombreuses formes de transition, on peut tout au plus le conserver comme Section, au même rang qu'*Eumelania* et que *Melanoides*.

B. — STENOMELANIA, Fischer, 1885. — G.-T. : *Melania aspirans* Hinds. Coquille élancée ; spire longue, turriculée, aciculée ; tours convexes en avant, déprimés en arrière, lisses, sauf les stries d'accroissement qui sont obliques et sinueuses. Fischer n'a pas fourni de diagnose de sa nouvelle Section, mais j'ai sommairement comblé cette lacune, d'après la figure du génotype.

C. — AMPHIMELANIA, Fischer, 1885 (= *Melanella* Swains. *ex parte*, *non* Dufresne, 1822 ; = *Holandriana* Bourguignat, 1884, *nom. adject.*). — G.-T. : *Melania Holandri* Féruss. Coquille mince, globuleuse ; spire très courte ; tours convexes, subanguleux en arrière, avec une rampe spirale qui porte des traces de rugosités sur l'angle ; ouverture supérieure à la moitié de la hauteur totale. Contrairement à l'avis de M. Rovereto, je ne crois pas qu'on puisse, malgré l'antériorité d'un an, substituer *holandriana* qui est un simple adjectif, au nom *Amphimelania* correctement formé. — Europe.

Brusina a rapporté à cette Section trois espèces de Croatie : *A. Caji*, *Frici*, Br. et *M. ricinus* Neumayr. Les côtes spirales qui ornent la base de ces trois espèces fossiles, leur labre non sinueux, tendent, à mon avis, ce rapprochement très contestable. D'autre part, comme je ne puis en juger que d'après des figures (*A. ricinus*, 1902. — Icon. Moll. foss. Atlas, pl. V, fig. 12-13) dont je reproduis l'une [Fig. 55 *bis*], je ne puis me hasarder à proposer pour ces trois espèces une nouvelle Section distincte ; je ne suis même pas bien sûr que ce soient des *Melaniidæ*. C'est évidemment au même groupe qu'il faut rapporter *Melania fossariformis* Tourn. (*in* Porumbaru), Test. Craïova, p. 25, pl. VII, fig. 3), du Sarmatien de la Roumanie.

Fig. 55 bis. — *Amphymelania ricinus* Neum.

D. — Aulacostoma, Spix, 1827 (= *Aylacostoma em. in* Ag. 1846). — G.-T. : *A. scalaris* Spix. Coquille turriculée, peu élancée ; rampe suprasuturale, tours sillonnés ; sinus du labre coïncidant avec l'angle au-dessus de la rampe. — Amérique du Sud.

E. — Sphæromelania, Rovereto, 1899 (= *Pachychilus* Lea, 1850 ; *non Pachychila* Eschsch. 1831, Coléopt.). — G.-T. : *Melania lævissima* Sow. Coquille épaisse, conique ; spire courte et lisse, ouverture ovale, à péristome très épais. Fischer indique une espèce douteuse de l'Eocène de Wyoming (*M. wyomingensis* Meek) ; mais, d'après les échantillons que je possède du Colorado (Laramie group), je suis à peu près certain que c'est un *Melanoides*. D'autre part, Martin rapporte à *Pachychilus testudinarius* v. Busch, une espèce du Pliocène de Java qui ne me paraît guère ressembler à *P. lævissimus*, de sorte que je laisse *Sphæromelania* parmi les S.-G. non connus à l'état fossile. — Mexique, Amérique Centrale, Brésil (*fide* Ihering).

F. — Sulcospira, Troschel, 1857. — G.-T. : *M. sulcospira* Mousson. Cette Section ne diffère de la précédente que par ses stries spirales ; l'opercule est le même, orbiculaire, à nucléus subcentral, avec trois ou quatre tours. — Inde.

G. — Nigriculina, Rovereto, 1899 (= *Nigritella* Brot, 1871 ; *non* Mart. 1860). — G.-T. : *M. nigritina* Morelet. Coquille turriculée, à spire longue, mais tronquée au sommet ; surface paraissant lisse, mais ornée de stries granuleuses ; péristome épanoui comme celui de *Pterostoma* ; opercule subspiral, à nucléus submarginal. — Afrique.

H. — Oncomelania, Gredler, 1881. — G.-T. *M. hysensis* Gredl. Coquille rissoïforme, mince, à côtes saillantes ; ouverture petite, à péristome continu et bordé ; opercule normal. Cette forme, d'après Tryon, pourrait aussi bien être classée près des Rissoïdés. — Chine.

I. — Philopotamis, Layard, 1855 (= *Heteropoma* Benson, 1862). — G.T. : *P. regalis* Layard. Coquille globuleuse, néritiforme ; columelle large, excavée, aplatie ; spire détachée ; opercule subspiral, à nucléus basal, submarginal. — Ceylan, Sumatra.

J. — Tanalia, Gray, 1847 (*Hemimitra* Swains. 1840 ; = *Serma* Benson, 1862 ; = *Gauga* Layard, 1855). — G.-T. : *Nerita aculeata* Gm. Coquille globuleuse, néritiforme, à péristome assez mince ; columelle large, excavée, aplatie ; surface ornée de carènes munies de pustules peu saillantes ; opercule lamelleux, à nucléus médian, externe, marginal. — Ceylan, dans les ruisseaux de montagne.

K. — STOMATODON, Benson, 1862. — G.-T. : *Paludomus Bensoni* Brot. Coquille globuleuse, turriculée ; spire courte ; columelle large, calleuse, tronquée à la base et visiblement dentée. — Inde.

L. — VERENA, H. et A. Adams, 1853. — G.-T. : *Melania crenocarina* Moricand. Coquille purpuroïde, à tours sillonnés transversalement et carénés en arrière ; ouverture grande, labre mince, festonné sur son contour ; columelle peu calleuse, très fortement repliée en avant. — Brésil.

M. — RHINOMELANIA, v. Martens, 1901. — O.T. : *Semisinus Zenkeni*, v. Mart. Je ne possède pas de renseignements sur cette coquille.

N. — DORYSSA, H. et A. Adams. 1853. — G.-T. : *Melania brevior* Troschel. Forme et ornementation de *Nassa* ; ouverture holostome ; labre droit, la cinié ; columelle tordue en avant. — Brésil (*fide* Ihering, Riv. Mus. Paul. 1902, p. 657).

O. — BROTELLA, Rovereto, 1899 (= *Acrostoma* Brot., 1871, *non* Mart.). — G.T. : *Melania Hügeli* Phil. Coquille fusiforme, subbiconique ; ouverture anguleuse, prolongée à la base. Je n'ai pas d'autres renseignements sur cette coquille de l'Inde et de Java.

P. — HEMIPIRENA, Rovereto, 1899 (= Claviger Hald. 1842, *non* Pr. ; = *Vibex* Gray, 1847, *non* Oken 1815 ; = *Clavigerina* v. Martens, 1903). — G.-T. : *Pirena aurita* Lamk. Coquille turriculée, cérithiforme, ornée de carènes spirales ou de séries de tubercules ; ouverture subcanaliculée, mais peu prolongée en avant ; labre aigu, sinueux en arrière ; columelle peu calleuse, à peine tordue. — Afrique occidentale.

MELANIA, Lamk. 1799 (1)

(= *Thiara* Bolten *in* Menke, 1830 ; = *Melacantha* Swains. 1840 ; = *Amarula* Sow. 1842 ; = *Plotia* Bolten *in* H. et A. Adams, 1853).

« Coquille imperforée, épidermée, turriculée, multispirée, à sommet aigu, mais généralement érodé ; surface lisse ou ornée de tubercules, de côtes, d'épines ou de stries ; ouverture entière, ovale, rétrécie en arrière, dilatée en avant ; columelle lisse ; labre aigu, légèrement sinueux en arrière, saillant à sa partie moyenne ; opercule spiral, paucispiré, à nucléus excentrique ».

(1) Prodr. et 1801, Syst. nat., p. 91, et 1804, Ann. Mus. IV, p. 429. — Etym. : μελας, noir.

MELANIA, *s. str.* G.-T. : *Helix amarula* Linn. Viv.

Taille moyenne ; forme turriculée, un peu ventrue, à galbe conique ; spire étagée, longue quand elle n'est pas corrodée au sommet ; tours assez élevés, séparés par des sutures que borde en dessous une rampe épineuse et excavée, ornés de costules axiales, droites et un peu écartées, rarement croisées par des cordons spiraux, elles se prolongent au-dessus de la rampe par des épines pointues et très saillantes. Dernier tour grand, ovale, dépassant souvent les deux cinquièmes de la hauteur totale, paraissant d'autant plus élevé que le sommet de la spire est souvent décollé ; base ovale, déclive, parfois funiculée, imperforée au centre ; cou à peu près nul. Ouverture holostome, ovale, un peu sinueuse et versante en avant, rétrécie et subcanaliculée en arrière ; labre mince, lisse à l'intérieur, faiblement sinueux près de la rampe postérieure, un peu saillant à sa partie moyenne, se raccordant avec la courbe sinueuse du contour supérieur ; columelle lisse, médiocrement excavée en arrière, raccordée en avant à distance du contour supérieur ; bord columellaire calleux, bien appliqué sur la base, extérieurement limité par un angle net qui est le prolongement du contour versant de l'ouverture.

Diagnose reproduite entre guillemets d'après Fischer, et refaite d'après le génotype (Pl. II, fig. 23) ; génoplésiotype douteux du Landénien du Gard : *Melania thezannensis* Doncieux (Pl. II, fig. 24) ; spécimen communiqué par l'auteur.

Observ. — La classification des Genres de Mélaniens dans H. et A. Adams (Gener. of. rec. moll.) repose sur une erreur initiale : ces auteurs ont appliqué au type de Lamarck la dénomination *Thiara* Bolten, et ils ont admis comme génotype de *Melania*, *M. hastula* Lea, espèce que n'a pas connue Lamarck et que, par conséquent, il ne pouvait avoir en vue quand il a créé ce Genre. La priorité du nom *Melania* n'est pas douteuse, car la dénomination du Catalogue de Bolten (*Thiara* ou plutôt *Tiara*) n'a été légitimée que par Mühlfeld *in* Menke (1830). Quant au nom *Melacantha*, il est fondé sur le même génotype ; d'autre part, *Amarula* n'est qu'un adjectif improprement appliqué à *Helix amarula*. En ce qui concerne *Plotia*, le génotype indiqué par H. et A. Adams est *M. bellicosa* Hinds, que ne connaissait pas Bolten ; c'est d'ailleurs une espèce qu'il paraît bien difficile de distinguer de *M. amarula* : il y a donc synonymie évidente avec *Melania*.

L'existence fossile de *Melania s. str.* n'est pas absolument certaine ; cependant les échantillons paléocéniques — qui m'ont été communiqués et qui proviennent du Midi de la France — ont la plus grande analogie avec *M. amarula* qui n'est pas absolument lisse dans le sens spiral ; leur spire n'est pas corrodée et elle s'étage pointue jusqu'au sommet, mais le décollement du sommet n'est qu'un caractère accidentel ; d'autre part, ils ne sont pas très nettement épineux, ce qui tient peut-être à la fossilisation ; enfin, je ne connais pas de vrais *Melania* entre le Paléocène et le Pliocène.

Répart. stratigr.

Paléocène. — Le génoplésiotype ci-dessus figuré, dans le Thanétien du Gard, ma coll.

Pliocène. — Une espèce confondue avec *M. setigera*, dans les dépôts néogéniques de Java, d'après la Monogr. de Martin (p. 240, pl. XXXVI, fig. 574).

Époque actuelle. — Abondant dans les rivières intertropicales.

Melanoides, Olivier, 1807. G.-T. : *Melania asperata* Lamk. Viv.
(= *Tiaropsis* Brot, 1871 ; = *Tinnyea* v. Hantken, 1887).

Taille assez grande ; forme turriculée, élancée ; spire longue, à galbe conique ; premiers tours costulés, puis subanguleux, avec une rampe un peu excavée au-dessus de la suture linéaire ; l'angle est généralement couronné de tubercules non épineux, quelquefois dédoublés en deux rangées spirales ; le reste de la surface est plus ou moins sillonné de cordons lisses ou faiblement crénelés. Dernier tour au plus égal à la moitié de la hauteur totale, convexe à la base qui est imperforée, déclive vers le cou qui est à peu près nul, avec de gros cordons un peu écartés. Ouverture ovale, rétrécie ou même subcanaliculée en arrière, versante en avant parfois avec une légère échancrure que circonscrit une varice chez les spécimens gérontiques ; labre sinueux vis-à-vis de l'angle postérieur, lisse à l'intérieur, quelquefois lacinié sur le bord ; columelle excavée, lisse, calleuse ; bord columellaire appliqué sur la base, subcaréné à l'extérieur, se raccordant sans échancrure avec le contour supérieur. Opercule polygyré, à sommet subcentral.

Diagnose refaite d'après l'espèce génotype, et d'après un génoplésiotype du Sparnacien des environs de Paris : *Melania inquinata* Defr. (Pl. II, fig. 32-33,), ma coll.

Rapp. et diff. — Cette Section est évidemment très voisine de *Melania s. str.* ; à défaut des opercules qui sont tout différents, on ne l'en distingue à l'état fossile que par sa spire plus élancée, tuberculeuse au lieu des épines qui caractérisent *M. amarula*. La dénomination *Melanoides* est indiquée par Herrmannsen sur la foi de Férussac, d'après le voyage en Orient d'Olivier, sans aucune désignation de génotype ; les frères Adams ont repris *Melanoides* comme Genre distinct, et ils y ont classé une trentaine d'espèces actuelles, parmi lesquelles *M. episcopalis* Lea, que Fischer a pris comme génotype : or on sait que H. et A. Adams n'ont publié que des listes alphabétiques d'espèces pour chaque Genre, de sorte qu'ici, ce serait *M. asperata* Lamk. qu'on devrait adopter d'après la règle qui consiste à prendre comme génotype — à défaut d'indication précise de l'auteur — la première espèce citée ; je sais bien que cette règle, établie surtout pour le cas où l'auteur a classé zoologiquement les diverses formes qu'il rapporte à son Genre, devient d'une application absurde quand ces espèces sont alphabétiquement citées; toutefois, en particulier pour *Melanoides*, il est bien évident qu'Olivier n'a pu proposer ce Genre pour une espèce qui n'a été décrite par Lea que trente ans plus tard, et qu'il ne pouvait avoir en vue qu'une espèce de Lamarck, connue de son temps. C'est pourquoi j'ai admis *Melania asperata* Lamk. comme génotype de *Melanoides*.

La coquille de *Tiaropsis Winteri* v. Busch ne me semble pas génériquement différente de celle de *Melanoides asperata* ; la seule distinction spécifique, c'est que le galbe est un peu plus court, de sorte qu'au point de vue des fossiles dont l'opercule est inconnu, il n'y a pas de critérium sérieux qui permette de les rapporter à un groupe plutôt qu'à l'autre. En ce qui concerne *Tinnyea*, ce Genre a été proposé en 1887 par v. Hantken (Föld. Kozl., Bd. XVII, p. 345, pl. IV, fig. 1-4) pour *Melania Vasarhelyi* v. Hantk, avec cette seule caractéristique distinctive, que l'ouverture possède en avant un court canal autour duquel s'enroule un bourrelet variqueux. Or M. Lörenthey (1902. Pannon. fauna Budapest, p. 200, fig. 1-7) a fait observer, après une discussion approfondie, que cette échancrure basale — bien visible chez les individus très vieux — commence à se montrer à l'état rudimentaire chez *M. Escheri* qui est un *Melanoides* bien avéré par tous ses caractères ; il a suivi, à ses divers stades, l'évolution de cette échancrure qui ne peut véritablement servir de critérium générique ni même sectionnel. Il en résulte, d'après M. Lörenthey, que *Tinnyea* est purement et simplement synonyme de *Melanoides*. Je ne puis que me rallier à cette conclusion étayée par les nombreux matériaux dont disposait ce dernier savant : il y a déjà bien assez de subdivisions difficiles à justifier, dans le G. *Melania*.

Répart. stratigr.

PALEOCENE. — Une espèce dans le Thanétien des environs de Paris : *M. præcessa* Desh., ma coll. Une espèce dans les couches liburniques de Dalmatie : *M. solitaria* Stache (Liburn. stufe, p. 146, pl. III, fig. 59). Une espèce bien caractérisée, dans le « groupe de Melavi » à Bornéo ; *M. melaviensis* Martin (1899. Fauna Melavigruppe, p. 304, pl. XVI, fig. 19-22). Une espèce dans le groupe de Laramie, des Etats-Unis : *M. wyomingensis* Meek, ma coll. (v. aussi la figure *in* White : Rewiew non mar. Moll., p. 460, pl. XXVI, fig. 1-3).

EOCENE. — Le génoplésiotype ci-dessus figuré, dans le Sparnacien du Bassin anglo-parisien, ma coll. Une autre espèce dans l'Italie septentrionale : *M. alpina* Mayer, d'après Sandberger (L. u. Süssw. Conch., p. 248, pl. XIV, fig. 18). Deux espèces dans les couches bitumineuses de Glinigrad (Dalmatie) : *M. ductrix, asphaltica* Stache (*in* Sandb. *loc. cit.*, p. 132, pl. XIX, fig. 9-10). Une espèce dans le Priabonien du Vicentin : *M. Bittneri* Opph. (1895. N. binnenschn. vicent. Eoc., p. 139, pl. IV, fig. 9). Une espèce en Bosnie : *M. Majevitzæ* Opph. (Alttert. fauna Œsterr., p. 115, pl. V, fig. 25-27). Une autre espèce dans les calcaires du Tarn : *M. albigensis* Noulet (*in* Sandb. *loc. cit.*, p. 302, pl. XVIII, fig. 1) ; la même dans le Gard, avec var. *Dumasi, occitanica, eucircodes* Fontannes (1884. Faune malac. groupe d'Aix, p. 26, pl. III).

OLIGOCENE. — Une espèce bien caractérisée, dans toute l'Europe occidentale : *M. Escheri* Brongn., avec var. *Lauræ* Math., ma coll. Une espèce voisine du génotype, mais non nommée, dans les couches tertiaires de Bornéo, d'après M. Krause (1897, p. 214).

MIOCENE. — Une espèce souvent confondue avec *M. Escheri*, dans le Burdigalien de l'Aquitaine : *M. aquitanica* Noulet (*in* Sandb, *loc. cit.*, p. 520). Une autre espèce, voisine de la précédente, dans le Wurtemberg : *M. grossecostata* Klein (*ibid.* p. 572, pl. XXVIII, fig. 14).

PLIOCENE. — Une espèce non dénommée par Sandberger, dans le Sarmatien de Slavonie (*loc. cit.* p. 689). Une espèce bien caractérisée, dans les couches néogéniques de Java : *M. tjimoroensis* Martin (Foss. v. Java, p. 241, pl. XXVI, fig. 575-576).

EPOQUE ACTUELLE. — Plusieurs espèces dans l'Australasie, etc.

EUMELANIA, Rovereto, 1899 (1). G.-T. : *Mel. tuberculata* Müller. Viv, (= *Striatella* Brot, 1871, *non* Agardh ; = *Plotiopsis* Brot, 1871).

Taille moyenne ; forme acuminée, souvent étroite ; spire turriculée, longue, à galbe conique ; tours nombreux, un peu convexes, séparés par des sutures bordées à la partie inférieure de chaque tour, ornés de cordonnets spiraux écartés, inégalement répartis, qui portent de faibles aspérités pustuleuses à l'intersection de costules

(1) Prime richerche syn. sui generi dei Gasterop. (*Atti lig. Sc. nat.*, vol. X). — Etym. : εὐ, bien ; *Melania*, G. de Gastropodes.

courbes et peu saillantes, entre lesquelles on distingue en outre de fins plis d'accroissement. Dernier tour ovale, très élevé, égal ou supérieur au tiers de la hauteur totale, arrondi à la périphérie de la base imperforée sur laquelle les cordons se resserrent davantage. Ouverture ovale, peu versante en avant, faiblement canaliculée en arrière ; labre mince, lisse, légèrement sinueux en arrière, un peu proéminent en avant ; columelle lisse, régulièrement incurvée, se raccordant sans échancrure avec le contour supérieur ; bord columellaire très mince sur la région pariétale, calleux et vernissé sur la région ombilicale qu'il recouvre hermétiquement, très faiblement versant en avant, au point où il se raccorde avec le bord supérieur.

Diagnose refaite d'après le génotype, spécimens actuels et pleistocéniques d'Algérie (Pl. II, fig. 25-26), ma coll.

Rapp. et diff. — On passe aisément de *Melanoides* à *Eumelania* par l'effacement graduel des tubercules principaux et par l'apparition de costules axiales, qui n'existent pas chez le premier et qui produisent des pustules sur les cordons spiraux secondaires d'*Eumelania* ; en outre, il semble que l'ouverture de ce dernier est plus ovale et moins versante an avant ; le labre est certainement moins sinueux en arrière. Néanmoins, ce sont de bien faibles différences sectionnelles, auxquelles les paléontologistes n'attacheraient qu'une minime importance, si ces subdivisions n'avaient pas été déjà proposées pour le classement des Mélanies actuelles. Quant à *Plotiopsis*, je cherche vainement sur les figures des différences appréciables entre *M. balonnensis* Conrad, génotype de Brot, et *M. tuberculata*, surtout certaines variétés courtes de cette dernière espèce : c'est véritablement du « Bourguignatisme » ; il en est de même du groupe proposé par Brot pour *M. corporosa* Gould, qui a les sutures plus canaliculées, avec des stries incises au lieu de filets tirés : ce sont seulement des différences spécifiques !

Répart. stratigr.

SENONIEN. — Une espèce douteuse, à costules très sinueuses, dans le groupe de Trichinopoly (Inde méridionale) : *Chemnitzia undosa* Forbes, d'après Stoliczka, ma coll.

EOCENE.. — Une espèce probable, dans les couches bitumineuses de Glinigrad (Dalmatie) : *Melania pisinensis* Stache (*in* Sandb. *loc. cit.* p. 133, pl. XIX, fig. 11). Une espèce bien costulée, dans le Nummulitique des Pyrénées Catalanes : *M. Vidali* Cossm., ma coll. Une espèce très allongée, à costules effacées, dans les couches lignitifères de Hongrie : *M. Hantkeni* Opph. (Brackw. u. Binnen moll. Ungarns, p. 704, pl. XXXI, fig. 4). Deux espèces dans le Ligurien du groupe d'Aix : *Striatella ostrosallica, pycnoptycha* Fontannes (1884. Faune malac. Aix, p. 21, pl. II, fig. 36 et 40).

Melania

Oligocène. — Une espèce bien caractérisée, dans les couches à Cyrènes de la Bavière : *M. Mayeri* Gümbel (*in* Sandb. *loc. cit.* p. 340, pl. XX, fig. 20). Une espèce peu élancée, dans les « couches d'Hempstead » : *M. inflata* Morris, ma coll. Une espèce probable, dans le Tongrien de Dalmatie : *M. Ettingshausi* Dainelli (1901. Mioc. infer. Dalm. p. 36, pl. III, fig. 16). Une petite espèce dans le Tongrien supérieur de Vaucluse : *Striatella valclusiensis* Fontannes (*loc. cit.* p. 23, pl. II, fig. 51-58).

Miocène. — Une espèce avec de nombreuses variétés, dans le Tortonien de Stazzano (Piémont) : *Melania curvicostata* Desh., *M. gracilicosta* Sandb., var. *costillatissima* Sacco, *semigranosa* Mich., *M. etrusca* de Stef., var. *dertopræcedens, dertostricta* Sacco (Moll. terz. Piem. part. XVIII, pp. 1-7, pl. I, fig. 1-6). Deux espèces dans le bassin de Crest : *Melania crestensis, Gueymardi* Fontannes (1880. Terr. tert. B. de Crest, p. 146, pl. I).

Pliocène. — Plusieurs espèces dans le Messinien d'Italie et de Vaucluse : *M. granulosa* Bon., *M. etrusca* de Stef. ; cette dernière dans l'île de Rhodes, avec deux nouvelles espèces : *M. rhodensis, Hedenbergi* Bukowski (1893. Lev. moll. Rhodes, p. 17, pl. II, fig. 11-13). Une espèce dans le Messinien de Castellbisbal et le Plaisancien de Papiol : *M. castrepiscopalensis* Almera et Bofil (1898. Mol. fos. Catal., p. 64, pl. IV, fig. 3).

Pleistocène. — Le génotype dans les environs d'Oran, recueilli par M. Pallary, ma coll. ; var. *oranica* Pallary (1901. Moll, foss. terr. d'Algérie, p. 175, pl. III, fig. 28).

Epoque actuelle. — Outre le génotype dans le Bassin Méditerranée, quelques autres formes dans l'archipel indo-australien.

Tarebia, H. et A. Adams, 1854 (1). G-T. : *Melania granifera* Lk. Viv.

Taille moyenne ; forme ovale-fusoïde ; spire turriculée, non étagée ; tours presque plans, séparés par des sutures parfois canaliculées, ornés de côtes spirales et de costules axiales dont le treillis forme de petites granulations à leur intersection. Dernier tour élevé, ovale à la base sur laquelle se prolonge surtout l'ornementation spirale. Ouverture ovale, arrondie en avant, très rétrécie et canaliculée en arrière ; labre sinueux à sa partie inférieure, médiocrement proéminent en avant ; columelle lisse, un peu bombée au milieu entre deux excavations qui se raccordent avec la région pariétale d'une part, et avec le contour supérieur d'autre part ; bord columellaire calleux, bien limité et appliqué sur la base.

(1) The Genera of recent Mollusca, p. 364. — Etym. inconnue.

Diagnose complétée d'après les indications très sommaires des frères Adams, et d'après la figure du génotype désigné par Brot ; génoplésiotype du Bartonien d'Angleterre : *Cerithium rigidum* Sow. (Pl. IV, fig. 7 et 15), ma coll.

Rap. et diff. — Le génotype choisi par Tryon et aussi par Fischer, est la seconde espèce dans la liste alphabétique publiée par les frères Adams qui n'ont pas désigné de génotype pour caractériser leur Sous-Genre ; mais Brot a désigné *M. granifera* Lamk., qui a tout à fait l'aspect de *Bayania semidecussata*, de l'Oligocène. Il n'y a — ici encore — que des nuances très légères pour distinguer *Tarebia* d'*Eumelania* : la forme de la columelle, et surtout l'ornementation qui est plus muriquée, quoiqu'elle ne comporte pas les costules épineuses de *Melania*, ni l'angle tuberculeux de *Melanoides*.

Répart. stratigr.

Eocène. — Outre le génoplésiotype ci-dessus figuré, deux variétés *orgnacensis* et *echinocarena* Font., plus deux autres espèces moins muriquées, dans le Ligurien des environs de Beaucaire : *Striatella barjacensis* Font., ma coll. et *S. isviracensis* Font. (1884. Faune malac. Aix, p. 19 pl. II, fig. 26-28). Un fragment dans les lignites de Dorogh (Hongrie), rapporté à une espèce styrienne. *M. cerithioides* Rolle, d'après M. Oppenheim (1892. Ueber einige brackw. u. Binnenmoll. aus dem Eoc. Ungarns, p. 103, pl. XXXIII, fig. 5-6).

Oligocène. — Une espèce dans la « série de Headon » en Angleterre : *M. muricata* S. Wood, d'après Sandberger (*loc. cit.* p. 263, pl. XV, fig. 5). La même avec une autre espèce, dans les couches supérieures de la Hesse : *M. spina* Dunker (*ibid.* p. 313, pl. XX, fig. 6-7).

Miocène. — Une petite espèce dans les calcaires marneux du Burdigalien d'Algérie : *Melania Bleicheri* Pallary (*loc. cit.*, p. 175, pl. III, fig. 27-28).

Pliocène. — Une espèce dans les « couches à Congéries » de Mégare, en Grèce : *M. Tournoueri* Fuchs, et une var. à l'état de fragment, au même niveau dans la vallée du Rhône : *M. ferreolensis* Font. (Moll. plioc., p. 173, pl. IX, fig. 20).

Epoque actuelle. — Deux douzaines d'espèces dans l'Australasie.

Sermyla, H, et A. Adams, 1854 (1). G-T. : *Melania harpula* Dunk. Viv.

Taille moyenne ; forme ovale, assez courte ; spire peu développée, à galbe conoïdal ; tours peu convexes, ornés de plis axiaux, légèrement sinueux, et de bandes spirales séparées par des rainures profondes qui découpent de petites aspérités sur les côtes des premiers tours ; sutures profondes et un peu étagées. Dernier tour supérieur à la moitié de la hauteur totale, ovale jusqu'à la base sur laquelle

(1) The Genera of recent Moll., p. 296. — Etym. inconnue.

persiste seule l'ornementation spirale, et qui est imperforée, sans aucune apparence de cou. Ouverture étroitement ovale, très rétrécie en arrière, bien versante en avant ; labre sinueux et tangentiellement appliqué sur l'avant-dernier tour, sinueux au milieu ; columelle excavée, calleuse.

Diagnose complétée d'après la figure du génotype et de *M. tornatella* Lea, et d'après les figures des spécimens fossiles de la même espèce, dans le Pliocène de Java (*in* Martin, pl. XXXVII, fig. 591-593). Reproduction de l'une de ces figures [Fig. 55].

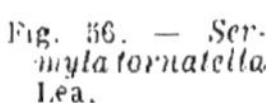

Fig. 56. — *Sermyla tornatella* Lea.

Rapp. et diff. — Les frères Adams n'ont pas désigné de type pour leur Sous-Genre : la première espèce citée dans l'ordre alphabétique, est *M. harpula* Dunk. Chenu et Tryon ont pris comme exemple *M. tornatella* Lea ; quant à Fischer, il indique *M. mitra* Dunk. Toutes ces espèces sont d'ailleurs très voisines les unes des autres, de sorte qu'il n'y a en fait aucun inconvénient à suivre la règle du choix de la première espèce citée par l'auteur dans l'ordre alphabétique. Cette Section se distingue d'*Eumelania* par sa forme courte et par ses côtes prédominantes ; la columelle est particulièrement excavée, et le labre paraît plus tangent à la spire.

Répart. stratigr.

Pliocène. — Une espèce actuelle, dans les couches néogéniques de Java : *M. tornatella* Lea, d'après Martin (Die foss. v. Java, p. 245).

Époque actuelle. — Plusieurs espèces dans les régions intertropicales.

Ptychomelania, Sacco (1) G.-T. : *Melania buccinella* Bon. Mioc.

Taille moyenne ; forme ovale-fusoïde ; spire subétagée, à galbe conique ; tours peu nombreux, très convexes, séparés par de profondes sutures, ornés de plis axiaux, surtout visibles sur la dépression qui borde en-dessus la suture. Dernier tour égal à la moitié de la hauteur totale, arrondi à la base qui est lisse, déclive et imperforée au centre. Ouverture assez grande, ovale, arrondie en avant ; labre simple, peu sinueux ; columelle excavée, peu calleuse.

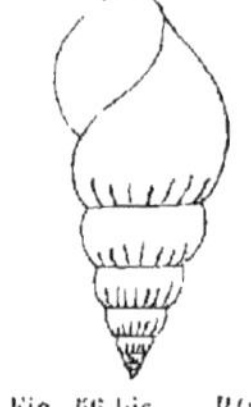

Fig. 56 bis. — *Ptychomelania buccinella* Bon.

Diagnose traduite et complétée d'après celle de l'auteur, et d'après la figure du génotype reproduite ci-contre [Fig. 56].

(1) I Moll. terr. terz. Piem. part. XVIII, p. 7, pl. I, fig. 10. — Etym. : πτυχος, pli ; *Melania*, G. de Gastropodes.

Rap. et diff. — Dans les observations publiées à l'appui de la création de son nouveau Sous-Genre, M. Sacco s'est borné à indiquer qu'il ne lui paraissait pas possible de conserver *Melania buccinella* dans le G. *Amphimelania* Fisch. (= *Holandriana* Bourg.), parce que la coquille est tout à fait différente ; mais il n'a pas détaillé ces différences : le galbe est beaucoup moins trapu que celui de *M. Holandri*, les tours sont plus convexes et plus nettement plissés au-dessus de la suture. Si les figures que cet auteur a publiées le *M. buccinella* sont exactes, la columelle serait aussi moins calleuse, et l'ouverture serait moins versante en avant ; mais cette apparence est peut-être due à l'état de fossilisation de l'espèce miocénique, de sorte que *Ptychomelania* — à peine distinct d'*Amphimelania* — doit être, comme ce dernier, une Section seulement de *Melania*.

Répart. stratigr.

MIOCENE. — Le génotype dans le Tortonien d'Italie, d'après M. Sacco (*loc. cit*).

PLIOCENE. — La même espèce, dans le Plaisancien (*ibid*).

BALANOCOCHLIS, Fischer, 1885 (1).

Coquille ovoïde, lisse et brillante, à spire écourtée, à péristome calleux. G-T. : *Melania glans* v. Busch. Viv.

PASITHEOLA, Cossm. 1896. G-T. : *Pasithea guttula* Lea. Eoc. (= *Pasithea* Lea, 1832, *non* Lamk.).

Taille petite ; forme courte, ventrue, ovoïdo conique ; spire peu développée, conoïdale et même dimorphe, à sommet presque planorbulaire, à nucléus peu saillant ; quatre tours lisses et brillants, séparés par des sutures linéaires, sauf celle qui isole la protoconque et qui est plus profondément rainurée ; l'avant-dernier tour — subitement disproportionné par rapport au précédent — a une hauteur supérieure à la moitié de sa largeur. Dernier tour très grand, égal aux quatre cinquièmes de la hauteur totale quand on le mesure de face, et aux quatre septièmes, quand on le mesure du côté du dos ; il est subconique, à peine convexe, faiblement subanguleux à la périphérie de la base qui est un peu convexe, lisse comme la spire

(1) Man. Conchyl., p. 701. — Etym. : βαλανος, brillant ; κοχλις, petite coquille.

et imperforée au centre ; cou complètement nul. Ouverture relativement courte, ovale, arrondie en avant, rétrécie dans l'angle inférieur qui est en partie comblé par une forte callosité pariétale ; labre peu épais, à peine sinueux en arrière, non proéminent en avant, à peu près dépourvu de sinuosité sur le contour supérieur ; columelle lisse, peu excavée en arrière, se raccordant en avant par une courbe régulière : bord columellaire un peu calleux, surtout en arrière, bien appliqué sur la région ombilicale.

Diagnose faite d'après des spécimens du génotype, de l'Eocène moyen de Claiborne (Pl. II, fig. 27-31), ma coll.

Observ. — Fischer a séparé *Balanocochlis* comme une Section seulement de *Melania*, on verra plus loin les motifs pour lesquels j'estime que c'est un Genre tout à fait distinct. Toutefois j'avais appliqué cette dénomination *Balanocochlis* à des fossiles éocéniques qui y ressemblent beaucoup ; mais j'ai ensuite reconnu qu'ils devaient plutôt être rapportés au même groupe que ceux de l'Alabama pour lesquels Lea a proposé le nom *Pasithea* ; seulement j'ai été obligé de changer ce nom préemployé. S'il y avait identité absolue entre ces fossiles et *Melania glans*, je n'hésiterais pas à préférer *Balanocochlis* antérieur à *Pasitheola* ; mais, comme on le verra ci-après, il y a de petites différences qui justifient l'adoption d'une Section distincte de *Balanocochlis s. str.*, de sorte que les deux dénominations peuvent coexister.

Rapp. et diff. — *Balanocochlis* est, à mon avis, un Genre complètement distinct de *Melania*, non seulement à cause de son galbe encore plus ovoïde que celui d'*Amphimelania*, et de son dernier tour très développé, mais surtout à cause de l'absence complète de sinuosité au labre et, en général, au péristome. Pour distinguer la Section *Pasitheola*, je me guide principalement par le dimorphisme du sommet de la spire qui a une protoconque planorbiforme, caractère qui ne paraît pas avoir été observé chez *Melania glans* ; les spécimens de cette espèce actuelle — que j'ai examinés dans la collection de l'École des Mines — n'ont pas le sommet intact, de sorte que je ne puis rien en conclure d'une manière très certaine.

Répart. stratigr.

ÉOCÈNE. — Outre le génotype dans le Claibornien des États-Unis, une espèce plus élancée, dans le Sparnacien de Brasles : *Bithinia berellensis* de Laub. et Carez, ma coll. ; une autre espèce dans le Lutécien de Houdan : *Balanocochlis lucida* Cossm., ma coll. Une espèce dans le Lutécien du Bois-Gouët : *Pasitheola macera* Cossm., ma coll. Une espèce dans le Bartonien de Montagny : *B. culimoides* Cossm., ma coll.

MIOCÈNE. — Une espèce dans l'Helvétien et le Tortonien du Piémont : *Melania patula* Bon., avec les var. *B. propatula*, *taurorostrata* Sacco (I Moll. terz. part. XVIII, Pl. I).

Pliocène. — Une espèce dans le Sarmatien de la Serbie : *Amphimelania macedonica* Burg. d'après l'atlas de Brusina (1902, Pl. V, fig. 14-16).
Époque actuelle. — L'espèce génotype dans l'île de Java.

PALUDOMUS, Swainson, 1840 (1).
(= *Rivulina* Lea, 1850).

Coquille paludiniforme ou globuleuse, épidermée ; spire courte, parfois ornée ; ouverture semilunaire ; columelle calleuse et aplatie ; labre peu sinueux, assez mince. Opercule corné, à nucléus latéral.

Paludomus *s. str.* G.-T. : *Melania conica* Gray. Viv.

Taille moyenne ou petite ; forme de Paludine ou de Littorine allongée ; spire courte, à galbe conique, non étagée ; tours peu nombreux et peu élevés, faiblement convexes, séparés par des sutures linéaires et superficielles, souvent ornés de sillons spiraux et serrés. Dernier tour égal ou supérieur aux trois quarts de la hauteur totale, arrondi à la périphérie de la base qui est médiocrement convexe, imperforée au centre, absolument dépourvue de cou en avant. Ouverture grande, semilunaire, anguleuse et canaliculée en arrière, arrondie et peu sinueuse en avant; labre parfois assez oblique et à peine sinueux, peu proéminent en avant, assez mince et quelquefois lacinié sur le bord ; columelle peu concave, calleuse et généralement aplatie ; bord columellaire étroit, bien appliqué sur la base.

Diagnose complétée d'après le génotype et d'autres congénères, ainsi que d'après un génoplésiotype de l'Eocène inférieur de Mercin : *P. Vauvillei* Cossm. (Pl. III, fig. 10-11), ma coll.

Rapp. et diff. — *Paludomus* a été classé par Fischer après *Melanopsis*, quoique toutes ses affinités le rapprochent de *Melania* dont il ne se distingue que par son opercule, par son ouverture moins sinueuse, et par sa columelle de Littorine, épaisse et aplatie. Le labre est — chez le génotype — plus sinueux que chez d'autres espèces actuelles, telles que *P. regulatus* Benson, dont le profil est presque aussi oblique que chez nos espèces éocéniques : c'est ce qui me décide à conserver ces dernières dans le G. *Paludomus*, malgré la différence

(1) Malac. p. 198. — Etym. : Palus, marais ; domus, habitation.

d'obliquité du labre en comparaison de celui de *P. conicus*, et quoiqu'il n'y ait pas de témoins de la filiation dans les couches néogéniques.

D'autre part, *Paludomus* se distingue de *Balanocochlis* par son péristome moins calleux, par son épiderme non brillant et par sa columelle aplatie. Je n'ai pu comparer sa protoconque, généralement corrodée, à celle de *Pasitheola* qui est nettement tectiforme.

Répart. stratigr.

PALEOCENE. — Une espèce dans le Thanétien de la Vesle : *P. infraeocænicus* Cossm. (Catal. ill. Suppl.).

EOCENE. — Le génoplésiotype ci-dessus figuré, dans le Cuisien des environs de Paris, ma coll. Une autre espèce dans le Sparnacien de l'Aisne : *P. sincenyensis* Cossm., ma coll.

ÉPOQUE ACTUELLE. — Plusieurs espèces dans l'Inde et l'Indo-Chine.

TÆNIODOMUS. Krause, 1897 (1). G.-T. : *T. gracilis* Krause. Tert.

Taille moyenne ; forme globuleuse, paludinoïde, à galbe ovale ou conoïdal ; spire courte, obtuse ; tours très convexes, lisses, dont la hauteur atteint la moitié de la largeur, séparés par des sutures linéaires que borde, en dessus, une bande crénelée et bifide ; le reste de la surface ne porte que des stries d'accroissement obsolètes et obliques. Dernier tour égal aux trois quarts environ de la hauteur totale, déprimé en arrière, arrondi jusqu'à la base qui paraît munie d'une étroite fente ombilicale et complètement dépourvue de cou. Ouverture circulaire, sauf dans l'angle inférieur, vis-à-vis de la bande postérieure du dernier tour, non versante en avant ; péristome continu, un peu calleux ; labre non sinueux, un peu oblique en profil, tangent à l'avant-dernier tour sur toute l'épaisseur de la bande ; columelle excavée, lisse, calleuse ; bord columellaire étroit, non étalé, imparfaitement appliqué sur la base.

Diagnose complétée d'après les figures du génotype (*l. c.* pl. XII, fig. 1, a. b.) ; reproduction de l'une d'elles [Fig. 57].

Fig. 57. — *Tæniodomus gracilis* Krause.

Rapp. et diff. — L'auteur — qui n'a pas exactement précisé l'âge des couches tertiaires dans lesquelles a été recueillie cette coquille — rapproche *Tæniodomus* de *Paludomus*, et il

(1) Tert. cret. ablag. W. Borneo, p. 213. — Etym. : τηνια, bandelette ; domus, maison.

ne l'en distingue que par sa bande suprasuturale et crénelée. Je crois en effet que ce rapprochement est fondé : toutefois l'ouverture paraît plus circulaire ; le labre est aussi oblique, mais la columelle est plus excavée, et elle n'a pas l'aspect aplati et littorinoïde de celle de *Paludomus*. M. Krause mentionne dans sa diagnose — quoique les figures ne l'indiquent pas bien nettement — que la base présente une trace de fente ombilicale ; peut être est-ce un caractère accidentel chez quelques individus dont le bord columellaire ne s'applique pas hermétiquement sur la base. M. Martin qui a postérieurement repris l'étude de la même faune (1899. Fauna Melavigruppe, p. 307, pl. XVI, fig. 23-31) a aussi indiqué l'existence de cette fente ; mais la columelle de ses spécimens est plus large que celle des échantillons originaux. En résumé, mon opinion est que *Tæniodomus* ne représente tout au plus qu'une Section de *Paludomus*, si même il n'est pas identique à ce dernier, comme l'affirme M. Martin dans le Mémoire précité.

Répart. stratigr.

PALEOCENE. — Deux espèces dans les couches non marines de Bornéo, d'âge encore incertain : *T. gracilis*, *crassa* Krause.

*

STOMATOPSIS, Stache (*in* Sandb) 1871 (1).

Coquille costulée, conique, à péristome calleux, étalé sur la base non échancré en avant.

STOMATOPSIS *s. str.* G.-T. : *S. cosinensis* Stache. Paléoc.

Test épais. Taille assez grande ; forme conique, turriculée ; spire médiocrement allongée, un peu étagée ; huit à dix tours généralement peu convexes, dont la hauteur varie entre la moitié et les deux tiers de la largeur, séparés par des sutures profondes que borde en dessus une saillie crénelée par les côtes axiales ; celles-ci sont au nombre de 8 à 20, presque verticales, à peine sinueuses en leur milieu sur le dernier tour, épaisses et régulièrement espacées, avec

(1) Sandberger. — Land und Süssw. Conchyl., p. 128, pl. XIX, fig. 3-4 (la date de publication de la feuille 16, prise sur la livraison séparée, est 1871 et non pas 1875, comme l'ont écrit Fischer et même Stache (1880. Verh. K. K. Geol. Reichsanst., p. 198. — Liburn. Stufe). — Etym. : στομα, bouche ; οψις, apparence.

des interstices lisses, égaux ou à peine inférieurs à la largeur des côtes. Dernier tour ayant des proportions très variables, au plus égal à la moitié de la hauteur totale, orné de côtes jusque sur la base qui est convexe et imperforée. Ouverture très développée, à péristome continu, irrégulier, arrondie au centre de la callosité dont elle est intérieurement garnie et qui s'étale largement sur la base ; contour supérieur légèrement sinueux ; labre subéchancré en arrière où il forme une gouttière évasée en se raccordant à la callosité pariétale, aminci et un peu proéminent en avant ; columelle lisse, excavée ; bord columellaire très épais, bien limité et hermétiquement appliqué sur la base.

Diagnose complétée d'après celle de Sandberger et d'après les nombreuses figures du génotype dans l'ouvrage postérieur de Stache (*l. c.* pl. I, fig. 1-10). Reproduction de l'une d'elles [**Fig.** 58].

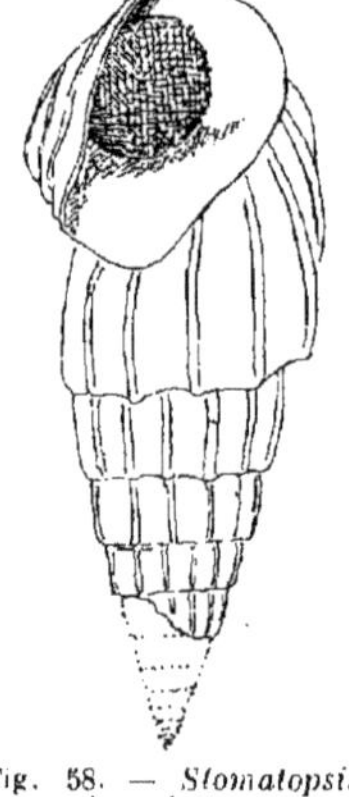

Fig. 58. — *Stomatopsis cosinensis* Stache.

Rapp. et diff. — Lorsque Sandberger a publié ce Genre d'après les indications manuscrites de l'auteur, il a émis l'opinion qu'il y aurait lieu de le classer dans la Fam. *Melanopsidæ*, à cause de son aspect général et de l'ornementation de ses tours de spire. Fischer a suivi cet exemple dans son Manuel. Mais, dans sa Monographie ultérieure de la faune des lignites d'Istrie et de Dalmatie, en étudiant plus attentivement l'ouverture très variable des nombreux échantillons dont il disposait, Stache a ramené ces Gastropodes dans la Fam. *Melaniidæ* dont *Stomatopsis* se rapproche par son péristome non échancré à la base, par sa columelle non tronquée en avant : toutefois il a proposé une nouvelle Fam. *Stomatopsinæ* (*nec Stomatopsidæ*), caractérisée par l'épaisseur du péristome dont la callosité s'étale sur la base jusqu'à une faible distance de la suture inférieure de l'avant dernier tour. Je me rallie complètement à ce classement qui concorde précisément avec mes critériums.

Après une minutieuse discussion portant sur les nombreuses variations des caractères de *Stomatopsis*, Stache a divisé son Genre en quatre groupes, selon le nombre des côtes du dernier tour et selon l'étendue du péristome sur la base : il a en outre ajouté trois S.-Genres qui, à mon avis, représentent tout au plus, comme on le verra ci-après, des Sections très voisines du Genre principal. Il ne faut pas perdre de vue que, dans les dépôts saumâtres où abondent certaines formes, elles acquièrent, par le fait même de leur abondance, une puissance de variabilité qui déconcerte toutes les tentatives de classement méthodique.

Répart. stratigr.

PALEOCENE. — Quatre groupes principaux d'espèces, avec de nombreuses variétés dans chaque groupe : 1° *S. cosinensis*, var. *elegans*, *crassilabris*, *insana*, *tenuilabris*, *rhombistoma*, *trigonostoma*, *ovata*, *angulata* ; 2° *S. crassecostata*, var. *acuta* ; 3° *S. labiata*, var. *intermedia*, *abbreviata*, *incrassata*, *effusa*, *interrupta* : 4° *S. simplex*, var. *distincta* Stache (*loc. cit.*).

STOMATOPSELLA, Stache, 1889. G.-T. : *S. octoplicata* Stache. Paléoc.

Coquille conique, à tours peu étagés et costulés ; audessus de la suture un second sillon parallèle, qui recoupe les côtes en formant une étroite bande spirale sur toute la spire. Dernier tour inférieur à la moitié de la hauteur totale ; ouverture à péristome probablement calleux.

Diagnose extraite de la Monographie précitée (p. 103) ; reproduction de l'une des vues (pl. II, fig. 30) du génotype [Fig. 59].

Fig. 59. — *Stomatopsella octoplicata* Stache.

Rapp. et diff. — La séparation de cette Section n'est fondée que sur des moules qui portent la trace d'une bande suprasuturale, par suite de l'existence d'un sillon spiral qu'on n'observe pas chez *Stomatopsis s. str.*. ; pour donner l'explication de ce critérium bien fugitif, Stache l'attribue à l'impression d'une zone calleuse qui devait être formée par le débordement d'un tour sur le précédent : il y a des exemples d'une disposition analogue chez les *Olividæ*. Tel est le seul motif pour lequel l'auteur a cru devoir proposer un nouveau S.-Genre, malgré l'état imparfait des matériaux dont il disposait ; je suis d'avis que cela justifie tout au plus la création d'une Section distincte, en regrettant toutefois qu'il n'ait pas attendu la récolte d'échantillons munis de leur test.

Répart. stratigr.

PALEOCENE. — Outre le génotype, quatre autres variétés très voisines, décrites comme *nov. form.*, dans les lignites de la base de l'Eocène de l'Istrie : *S. cingulata*, *inflata*, *planicosta*, *major* Stache (*loc. cit.*).

MEGASTOMOPSIS, Stache, 1889. G.-T. : *M. aberrans* Stache. Paléoc,

Taille grande ; forme conique et trapue ; tours excavés au milieu, les côtes axiales étant interrompues et formant seulement deux rangées subnoduleuses au-dessus et au-dessous de la suture. Dernier tour inférieur à la moitié de la hauteur totale, avec des côtes un peu moins effacées sur les flancs, sinueuses et prolongées jusque sur la convexité de la base. Ouverture inconnue...

Diagnose extraite de la Monographie précitée (p. 105) ; reproduction de la figure originale [Fig. 60].

Rapp et diff. — Ici encore, il s'agit d'une subdivision établie d'après un moule qui ne diffère de *Stomatopsis* que par sa forme trapue et par l'interruption des côtes axiales sur le milieu des tours. On peut se demander s'il était réellement bien nécessaire de faire cette séparation.

Répart. stratigr.

PALEOCENE. — Le génotype seul, dans les lignites supradaniens de l'Istrie.

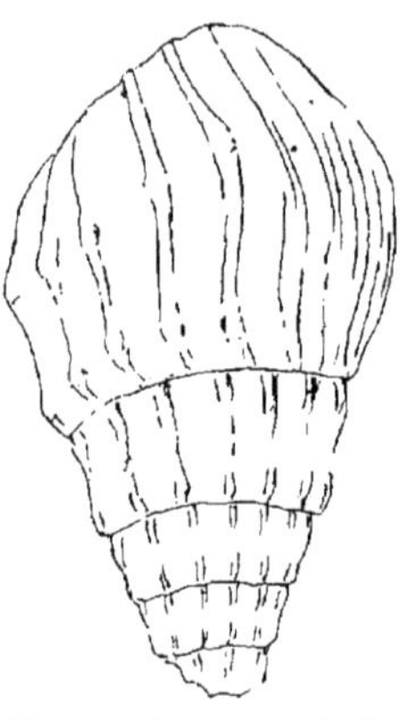

Fig. 60. — *Megalomopsis aberrans* Stache.

STOMATOPSIDEA, Stache, 1889. G.-T. *S. leptobasis*, Stache. Paléoc.

Taille assez grande : forme conique et assez trapue ; spire étagée et ornée de costules axiales qui forment des saillies subépineuses sur la rampe suturale ; tours étroits, plans, dont la hauteur n'atteint pas la moitié de la hauteur totale, subanguleux à la périphérie de la base qui est déclive, lisse et imperforée. Ouverture peu élevée, canaliculée dans l'angle postérieur, à péristome épais sur le labre et calleux sur la base ; columelle courte et excavée ; bord columellaire étroit et bien limité.

Diagnose complétée d'après la Monographie précitée (pl. VI, fig. 18) ; reproduction de la vue de face du génotype [Fig. 61].

Rapp. et diff. — Le génotype de *Stomatopsidea* est moins mal conservé que ceux des deux Sections précédentes ; en outre, les différences avec *Stomatopsis* sont un peu moins fugitives ; tours plus étroits, côtes subépineuses au-dessus des sutures, cessant sur la base ; ouverture plus transverse, canaliculée en arrière, à columelle très courte et à péristome moins étalé sur la base. Néanmoins, je crois qu'on ne peut en faire qu'une Section et non pas un S.-Genre distinct.

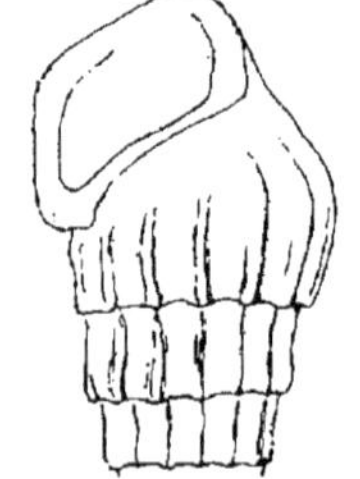

Fig. 61. — *Stomatopsidea leptobasis* Stache.

Répart. stratigr.

PALEOCENE. — Deux espèces, outre le génotype, dans les lignites supradaniens de l'Istrie : *S. acanthica, subcarinata* Stache (*loc. cit.*).

CORNETIA, Munier-Chalmas, 1885 (1),

Coquille épaisse, turbinée ; ouverture grande, subcirculaire, à péristome continu, épais. Ornementation subépineuse.

CORNETIA *s. str.* G.-T. : *C. modunensis* Mun.-Ch. Paléoc.

Test épais. Taille moyenne : forme turbinée et trapue ; spire courte, à galbe conique, étagée ; tours peu nombreux, peu élevés, dont la hauteur atteint à peine la moitié de la largeur, imbriqués en avant en deçà des sutures qui sont profondes et bordées en-dessous par une rampe spirale et déclive : ornementation de chaque tour composée de deux carènes spirales inégales, assez rapprochées, la région postérieure étant obliquement déclive, croisées par des lignes d'accroissement très obliques ; ces accroissements sont fasciculés à des intervalles réguliers, et ils forment des costules axiales, peu saillantes, qui produisent des aspérités subépineuses à l'intersection des deux carènes. Dernier tour égal aux deux tiers de la hauteur totale, orné comme la spire, muni d'une troisième carène moins saillante à la périphérie de la base qui est imperforée au centre, convexe jusqu'au cou à peu près nul, et ornée de quelques côtes concentriques, avec des accroissements un peu sinueux et plissés. Ouverture grande, subcirculaire, faiblement anguleuse en arrière, non versante sur le contour supérieur qui ne paraît pas sinueux en plan ; péristome épaissi, continu, muni d'une vague gouttière dans l'angle inférieur ; labre oblique, taillé en biseau, légèrement sinueux en arrière, à peine proéminent en avant ; columelle lisse, excavée

(1) *In* Fischer, Man. Conchyl., p. 701. — Dédié à F.-L. Cornet, ingénieur civil de Belgique.

en arc de cercle régulier ; bord columellaire très calleux, bien limité à la base.

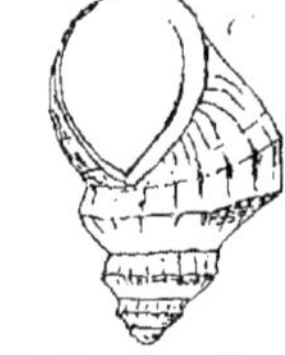

Fig. 62. — *Cornetia montunensis* Mun. Ch.

Diagnose complétée d'après celle du génotype (Briart et Cornet, 1885. Desc. foss. calc. gross. Mons, part. III, p. 32, pl. XXI, fig. 1 a-f); reproduction d'une des figures originales [Fig. 62]. Génoplésiotype du Bassin de Paris : *C. remiensis* (Pl. III, fig. 3), ma coll.

Rapp. et diff. — Par son galbe turbiné et par la grandeur de son dernier tour, *Cornetia* a une analogie lointaine avec *Amphimelania Holandri* ; mais il s'en écarte par son péristome continu et épais, par l'obliquité de ses accroissements, par ses tours imbriqués et subépineux. C'est surtout la forme du péristome qui le différencie des vrais Mélaniens et qui me décide à le classer dans une Sous-Famille distincte, près de *Stomatopsis* dont il se distingue par sa callosité columellaire beaucoup moins étalée sur la base et par son péristome plus oblique, par son ornementation complètement différente.

Répart. stratigr.

PALEOCENE. — Le génotype dans le Montien de Belgique et dans les marnes strontianifères de Meudon. Le génoplésiotype figuré sur la Pl. III, dans le Thanétien de la Vesle.

PYRGULIFERA, Meek, 1877 (1).

(= *Paramelania*, Smith 1881 ; = *Hantkenia* Mun. Ch. 1877, *nomen*) (2).

Coquille turbinée, généralement étagée et subépineuse ; ouverture holostome, quoique très versante à la base ; péristome épais et sinueux ; columelle lisse, non véritablement tronquée en avant.

PYRGULIFERA *s. str.* G-T. : *P. humerosa* Meek. Paléoc.

Test épais. Taille moyenne ; forme courte, turbinée et trapue ; spire peu élevée, étagée par une rampe déclive, à galbe conique dans son ensemble ; tours peu nombreux, anguleux et épineux, dont la hauteur égale à peu près la moitié de la largeur, séparés par des sutures linéaires et onduleuses, ornés de quelques cordons obsolètes

(1) U. S. Geological Survey, 40th parallel, vol. IV, p. 146, pl. XVII, fig. 19. — Etym. : πύργος, tour ; *fero*, je porte (il eût été plus correct d'écrire : *Pyrgophora*).

(2) Hébert et Munier-Chalmas. Rech. terr. tert. Europe mérid. Comptes rendus Acad. Sc.

au-dessus de l'angle, et de costules axiales, arquées sur la rampe postérieure, épineuses sur l'angle, droites sur la région antérieure. Dernier tour supérieur aux deux tiers de la hauteur totale, ovale à la base sur laquelle cessent les côtes et persistent souvent les cordons spiraux, jusqu'à la région ombilicale qui n'est étroitement perforée d'une fente que chez les spécimens tout à fait gérontiques. Ouverture ovale-arrondie, avec une très faible gouttière postérieure, très versante et sinueuse en plan sur son contour supérieur ; péristome épais et continu ; labre sinueux en arrière vis-à-vis de l'angle, antécurrent vers la suture, non proéminent en avant où il se raccorde par un arc avec l'excavation du contour supérieur ; columelle lisse, calleuse, non tronquée à son extrémité, mais participant à l'évasement du bord supérieur auquel elle se raccorde sans torsion ; bord columellaire étroit et épais, bien limité du côté de la base, recouvrant imparfaitement l'ombilic chez les vieux spécimens.

Diagnose refaite d'après la figure du génotype, du groupe de Laramie aux États-Unis (*in* White. Non mar. foss., p. 460, Pl. VI, fig. 4-6) ; et d'après un génoplésiotype du Paléocène de la Hongrie : *Paludomus Pichleri* Hœrnes (Pl. III, fig. 12-13), ma coll., don de M. Oppenheim.

Rapp. et diff. — Le classement de ce Genre dans les *Melaniidæ* a été fixé par Ch. White dans l'ouvrage précité, quoique cependant cet auteur ait observé que *Pyrgulifera* s'écarte autant des vrais *Melania* que des *Ceriphasiidæ* (= *Pleuroceridæ*) où Meek l'avait primitivement placé : le contour continu et épais du péristome, et surtout la disposition versante du bord supérieur qui se retrousse à l'extérieur comme s'il devait livrer passage à une nappe liquide (bec d'une cafetière), rapprochent complètement ce Genre de la Sous-Famille *Stomatopsinæ*, ce qui concorde bien avec la juste observation de White. La columelle n'est pas tronquée comme celle de *Semisinus* et de *Cosinia* qui appartiennent à une Sous-Famille différente.

Dans un Mémoire intitulé « Ueber einige Brackw. u. Binnen moll. aus d. Kreide u. d. Eocän Ungarns, 1892, p. 742 », M. Oppenheim a très exactement signalé l'identité presque complète du fossile de Laramie et de plusieurs formes supracrétaciques ou infraéocéniques de la Hongrie, pour l'une desquelles Munier-Chalmas avait proposé, sans description, le nom *Hantkenia* adopté depuis par Fischer dans son Manuel. M. Oppenheim ajoute, avec non moins de raison qu'il est étrange de voir *Hantkenia* placé par cet auteur auprès de *Paludomus*, tandis que *Pyrgulifora* y est indiqué comme Section de *Semisinus* et que

Paramelania Smith (qui, d'après White et Tausch, ne diffère pas de *Pyrgulifera*; génotype : *Melania nassa* Woodward, du lac Tanganyika) serait une Section de *Melania* ! Il y a là une inadvertance manifeste. Il est, en tous cas, fort intéressant de constater que ce Genre, cantonné dans le Paléocène ou Danien, peut-être aussi dans la Craie (*P. acinosa* Zek.) de Gosau, est actuellement représenté au fond des grands lacs d'Afrique, sans qu'on ne l'ait jamais signalé nulle part dans le Miocène ni dans le Pliocène.

Répart. stratigr.

Cenomanien. — Deux espèces dans les lignites Gard : *Hantkenia subovoidea*, *Munieri* Repelin (1902. Cénom. saum. du Midi, p. 86, pl. VI, fig. 35-40).

Turonien. — Quelques espèces douteuses, dans la craie de Gosau : *Turbo vestitus*, *acinosus*, *spiniger* Zekeli (*loc. cit.*, pl. IX).

Maestrichtien. — Plusieurs espèces ou variétés dans les couches à Cérites du Louristan (Perse) : *Hantkenia Louristana* et var. *depauperata*, *lævis*, *H. striata*, *proboscidea* H. Douvillé (1904. Miss. scient. Perse, Pal., p. 323, pl. XLV et XLVI).

Paléocène. — Outre le génotype des États-Unis, plusieurs espèces soit en Hongrie, soit dans les Bouches-du-Rhône : *P. spinosa* Sandb., *P. glabra* v. Hantken, ma coll.; *P. Rückeri* v. Tausch. *P. Hantkeni* Opph., *P. ajkaensis* v. Tausch, *P. Riethmülleri* Opph., *Melanopsis armata* Math, *Melania Matheroni* Roule, d'après la Monogr. précitée de M. Oppenheim. Une espèce dans les couches liburniques de l'Istrie : *P. stomatopsidum* Stache (*loc. cit.* p. 114, pl. Va, fig. 38). Deux autres espèces aux environs d'Alvincz, dans le Garumnien : *P. decussata*, *Böckhi* Palfy (1902. Obere Kreide schicht., p, 328, pl. XXIL, fig. 11-17). Une espèce, outre le génotype, dans les couches de Bear River (confondues à tort avec le Crétacé, mais évidemment contemporaines de « Laramie group ») : *P. Stantoni* White (Bear Riv. form., p. 57, pl. IX, fig. 1-3).

Eocène. — Une espèce bien caractérisée, dans les couches lignitifères de Hongrie et de Styrie : *Melanopsis gradata* Rolle, d'après M. Oppenheim (*loc. cit.*, p. 701, pl. XXXI, fig. 1-2).

Epoque actuelle. — Trois espèces du lac Tanganyika : *Paramelania Damoni* Smith, *Melania nassa* Woodward (*fide* Opph.), et *Paramelania crassicingulata* Smith, celle-ci figurée par White (*l. c.*, pl. IX, fig. 10).

TRANSYLVANITES, Palfy, 1902 (1). G.-T.: *T. Semseyi* Palfy. Paléoc.

Taille moyenne ; forme turbinée, globuleuse quoique étagée ; spire courte, à galbe subconoïdal ; tours peu nombreux, convexes, assez étroits, séparés par des sutures largement canaliculées, ornés de

(1) Die obere Kreideschichten in der Umgebung von Alvincz, Budapest ; p. 324, pl. XXV, fig. 3-4. — Etym. : Transylvanie, pays d'origine.

côtes axiales épaisses, qui sont recoupées dans le sens spiral par quatre ou cinq sillons régulièrement espacés, tandis que la rampe canaliculée qui borde la suture est complètement lisse. Dernier tour supérieur aux deux tiers de la hauteur totale, arrondi à la base qui est dépourvue de côtes, mais sur laquelle persistent les sillons spiraux jusqu'à l'entonnoir ombilical largement ouvert et bien limité ; cou nul. Ouverture ovale arrondie, versante en avant ; labre presque vertical, denticulé sur son contour externe par les sillons du dernier tour ; columelle excavée, calleuse, sans pli ni torsion ; bord columellaire s'enfonçant dans l'ombilic.

Diagnose traduite d'après l'original, et complétée d'après les figures du génotype ; reproduction de l'une d'elles [Fig. 63].

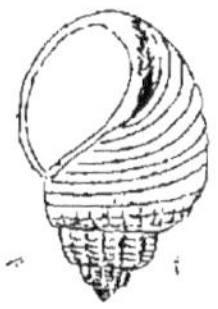

Fig. 63. — *Transylvanites Semseyi* Palfy.

Rapp. et diff. — Autant qu'on peut en juger d'après les figures très imparfaites du génotype, cette coquille est extrêmement voisine de *Pyrgulifera*, et elle ne s'en distingue absolument que par son ombilic largement ouvert ; aussi, je ne puis, d'après mes critériums, en faire qu'une Section du Genre de Meek, et non pas un Genre distinct comme l'a proposé M. Palfy. L'état de conservation des spécimens figurés est d'ailleurs assez médiocre, de sorte qu'il se pourrait que cet ombilic ne fût que le résultat d'un accident de fossilisation survenu à une espèce de *Pyrgulifera*.

Répart. stratigr.

Paléocène. — Le génotype en Transylvanie (*loc. cit.*).

DEJANIRA, Stoliczka, 1859 (1).
(= *Leymeria* Mun.-Chalm. 1859).

Coquille discoïdale, rotelliforme, carénée ; ouverture déprimée, très versante ; callosité étalée sur la base ; labre échancré vis-à-vis de la carène : columelle très courte ; pli pariétal sur la callosité columellaire.

Dejanira *s. str.* G.-T. : *Rotella bicarinata* Zek. Danien.

Test épais. Taille petite ; forme discoïdale, rotelloïde du côté de la spire qui est à peine bombée ; protoconque peu saillante, formée

(1) Ueber Kreideform. Susswasserbild. in Nordöst. Alpen, p. 482.

d'un minuscule nucléus qui semble un peu dévié, quoique orthostrophe ; trois tours lisses, séparés par une suture d'abord linéaire, puis bordée en dessous par une première carène dont la saillie est marquée par un sillon devenant rapidement profond, tandis que la convexité du milieu de l'avant-dernier tour se transforme graduellement en un bourrelet, puis en une seconde carène spirale ; le reste de la surface porte seulement quelques stries d'accroissement obliques et sinueuses. Dernier tour formant toute la hauteur de la coquille, muni de deux carènes périphériques assez rapprochées ; base convexe, lisse et imperforée, dépourvue de cou contre la callosité columellaire. Ouverture déprimée, semilunaire, très versante et sinueuse à la base ; labre très oblique, échancré par une entaille triangulaire vis-à-vis de la carène ; columelle très courte, un peu bombée au milieu, se raccordant ensuite sans troncature avec le contour supérieur, munie en arrière d'un pli pariétal ; callosité du bord columellaire très étalée sur la base où elle forme un bourrelet bien limité ; du côté antérieur, le bord columellaire est extérieurement caréné et il circonscrit la dépression versante du contour basal.

Diagnose établie d'après les spécimens du génotype, d'Ajka en Hongrie (Pl. III, fig. 6-9), ma coll., don de M. Oppenheim.

Rapp. et diff. — *Leymeria* Mun. Ch. est, ainsi que l'indique Fischer et ainsi que le confirme M. Oppenheim, génériquement identique à *Dejanira* ; mais Fischer l'a classé dans les *Neritacea*, alors que la columelle ne se résorbe nullement chez *Dejanira*. D'autre part, Stoliczka avait placé son Genre près de *Proserpina* à cause de son aspect général, tandis que M. Oppenheim l'a introduit à la suite de *Melanopsis* dans sa Monographie d'Ajka. Je pense au contraire que *Dejanira* — par son ouverture versante et par sa columelle solide, non tronquée, doit être rapproché de *Pyrgulifera*, et qu'il faut par conséquent le classer parmi les *Stomatopsinæ* ; la forme rotelloïde de la spire et le pli pariétal le différencient suffisamment de ses congénères. A ce propos, M. Oppenheim a fait observer que Stoliczka — et après lui, Sandberger — ont signalé à tort l'existence de trois plis à la columelle : or il n'y a, en réalité, qu'un seul pli, plus un bombement de la columelle — ce qui a pu faire croire qu'il existe une dent antérieure ; mais en tous cas, il n'y a jamais de trace d'une troisième saillie columellaire. M. Oppenheim s'est enfin demandé si *Dimorphoptychia Arnouldi* Mich. ne doit pas être rapproché de *Dejanira* ; mais je ne crois pas que ce rapprochement soit admissible à cause de la différence complète que présente le contour supérieur de l'ouverture qui n'est pas versante chez *Dimorphoptychia*.

Répart. stratigr.

DANIEN. — Outre le génotype dans les Alpes et en Hongrie, une seconde espèce bien caractérisée : *D. Hœrnesi* Stol. ; une espèce très voisine dans la Catalogne : *D. Matheroni* Vidal, d'après M. Oppenheim ; des variétés de la même forme à Auzas (Haute Garonne) : *Nerita Heberti* Leym., *Leymeria neritoides*, *lacustris* Mun. Ch. (1870. Miscell. pal. Ann. malac., I, p. 327).

*

SEMISINUS, Swainson *em.* 1840 (1).
(= *Tania*, Gray 1840 ; = *Basistoma*, Lea 1845).

Coquille subulée ; spire turriculée, ornée au sommet, puis presque lisse sauf à la base ; ouverture ovale, subéchancrée en avant par suite de la torsion de l'extrémité de la columelle, mais néanmoins holostome ; labre non sinueux, un peu oblique, peu épais.

SEMISINUS *s. str*, G.-T. : *Melania lineolata* Gray. Viv,

Taille moyenne ; forme subulée, conique ; spire turriculée, non étagée, assez longue ; tours peu convexes, dont la hauteur dépasse la moitié de la largeur, séparés par des sutures peu profondes ; ornementation des premiers tours composée de cordonnets spiraux, granuleux à l'intersection de costules axiales et peu saillantes ; cette ornementation ne persiste pas toujours à l'âge adulte, le génotype a les tours presque entièrement lisses, d'autres espèces restent plus tardivement ornées. Dernier tour élevé, un peu inférieur à la moitié de la hauteur totale, ovale à la base qui est déclive, imperforée, terminée en avant par un cou très court sans aucune apparence de bourrelet, et généralement sillonnée, quelquefois même assez profondément. Ouverture ovale, anguleuse et subcanaliculée en arrière,

(1) Malac., p. 200. — Etym. : ἡμι, demi ; sinus ; soit *Hemisinus*, *vocab. hybrid.* corr. par Ag.

subéchancrée à la base, quoique holostome, par un petit sinus du coutour supérieur, surtout visible quand on regarde la coquille en plan ; labre presque rectiligne, souvent un peu oblique, assez mince, lacinié sur son contour par l'aboutissement des sillons de la base ; columelle un peu calleuse, excavée en arrière et au milieu, tordue à son extrémité antérieure, mais non tronquée et se reliant avec le contour basal ; bord columellaire assez étroit, appliqué sur la base.

Diagnose refaite d'après le génotype, et d'après un génoplésiotype du Sparnacien de Pourcy : *S. Pistati* Cossm. (Pl. III, fig. 4-5), ma coll.

Rapp. et diff. — Quoique l'ouverture des *Semisininæ* soit encore holostome, c'est-à dire dépourvue d'une réelle interruption du contour supérieur, la torsion de la columelle y produit un simulacre d'échancrure basale qui distingue nettement ces coquilles des *Melaniinæ* et aussi des *Stomatopsinæ*. Fischer a rapproché à tort *Pyrgulifera* de *Semisinus*, attendu que *Pyrgulifera* n'a pas la columelle tordue en avant, et que par suite, l'ouverture est simplement versante sans paraître subéchancrée. Lorsque les spécimens de *Semisinus* sont incomplets ou jeunes, on peut les confondre avec de jeunes *Potamides*, ou les attribuer au Genre *Melania*, à cause de l'ornementation des premiers tours qui disparaît, dans la plupart des cas, à l'âge adulte.

Dans une Note intitulée « Ueber innere Gaumenfalten bei foss. Cerithien u. Melanien » (1892. Z. d. geol. Ges., p. 439), M. Oppenheim a appelé l'attention sur les plis palataux que possède *S. resectus* fossile du Cuisien, et qu'on retrouve aussi chez certains Mélaniens et Potamides fossiles; l'auteur a fait remarquer que ces plis n'existent pas chez *S. braziliensis* à l'époque actuelle. Je ne crois pas qu'il faille attacher une importance générique à ces plis qui ne sont probablement que l'impression interne de l'ornementation spirale et externe du test. De ce fait que ces plis ont été observés chez certains Mélaniens et même chez *Bayania semidecussata*, espèce marine et fossile, on ne peut en tous cas conclure que les *Semisinus* fossiles n'avaient pas la même organisation que les vivants.

Répart. stratigr.

Paléocène. — Une espèce douteuse, dans les lignites d'Ajka, en Hongrie : *Hemis. lignitarius*, d'après M. Oppenheim (*loc. cit.*, p. 769). Deux espèces douteuses, en Transylvanie : *Hemis. pulchellus*, *ornatus* Palfy (*loc. cit.*, pp. 315-316, pl. XXIX, fig. 4-5).

Eocène. — Outre le génoplésiotype ci-dessus figuré, une espèce commune dans le Cuisien des environs de Paris : *Cerithium resectum* Desh., ma coll., et var. *cocænica* Wat., ma coll. Une autre espèce ou variété, confondue à tort avec *Pirenopsis*, dans le Sparnacien de Sinceny : *Faunus rissoinæformis* Cossm., coll. Boutillier. Deux espèces dans le Lutécien des Corbières : *Semisinus Venei* Leym., *S. fasciatus* Doncieux (1908. Desc. pal. Numm. Corb., p. 210, pl. XII).

MIOCÈNE. — Une espèce dans le Tortonien du Piémont : *Hemis. miodertonensis* Sacco (I Moll. dei terr. terz. del Piem., Part. XVIII, p. 8, pl. I, fig. 12). Une espèce dans l'Helvétien du Bassin de Vienne : *Melanopsis tabulata* Hœrn., d'après Sandberger (*loc. cit.*, p. 522, pl. XXVI, fig. 5), ma coll.

ÉPOQUE ACTUELLE. — Nombreuses espèces aux Antilles, dans l'Amérique centrale et notamment au Brésil (*fide* v. Ihering, Rev. do Mus. Paulista, 1902, p. 665).

COPTOSTYLUS, Sandberger, 1875 (1).

Coquille paludiniforme, à spire corrodée au sommet, ornée sur les premiers tours, lisse sur les derniers ; ouverture ovale, holostome, à peine sinueuse à la base, mais versante à droite ; labre peu sinueux, un peu épais ; columelle lisse, excavée, faiblement tordue en avant.

COPTOSTYLUS *s. str.* G.-T. : *Melanopsis Parkinsoni* Desh. Eoc.

Test épais. Taille moyenne ; forme subglobuleuse, ovoïdo-conique ; spire courte, toujours corrodée au sommet, à galbe néanmoins conique ; tours peu nombreux, légèrement convexes, dont la hauteur égale la moitié de la largeur, séparés par des sutures assez profondes, non bordées ; l'ornementation des premiers tours se compose de petites costules axiales, presque droites, peu saillantes, sur lesquelles des filets spiraux et assez rapprochés découpent des granulations transverses ; ces ornements disparaissent peu à peu, il est rare qu'ils persistent sur l'avant-dernier tour qui est généralement lisse, ou qui ne conserve qu'un seul sillon spiral, peu visible au-dessus de la suture. Dernier tour égal aux deux tiers au moins de la hauteur totale, avec une légère dépression au-dessus de la suture, vaguement limitée par une strie très peu visible ; il est arrondi à la base qui est imperforée, lisse, à peu près dépourvue de cou, sans aucune trace de

(1) Land. u. Susssw. Conchyl., p. 202. — Etym. : κοπτος, coupé ; στυλος, columelle.

bandelette spirale. Ouverture dilatée, ovale, avec une gouttière étroitement canaliculée en arrière, à peine sinueuse sur son contour supérieur, latéralement versante du côté de la région ombilicale, à péristome épais et continu ; labre peu sinueux ou simplement incurvé, non proéminent en avant, antécurrent vers la suture, lisse à l'intérieur ; columelle lisse, largement excavée au milieu, se terminant en avant par un renflement un peu tordu, sans aucune apparence de troncature ; bord columellaire calleux, bien appliqué sur la base, se raccordant en courbe à son extrémité antérieure avec la faible sinuosité du contour supérieur.

Diagnose refaite d'après des spécimens de l'espèce génotype, du Suessonien de Cuise-la-Motte (Pl. IV, fig. 13 14), ma coll.

Rapp. et diff. — Cette coquille a été classée par Deshayes dans le G. *Melanopsis*, quoique son échancrure ne présente aucune trace d'échancrure basale : sur aucun individu, on ne distingue de bandelette ou fasciole qui puisse faire soupçonner l'existence d'une entaille au contour supérieur qui est très faiblement sinueux quand on le regarde en plan. En proposant, à juste titre, le S.-G. *Coptostylus*, Sandberger l'a toutefois laissé dans le G. *Melanopsis*, tout en signalant sa grande analogie avec *Paludomus* qui est un Mélanien incontestable. Il y a lieu de rectifier cette faute de classement et de ramener *Coptostylus* dans les *Melaniidæ*, non pas auprès de *Paludomus* dont il s'écarte par sa columelle un peu infléchie à l'extrémité antérieure, mais dans la Sous-Famille *Semisininæ*, auprès de *Semisinus* qui s'en distingue par sa columelle plus franchement tordue. Le labre n'est, pour ainsi dire, pas sinueux ; son profil est seulement incurvé et un peu oblique. *Coptostylus* se rapproche, en outre, de *Semisinus* par le dimorphisme de l'ornementation de sa spire.

Répart. stratigr.

Eocene. — Outre le génotype du Cuisien, une autre espèce très voisine, au même niveau : *Melanopsis obtusa* Desh., ma coll. Une espèce plus grande et plus allongée, dans le Sparnacien de Pourcy (Aisne) : *Melanopsis pourcyensis* Cossm., ma coll. Une espèce dans le Bartonien d'Angleterre : *C. globosus* Edw. *mss.*, d'après le Catalogue systématique de M. Newton (1891, p. 202). Une espèce dans le Lutécien des Corbières : *C. costulatus* Doncieux (*loc. cit.*, p. 209, pl. X).

Oligocene. — Une espèce dans la série de Headon (Angleterre) : *Melanopsis brevis* Sow. (*sec.* Newton, *ibid.*, p. 202).

COSINIA, Stache, 1880 (1)

Coquille ressemblant à *Trichotropis* ; spire étagée et sillonnée ; ouverture semilunaire, prolongée en avant par un bec holostome ; columelle faiblement tordue à son extrémité antérieure ; labre peu incliné, non sinueux.

COSINIA *s. str.* G.-T. : *C. cosinensis* Stache. Paléoc.

Test peu épais. Taille assez petite ; forme trichotropoïde, trapue ; spire étagée par une large rampe postérieure, à galbe conique ; tours peu nombreux, anguleux au milieu, dont la hauteur atteint ou dépasse un peu la moitié de la largeur, séparés par des sutures linéaires, carénés sur l'angle médian, finement sillonnés sur la rampe déclive ou excavée au-dessous de la carène, ornés de filets spiraux et inégaux sur la région antérieure et cylindrique de chaque tour ; stries d'accroissement très fines, presque droites. Dernier tour égal aux deux tiers environ de la hauteur totale, arrondi à la périphérie de la base qui est déclive, subperforée au centre, et munie d'un cou assez court. Ouverture semilunaire, anguleuse en arrière ; prolongée en avant par un bec non sinueux, et néanmoins holostome dans son ensemble : labre peu incliné, non sinueux ; columelle un peu excavée en arrière, à peine calleuse, faiblement tordue à son extrémité antérieure où elle se raccorde au bec basal ; bord columellaire assez étroit, imparfaitement appliqué sur la base.

Diagnose refaite d'après les figures de l'espèce génotype (*loc. cit.*, pl. I, fig. 18) ; reproduction d'une figure (*ibid*, fig. 21 *b*) d'une espèce voisine : *C. goniostoma* Stache [**Fig. 64**].

Fig. 64. — *Cosinia goniostoma* Stach.

Rapp. et diff. — L'auteur a classé son Genre dans une Sous-Famille *Philopotaminæ* qui contient également le G. *Philopotamis* Layard, que j'ai placé, suivant Fischer, comme simple Section de *Paludomus*, c'est-à dire dans une autre Sous-Famille, à ouverture

(1) Verhandl. K. K. geol. Reichsanstalt, n° 12, p. 198. — Etym. : Cosina, localité de l'Istrie.

arrondie en avant. Le bec qui existe à l'extrémité antérieure de l'ouverture de *Cosinia*, la torsion de la columelle qui n'est pas tronquée, mais faiblement infléchie en avant, me paraissent rapprocher *Cosinia* beaucoup plus près de *Semisinus* que de *Paludomus*. Il convient toutefois d'observer que la plupart des spécimens du génotype de *Cosinia* sont figurés du côté du dos, et que l'ouverture n'en est pas connue : le seul échantillon dont l'ouverture est intacte appartient à l'espèce plésiotype que j'ai reproduite ci-dessus. et qui me rappelle absolument l'ouverture de *Trichotropis* ; toutefois, ce dernier a un péristome incliné dans un plan très oblique, sa surface porte un treillis sublamelleux, etc..., caractères qui l'écartent complètement de *Cosinia*, sans parler de l'habitat qui est bien différent.

Répart. stratigr.

Paléocène. — Plusieurs espèces ou variétés, outre les deux ci-dessus mentionnées, dans les « Liburnische Stufe » de l'Istrie : *Paludomus recteli-neatus*, *C. subsimilis*, *Taramelliana*, *acutecarinata*, *interlineata*, *bicincta*, *polygonata*, *ornata*, *subornata*, *pygmæa* Stache (*loc. cit.*).

MELANOPSIDÆ Bourg. 1884 (1)

Habitat fluviatile ou de lacs saumâtres. Coquille généralement turriculée, à galbe très variable, lisse ou ornée ; ouverture invariablement échancrée à la base qui porte une bandelette ou « fasciole basale », formée par la trace des accroissements successifs de l'échancrure ; labre plus ou moins sinueux ; columelle calleuse, excavée en arrière, tordue ou infléchie en avant et subtronquée à l'angle de l'échancrure. Opercule corné, paucispiré, à nucléus submarginal et basal.

Rapp. et diff. — Les Genres que je groupe dans cette Famille ont été, jusqu'à présent, dans tous les Manuels de Conchyliogie, confondus avec les *Melaniidæ* ; Bourguignat a cependant formé avec quelques-uns de ces Genres un « groupe mélanopside », sans instituer une Famille véritablement distincte. Or il me semble évident que l'existence d'une échancrure basale, — laissant par la trace

(1) Hist. des Mélaniens du Syst. européen. Ann. de Malac., II (*fide* Sacco).

de ses accroissements une bandelette encadrée (à laquelle Fischer a très justement attribué le nom « fasciole basale ») en saillie ou en dépression sur le cou — constitue un critérium différentiel d'une importance familiale, que corrobore d'autre part la différence — constatée déjà par les conchyliologues — entre les opercules des deux groupes. Les *Melaniidæ* ont toujours l'ouverture holostome, même quand elle semble subéchancrée par suite de la torsion de la columelle, comme chez *Semisinus* ou *Cosinia* ; aucun des Genres qui composent cette précédente Famille n'a de fasciole basiale, tandis que les *Melanopsidæ* se reconnaissent immédiatement par cette fasciole qui a de l'analogie avec celle des Siphonostomes très échancrés à la base, tels que *Buccinidæ*, *Nassidæ*.

Je divise cette Famille en trois Sous-Familles dont les deux premières sont bien nettement séparées, selon que le labre est — ou n'est pas — pourvu d'une entaille postérieure, sinus plus ou moins profond, plus ou moins écarté de la suture ; la première S.-Fam. (*Fauninæ nob.* 1909) comprend les formes turriculées, analogues aux Mélanies, aux Cérites, ou même à *Rigauxia* ; la seconde (*Melanopsinæ*) est représentée par les vrais *Melanopsis*, à galbe extrêmement variable souvent chez la même espèce, et a fortiori dans le même Genre ; on ne peut se guider, par conséquent, que d'après le labre, la fasciole basale et la columelle ; la troisième *Ochetopsinæ nob.* 1908) a l'ouverture subcanaliculée en avant, mais la fasciole a presque totalement disparu.

A l'inverse des *Melaniidæ*, les *Melanopsidæ* sont beaucoup plus riches en formes fossiles qu'en formes vivantes ; mais leur ancienneté n'est guère plus grande, car on ne les voit apparaître qu'à la fin de la période crétacique. Les deux Familles sont probablement issues des *Pseudomelaniidæ* marins, par une adaptation à l'habitat saumâtre. Fischer a remarqué que — à part une exception dans le Miocène (1) des Etats-Unis et quelques espèces actuelles de la Nouvelle Calédonie ou de la Nouvelle-Zélande — les *Melanopsidæ* vivants ou fossiles sont presque exclusivement cantonnés dans le Bassin de la Méditerranée, et principalement dans l'Europe orientale où ils ont extraordinairement pullulé, jusque dans la Perse et dans l'Inde septentrionale. Il n'en existe plus en Amérique actuellement, on ne trouve sur ce continent que des *Pleuroceridæ*.

Tableau des Genres, Sous-Genres et Sections

* *FAUNINÆ* (Sinus profond au labre)

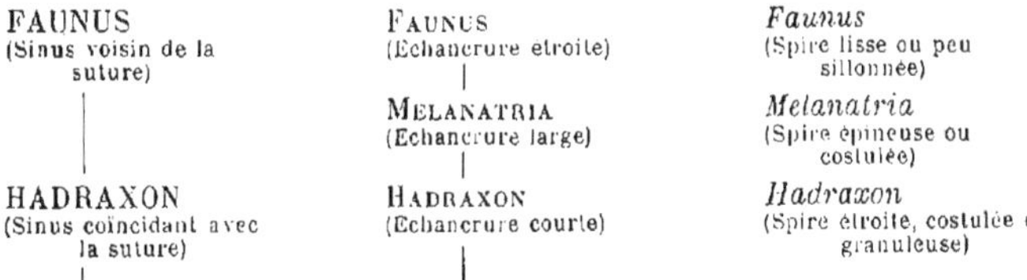

FAUNUS (Sinus voisin de la suture)	FAUNUS (Echancrure étroite)	*Faunus* (Spire lisse ou peu sillonnée)
	MELANATRIA (Echancrure large)	*Melanatria* (Spire épineuse ou costulée)
HADRAXON (Sinus coïncidant avec la suture)	HADRAXON (Echancrure courte)	*Hadraxon* (Spire étroite, costulée et granuleuse)

(1) Il faut y ajouter une espèce du groupe de Laramie, qu'on trouvera signalée ci-après dans le G. *Melanopsis*.

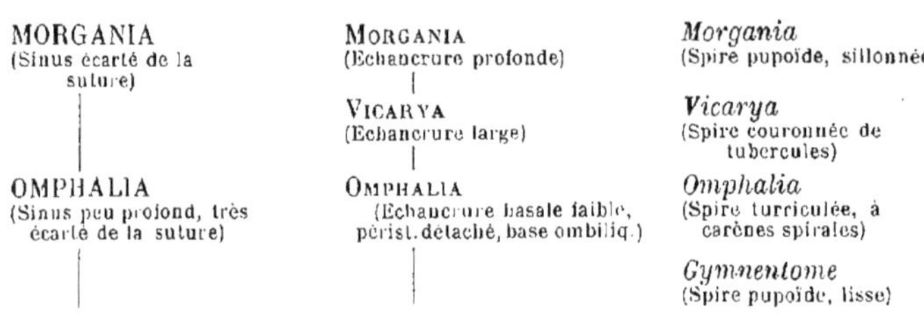

MORGANIA (Sinus écarté de la suture)	MORGANIA (Echancrure profonde)	*Morgania* (Spire pupoïde, sillonnée)
	VICARYA (Echancrure large)	*Vicarya* (Spire couronnée de tubercules)
OMPHALIA (Sinus peu profond, très écarté de la suture)	OMPHALIA (Echancrure basale faible, périst. détaché, base ombiliq.)	*Omphalia* (Spire turriculée, à carènes spirales)
		Gymnentome (Spire pupoïde, lisse)

* *MELANOPSINÆ* (Labre peu ou point sinueux)

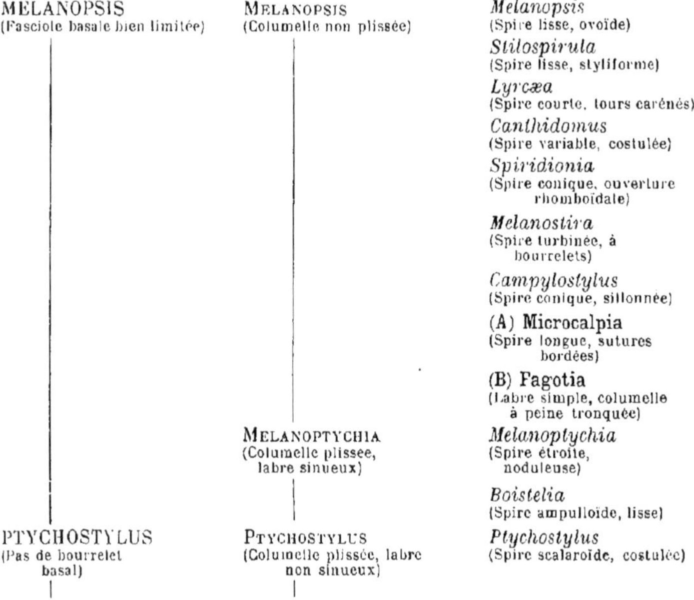

MELANOPSIS (Fasciole basale bien limitée)	MELANOPSIS (Columelle non plissée)	*Melanopsis* (Spire lisse, ovoïde)
		Stilospirula (Spire lisse, styliforme)
		Lyrcæa (Spire courte, tours carénés)
		Canthidomus (Spire variable, costulée)
		Spiridionia (Spire conique, ouverture rhomboïdale)
		Melanostira (Spire turbinée, à bourrelets)
		Campylostylus (Spire conique, sillonnée)
		(A) Microcalpia (Spire longue, sutures bordées)
		(B) Fagotia (Labre simple, columelle à peine tronquée)
	MELANOPTYCHIA (Columelle plissée, labre sinueux)	*Melanoptychia* (Spire étroite, noduleuse)
		Boistelia (Spire ampulloïde, lisse)
PTYCHOSTYLUS (Pas de bourrelet basal)	PTYCHOSTYLUS (Columelle plissée, labre non sinueux)	*Ptychostylus* (Spire scalaroïde, costulée)

* *OCHETOPSINÆ* (Ouverture canaliculée, peu échancrée)

SMENDOVIA (Bourrelet basal très saillant)	SMENDOVIA (Labre peu sinueux)	*Smendovia* (Spire pleurotomoïde, longue)
TYPHOBIA (Bourrelet presque nul)	TYPHOBIA (Sinus au-dessus de la couronne d'épines)	(C) Typhobia (Spire piriforme, courte, épineuse)

Genres non connus à l'état fossile

A. — Microcalpia Bourguignat, 1884. — G.-T. *Melanopsis acicularis* Féruss. Coquille mélaniforme, à spire longue et à sutures bordées ; les stries d'accroissement paraissent peu sinueuses ; la fasciole basale paraît étroite.

B. — Fagotia Bourguignat, 1884. — G.-T. *Melanopsis Esperi* Féruss. Je n'ai d'autres renseignements sur cette Section que ceux donnés par Fischer : « une apparence de troncature à la base, labre simple ».

C. — Typhobia E. Smith, 1880. — G.-T. *T. Horei* E. Smith (Etym. : τυφη, plante aquatique ; βιος, vie). Coquille mince, piriforme; spire courte, déprimée au sommet ; tours anguleux en arrière, avec une rampe aplatie au-dessus de la suture et une couronne d'épines tubulées sur l'angle ; ouverture rostrée en avant, complètement canaliculée comme celle d'un Siphonostome, très faiblement échancrée au bout de ce canal ; labre très mince, entaillé au-dessus de la couronne inférieure d'épines par un sinus triangulaire; columelle lisse, faiblement excavée en arrière, à peine infléchie en avant sans atteindre le canal ; base sillonnée, gonflée sur le cou par une fasciole très obsolète et mal limitée (Plésiotype du lac Tanganyika, communiqué par M. Bonnet).

Nota. — Je ne mentionne pas ici le G. *Clea* que j'ai — à l'exemple de Fischer — classé avec le G. *Canidia* dans la Fam. *Nassidæ*. Certains auteurs pensent, au contraire, que ce sont des *Melanopsidæ* ; or, d'après un nouvel examen que j'ai fait d'échantillons de *Clea* communiqués par M. Bonnet, je crois que cette opinion est fondée, attendu que la fasciole basale se réduit à un gonflement indistinct du cou, au lieu de la bandelette creuse et fortement limitée par une artère, telle qu'on la constate chez les *Nassidæ* ; comme il s'agit, d'autre part, de coquilles d'eau douce, il est plus naturel de les rapprocher de *Melanopsis* que de *Nassa*. En tous cas, ce sont des formes qu'on pourrait comparer à quelques-uns de nos fossiles sarmatiens ou garummiens, ainsi que l'a fait remarquer M. Oppenheim, à plusieurs reprises.

*

FAUNUS, Montfort (1810) (1)
(= *Ebena* Schum. 1817 ; = *Pirena* Lamk, 1822 ; = *Melanamara* Bowdisch, 1822)

Coquille subulée ou épineuse ; spire longue, mais souvent tronquée ; ouverture profondément échancrée à la base ; labre assez épais, convexe, avec un sinus postérieur, situé au-dessus de la suture ; columelle arquée, calleuse, tordue et subtronquée à son extrémité antérieure.

(1) Conch. syst., II, p. 427. — Etym. mythol.

FAUNUS *s. str.* G.-T. *Strombus ater* Linn. Viv.

Test épais. Taille grande ; forme subulée, étroite ; spire longue, à sommet fréquemment tronqué, à galbe à peu près conique ; tours nombreux, à peine convexes dont la hauteur atteint les deux tiers de la largeur, séparés par des sutures linéaires que recouvre souvent un enduit épidermique ; ornementation à peu près nulle ou réduite à quelques sillons spiraux. Dernier tour dépassant un peu le quart de la hauteur totale, muni d'un renflement variqueux à l'opposé du labre, ovale à la base qui est imperforée et dépourvue de cou chez le génotype ; fasciole basale correspondant aux accroissements de l'échancrure antérieure. Ouverture assez petite, ovale, à péristone continu, profondément échancrée en avant par une sinuosité qui se voit même du côté du dos, comme chez les Siphonostomes ; labre assez épais, arqué et convexe au milieu, entaillé au-dessus de la suture par un profond sinus ; columelle calleuse, lisse et excavée au milieu, tordue et subtronquée à son extrémité antérieure où elle se raccorde néanmoins avec le contour du sinus basal ; bord columellaire très épais, bien limité et appliqué sur la base, se raccordant en arrière par une gouttière vernissée avec le sinus du labre.

Diagnose refaite d'après le génotype et d'après un génoplésiotype du Bartonien d'Anvers : *Cerithium clavosum* Lamk (Pl. III, fig. 1-2), ma coll.

Rapp. et diff. — La plupart des fossiles que je rapporte au G. *Faunus s. str.*. et qui y ressemblent par tous leurs caractères, s'en écartent cependant parce qu'ils ont le cou un peu plus développé que *F. ater ;* c'est même pour ce motif que le génoplésiotype ci-dessus figuré avait été placé par Lamarck et par Deshayes dans le G. *Cerithium*, tant qu'on n'en connaissait pas l'ouverture intacte. Or, s'il existe un cou chez ces *Faunus* fossiles — ce qui ne me paraît pas suffisant pour les séparer de *F. ater*, — il n'y a pas de véritable canal, même aussi peu long et aussi tronqué que celui de *Potamides* : c'est simplement une échancrure sinueuse du contour supérieur de l'ouverture, échancrure dont les accroissements laissent comme trace une fasciole basale, inexistante chez les Cérites, et qui se gonfle un peu plus chez les *Faunus* fossiles que chez *F. ater*, de sorte que ces fossiles paraissent avoir un cou distinct de la base.

Jusqu'à présent, *Faunus* et les formes voisines ont été classés à la suite de *Melania*, malgré leur échancrure basale et leur fasciole qui ressemblent plutôt à celles de *Melanopsis ;* ce système se concevait tant qu'on les plaçait tous dans une Famille unique ; mais, dès l'instant que j'adopte une Fam. *Melanopsidæ*, je trouve beaucoup plus rationnel d'y introduire aussi les *Fauninæ* qui se distinguent seulement des *Melanopsinæ* par leur sinus suprasutural.

Je suis d'autre part très surpris que l'on n'ait jamais signalé d'espèce de *Faunus* dans les terrains compris entre l'Eocène et l'Epoque actuelle ; cependant cette lacune ne me paraît pas constituer un motif suffisant pour ne pas rapporter au G. *Faunus s. str.* les espèces éocéniques qui en ont tout à fait l'aspect ; elle se comblera certainement quelque jour par la découverte de formes miocéniques ou pliocéniques qui doivent établir la filiation phylogénétique, jusqu'ici obscure.

Répart. stratigr.

Danien. — Une espèce dans les couches à Cérites du Louristan (Perse) : *Faunus persicus* H. Douv. (1904. Miss. scient. Perse).

Eocene. — Plusieurs espèces aux divers niveaux du Bassin de Paris : *Melania cerithiformis* Wat., du Sparnacien et du Cuisien, ma coll. ; *Melanopsis Haranti* de Laub. et Carez, des sables de Brasles ; *Pirena Lamarcki*, *dispar*, *Dutemplei* Desh., du Lutécien ; le génoplésiotype ci-dessus figuré, et *Buccinum rigidum* Solander, du Bartonien, ce dernier aussi en Angleterre ; tous de ma coll. Une espèce dans le Lutécien des Corbières : *Faunus angustus* Doncieux (1908. Desc. pal. Numm. Corb., p. 202, pl. XI). Une espèce dans les Alpes bavaroises et dans le Vicentin : *Faunus undosus* Brongn., ma coll.

Epoque actuelle. — Quelques espèces à Ceylan et aux Philippines, dont le génotype, ma coll.

Melanatria, Bowdisch, 1822.

G.-T. : *Pirena madagascariensis* Lamk. Viv.
(=? *Pirenopsis* Brot, 1871).

Taille grande ; forme cérithioïde, aciculée ; spire très longue, dimorphe, subulée et costulée sur les premiers tours, étagée et épineuse sur les derniers ; tours très nombreux, dont la hauteur varie entre les deux tiers et la moitié de la largeur, séparés par des sutures peu profondes, se recouvrant un peu à la suture, d'abord obliquement costulés ou presque lisses, puis munis d'un angle postérieur sur lequel les côtes — de plus en plus espacées — se terminent en formant un nodule épineux des sillons spiraux, inéquidistants, complètent l'ornementation et se transforment en filets, écartés sur la région antérieure et costulée, plus fins et plus serrés sur la rampe excavée qui est sous l'angle. Dernier tour inférieur au tiers de la hauteur totale, épineux même chez les espèces qui ont la spire non costulée, convexe à la base dont le cou est très court avec une fasciole basale, et qui porte des filets écartés, tandis que les côtes n'y persistent pas. Ouverture arrondie, à péristome épais et subdétaché chez les adultes ; échancrure basale assez large ; sinus du labre fortement entaillée au-dessus de la suture ; columelle excavée, brièvement tordue et recourbée à droite près de l'échancrure basale ; bord columellaire très calleux, bien limité et même subdétaché de la base chez les adultes.

Diagnose faite d'après la figure de *Pirena spinosa* Lamk., et d'après un génoplésiotype du Sparnacien de Pourcy (Aisne) : *Melania Cuvieri* Desh. (Pl. III, fig. 23), ma coll.

Rapp. et diff. — La principale différence — ou plutôt la plus apparente — entre *Melanatria* et *Faunus*, réside dans l'ornementation épineuse des derniers tours de spire ; mais il y en a une autre, très importante et signalée d'ailleurs par Chenu, c'est l'élargissement et l'atténuation de l'échancrure basale qui est parfois peu apparente chez les espèces actuelles. Toutefois, ce dernier caractère est moins net chez les fossiles éocéniques que je rapporte à *Melanatria* : ils ont une échancrure large et un cou un peu gonflé par la fasciole basale, exactement comme chez *Faunus clavosus*, de sorte que le critérium différentiel et sous-générique s'est vraisemblablement accentué à mesure que *Melanatria* s'est rapprochée de l'époque actuelle ; malheureusement, je n'ai pu vérifier cette tendance, attendu que, de même pour *Faunus s. str.*, on ne connaît encore pas de représentants de ce Sous-Genre dans les terrains Miocène et Pliocène.

Il est intéressant de remarquer, en outre, que *Melanatria* ne semble pas avoir, sur le dernier tour, de varice opposée au labre, quoique ce dernier soit au moins aussi épais que chez *Faunus* ; d'autre part, le sinus inférieur du labre est aussi profond chez l'un que chez l'autre.

Lorsque *Melanatria* est incomplet ou non adulte, il ressemble beaucoup à certains groupes de *Potamides*, par ex. à *Pyrazus* ; cependant on peut l'en distinguer, même quand l'ouverture est mutilée, par le dimorphisme de la spire d'abord costulée et dont les épines ne commencent à apparaître que vers les derniers tours. Aussi on peut se demander si le G. *Pirenopsis* Brot — dont les premiers tours sont costulés et le sommet est corrodé, tandis que le dernier tour est lisse — n'est pas identique à *Melanatria*, d'autant plus que l'opercule paraît être identique (G.-T. *Pirena costata* Quoy et Gaimard).

Répart. stratigr.

Éocène. — Plusieurs espèces dans le Sparnacien et le Cuisien des environs de Paris et du Vicentin : *Melania Cuvieri*, *Geslini*, *Dufresnei* Desh., *Muricites vulcanicus* Schl., *Melania curvicostata* Mellev., *M. ornata* Desh. Une espèce dans les couches de M[te] Pulli : *M. Hantkeni* Mun. Ch., d'après les

Faunus

figures publiées par M. Oppenheim (1894. Zeitsch. deutsch. geologisch. Ges., pl. XXVII, fig. 10-14). Trois espèces dans le Lutécien des Corbières : *Melanatria Boriesi, farinensis, Archiaci* Doncieux (*loc. cit.*, pl. XI et XII). Une espèce en Bosnie : *M. Bosniaca* Opph. 1908. Eozæn foss. Herzeg.)

ÉPOQUE ACTUELLE. — Quelques espèces à Madagascar (*fide* Fischer).

HADRAXON, Oppenheim, 1892 (1)

Coquille aciculée, polygyrée ; tours très nombreux, costulés et souvent granuleux ; columelle très solide, subimbriquée à l'insertion des tours de spire ; ouverture échancrée à la base et près de la suture (*fide fig. in* Roule).

HADRAXON, *s. str.* G.-T. *Hemisinus csingervallensis* v. Tausch. Paléoc.

Test fragile. Taille au dessous de la moyenne ; forme très étroite, aciculée, cylindro-conique ; spire très longue, polygyrée ; tours nombreux (au moins 20), plans ou peu convexes, dont la hauteur égale à peu près les deux tiers de la largeur, séparés par des sutures obliques et souvent bordées d'une arête saillante ; ornementation composée de costules axiales, minces et curvilignes, généralement croisées par des sillons spiraux qui y découpent des granulations ; chez quelques individus, en particulier chez le génotype, une des costules est variqueuse sur chaque tour, et la rangée axiale des varices est assez exactement alignée. Dernier tour peu élevé, caréné à la périphérie de la base qui porte deux autres carènes spirales à l'exclusion de côtes, et qui est imperforée au centre, avec un cou très court. Ouverture petite, ovale, échancrée à la base ; labre mince et convexe, paraissant entaillé près de la suture ; columelle excavée, calleuse, tronquée en avant ; axe columellaire très solide, subimbriqué pour l'insertion des tours de spire, de sorte que c'est ordinairement la seule partie conservée de la coquille.

(1) Ueber einige Brackwass. u. Binnen moll. aus der Kreide u. dem Eozan Ungarns (Z. D. g. Ges., p. 795). — Etym. : αδρος, solide ; αξων, columelle (géralement, on écrit *axis* : *Streptaxis*, *Alocaxis*, etc.).

Hadraxon

Diagnose établie d'après les figures du génotype, et d'un génoplésiotype figuré par Roule : *Melania Gabrieli*, des lignites des Bouches-du-Rhône. Reproduction de ce dernier et de la columelle typique [Fig. 65 et 66].

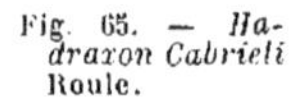

Fig. 65. — *Hadraxon Gabrieli* Roule.

Rapp. et diff. — Ce Genre n'a été fondé que sur un caractère empirique : l'apparence que présente la columelle, quand la coquille est brisée, de sorte qu'avec de tels matériaux il m'eût été bien difficile de préciser dans quelle Famille il doit être placé ; heureusement, une figure reproduite d'après celle d'un échantillon probablement restauré — ou à l'état de contr'empreinte — permet d'y reconnaître l'échancrure caractéristique des Fauninés, tant à la base de l'ouverture qu'auprès de la suture ; aussi je ne crois pas faire d'erreur grave en classant *Hadraxon* entre *Faunus* et *Irania*. Il se distingue de ses deux congénères par son ornementation et par son galbe très aciculé, du second par la position de l'échancrure du labre relativement à la suture.

M. Oppenheim a comparé *Hadraxon* à *Alocaxis* et à *Trypanaxis* qui sont des formes marines, également polygyrées, à columelle solide ; mais *Alocaxis* porte des plis spiraux qui sillonnent la columelle, et d'autre part *Trypanaxis* a la columelle perforée d'un bout à l'autre. L'arête saillante qui borde souvent la suture d'*Hadraxon* est peut être produite par les accroissements du sinus du labre, de même que l'une des carènes basales doit probablement border la fasciole correspondant aux accroissements de l'échancrure du contour supérieur : ce sont des caractères qu'on ne constate pas chez *Alocaxis* ni chez *Trypanaxis* qui sont des *Cerithidæ*.

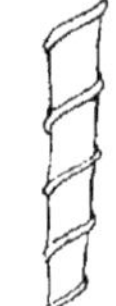

Fig. 66. — Columelle d'*Hadraxon*.

Quoi qu'il en soit, on voit par ce qui précède combien il serait nécessaire de trouver de meilleurs spécimens de ce Genre, pour confirmer les hypothèses sur lesquelles est fondée notre classification. Je ferai accessoirement remarquer que la spire de quelques *Hadraxon* a une certaine analogie avec celle de *Rigauxia* ; mais la ressemblance s'arrête là.

Répart. stratigr.

PALEOCENE. — Plusieurs espèces, outre le génotype, dans les Lignites de la Hongrie et des Bouches-du-Rhône : *H. Baconicum* Oppenh., *Cerithium scalare* Math., *Melania Gabrieli* Roule, *M. acicula ?* Math. (Ce dernier d'après une empreinte qui le représente sénestre).

MORGANIA, Cossmann, 1906 (1)
(= *Irania* H. Douvillé, 1904) (2).

Coquille pupoïde, à tours plans et sillonnés ; ouverture profondément échancrée à la base ; labre très proéminent en avant, profondément entaillé par un sinus au milieu ; columelle calleuse.

MORGANIA s. str. G-T. : *Vicarya fusiformis* Hislop. Eoc.

Taille moyenne ; forme turriculée, pupoïde et un peu trapue ; spire longue, subulée, à galbe extraconique au sommet, puis conoïdal sur les cinq ou six derniers tours ; tours plans, étroits, dont la hauteur ne dépasse guère le tiers de la largeur, séparés par des sutures linéaires, parfois sillonnés dans le sens spiral, marqués de stries sinueuses. Dernier tour élevé, à peu près égal au tiers de la hauteur totale, ovale à la base imperforée qui porte un cou extrêmement court et quelques sillons concentriques en avant. Ouverture subquadrangulaire, anguleuse en arrière, avec une gouttière suturale très profondément échancrée à la base par un sinus dont les accroissements produisent sur le cou une fasciole obsolète ; labre assez mince, formant en avant une languette proéminente qui se raccorde au sinus du contour supérieur, échancré au milieu par une entaille très profonde et semi-elliptique, aboutissant ensuite orthogonalement à la suture ; columelle calleuse, médiocrement excavée, faiblement tordue à son extrémité antérieure contre le sinus basal ; bord columellaire épais, assez large, bien limité et appliqué sur la base.

Diagnose établie d'après les spécimens du génotype, de Rajamundri dans l'Inde (Pl. III, fig.14-15), coll. de l'Ecole des Mines.

Rapp. et diff. — L'auteur a été bien inspiré en plaçant ce nouveau Genre auprès de *Faunus* dont il se distingue toutefois par la position du sinus placé plus au milieu de la hauteur du labre, de sorte que le contour forme un arc de

(1) Revue critique de Paléozoologie, p. 196 : rectification de double emploi, *Irania* préemployé pour un Oiseau.
(2) Miss. scient. en Perse. — IV, Paléont. : Moll. foss. (publiés en 1905). — Etym. : Iran, Perse.

cercle avant d'aboutir à la suture, tandis que chez *Faunus*, l'extrémité du sinus se confond presque avec la gouttière suturale. En outre, le labre est plus proéminent en avant, et il forme une languette bien développée, qu'on n'observe ni chez *Faunus*, ni chez *Melanatria* ; enfin l'échancrure basale est encore plus profonde et plus sinueuse. Ces deux derniers caractères (surtout la languette) pourraient faire croire que *Bellardia* (classé dans le G. *Cerithium*, V. Essais, livr. VII, p. 69) est voisin d'*Irania*, aussi à cause de ses saillies épineuses sur le dernier tour seulement ; mais, si l'on observe le labre de *Bellardia*, on voit qu'il n'est pas échancré et qu'il est rétrocurrent à la suture : les deux coquilles ne sont évidemment pas du même Cénacle.

Répart. stratigr.

DANIEN. — Deux espèces dans les couches à Cérites du Louristan : *Irania persica*, *granulata* H. Douv. (*loc. cit.*).

EOCENE. — Le génotype dans l'Inde, coll. de l'École des Mines.

VICARYA, d'Archiac, 1853 (1) G-T. : *V. Verneuili* d'Archiac. Danien.

Taille grande ; forme cérithiale ou pirénoïde ; spire turriculée, subétagée, à galbe conique ; tours nombreux, plans, dont la hauteur égale la moitié de la largeur, séparés par des sutures linéaires et peu visibles sous la couronne de tubercules qui existe à la partie inférieure de chaque tour ; au-dessus de cette couronne, deux rangées spirales de fines granulations, plus un filet simple. Dernier tour à peine égal au tiers de la hauteur totale, arqué à la périphérie de la base qui est imperforée et envahie par une énorme callosité columellaire descendant jusqu'à la suture de l'avant-dernier tour ; sur la base, quelques cordons concentriques et obsolètes, au-dessus du filet simple du dernier tour. Ouverture libre, petite, arrondie, à péristome continu, subcanaliculée ou largement échancrée à la base ; labre peu épais, très proéminent et arqué en avant, entaillé au niveau de la bande comprise entre le filet simple et les cordons granuleux du dernier tour, c'est-à-dire à une certaine distance de la suture vers laquelle son contour aboutit en s'épaississant pour former le dernier tubercule épineux de la couronne inférieure ; columelle lisse, peu excavée, subtronquée au niveau de l'échancrure

(1) Desc. anim. foss. de l'Inde, p. 298, pl. XXVIII, fig. 4ab.

basale ; bord columellaire extrêmement épais, étalé sur la base jusqu'à la suture de l'avant-dernier tour, rejoignant le bord opposé en formant du côté antérieur une oreillette calleuse qui contourne (?) l'échancrure basale.

Diagnose complétée d'après la figure du génotype (*loc. cit.*), reproduite ci-contre [Fig. 67].

Fig. 67. — *Vicarya Verneuili* d'Arch.

Rapp. et diff. — J'ai précédemment indiqué (V. Essais, livr. VII, p. 65) les motifs pour lesquels il me paraît plus rationnel de classer ce Sous-Genre dans les *Melaniacea* que dans les *Cerithiacea*, quoiqu'il ait la spire de *Tympanotonus* : l'échancrure caractéristique du labre le rapproche complètement des *Fauninæ*; mais comme cette échancrure est écartée de la suture, c'est plutôt au G. *Morgania* qu'il y aurait lieu de rattacher *Vicarya*, à titre de S-G. qui s'en distingue non seulement par son ornementation, mais encore par son énorme callosité basale.

Le spécimen-type de *V. Verneuili* a l'ouverture incomplète en avant, de sorte que d'Archiac n'a pu préciser — ni sur la figure, ni dans le texte — la forme de l'échancrure basale dont le contour est indécis ; il est probable que la callosité basale se confond, du côté antérieur, avec le bourrelet qui représentait probablement les accroissements de cette échancrure et que le dessinateur ne les a pas distingués l'un de l'autre. Dans ces conditions, on est réduit aux conjectures, il n'est pas possible de compléter avec précision la diagnose générique, ni d'affirmer que l'ouverture est étroitement échancrée comme celle d'*Irania*, ou largement comme celle de *Melanatria* ou de *Pirenopsis*. C'est aussi le motif pour lequel, quoique *Morgania* soit de date plus récente, j'ai désigné *Vicarya* comme Sous-Genre de l'autre qui a été caractérisé d'une manière beaucoup plus certaine ; en outre, on peut aussi alléguer que *Vicarya* est à *Irania* ce que *Melanatria* est à *Faunus* ; enfin, il faut tenir compte de ce que Hislop — qui avait vraisemblablement « vu » les deux génotypes — a décrit celui d'*Irania* sous le nom *Vicarya fusiformis*. En tous cas, la profondeur de l'échancrure du labre est telle, chez *Vicarya s. str.*, que d'Archiac a cru utile de faire figurer une coupe longitudinale de sa coquille (fig. 46) pour bien prouver qu'elle ne comporte pas de plis internes ni à la columelle ni au labre, et que par conséquent, ce n'est pas un *Nerineidæ*. Cette précaution est d'ailleurs superflue, car la position seule de l'échancrure, à une grande distance au-dessus de la suture, suffit pour indiquer que ce ne peut être un *Entomotæniata*.

Répart. stratigr.

Danien. — Le génotype dans les calcaires gris, à grains de fer oxydé, de la chaîne d'Hala, et non pas dans le calcaire jaune qui est éocénique : ces calcaires gris sont, au contraire, supracrétaciques.

Eocene. — Une autre espèce douteuse et inédite dans les calcaires jaunes du Sind (Balouchistan).

Miocene. — Une espèce très voisine du génotype, à Java : *V. callosa* Jenkins (1864. Quart. Journ. geol. Soc., XX, p. 57, pl. VII, fig. 5) ; une variété de la même, à Misanga et à Luçon (Philippines) : *V. Semperi* Martin (1895. Tert. foss. Philipp., p. 67, fig. 1-2).

GLAUCONIA, Giebel, 1852 (1).
(= *Omphalia* Zekeli, 1852 ; *non Omphalius* Phil. 1847 ; = *Cassiope* Coq. 1862).

« Coquille turriculée, conique, parfois pupiforme, à tours lisses ou costulés en travers ; ouverture arrondie, continue ; columelle ombiliquée ; labre échancré par un sillon qui parcourt le dernier tour » [Fischer]. Péristome subdétaché ; échancrure antérieure peu profonde ; fasciole basale à peine gonflée, à quelque distance de la fente ombilicale.

Glauconia, *s. str.* G-T. : *Turritella Kefersteini* Goldf. Turon.

Test épais. Taille assez grande ; forme mésalioïde, trapue ; spire turriculée, régulièrement conique sous un angle apical de 30 à 35° ; tours assez nombreux, séparés par des sutures linéaires, et ornés de deux carènes spirales, parfois granuleuses, entre lesquelles les accroissements font une sinuosité assez profonde. Dernier tour égal au tiers environ de la hauteur totale, circonscrit par une carène à la périphérie de la base qui est un peu convexe, souvent marquée de carènes et de filets spiraux, excavée et perforée au centre par une étroite fente ombilicale, autour de laquelle on distingue un bourrelet écarté et très peu saillant qui représente les accroissements de la sinuosité du contour supérieur de l'ouverture. Celle-ci est arrondie dans son ensemble vu de face, son péristome est continu, subdétaché sur la plus grande partie, et situé dans un plan vertical ; entaille du labre très écartée de la suture, médiocrement profonde et

(1) Allgem. Paleont., p. 185, *sec.* Hermannsen. — Etym. : Glauconie, forme pétrogr. de la Craie chloritée.

assez large ; en avant, le profil du labre fait une saillie en courbe, avant de se raccorder avec une faible sinuosité tenant lieu d'échancrure basale ; columelle lisse, peu excavée, presque verticale, se raccordant sans torsion avec la sinuosité basale ; bord columellaire un peu calleux, se détachant de la base et réfléchi sur la fente ombilicale.

Diagnose refaite d'après le génotype du Turonien de Gosau (Pl. IV, fig. 3), coll. de l'Ecole des Mines ; et d'après un génoplésiotype : *Cassiope Lujani* de Verneuil, de l'Aptien des environs de Valence (Pl. IV, fig. 11-12), coll. de l'Ecole des Mines.

Rapp. et diff. — Ce Genre a été classé par la plupart des auteurs dans le voisinage de *Turritella*, à cause de sa ressemblance extérieure avec *Mesalia*; toutefois Fischer a fait observer, avec juste raison, qu'il montre de grandes affinités avec *Melanatria* ; je suis en mesure de préciser ce rapprochement : en effet, en examinant les beaux spécimens de l'Ecole des Mines, qui ont l'ouverture entière à l'état adulte, j'ai constaté qu'ils présentent de réelles affinités avec *Vicarya*, qu'en outre leur base montre — quoique à l'état obsolète — une apparence de fasciole basale sous la forme d'un bourrelet qui aboutit à l'échancrure très faible du contour supérieur. Cependant *Glauconia* se distingue de *Morgania* et de *Vicarya*, non seulement par son ornementation, mais encore par la faible profondeur de ses deux entailles, latérale et basale. Le sinus du labre et le bourrelet de la base ne permettent pas de le classer dans la Fam. *Melaniidæ*.

Répart. stratigr.

Aptien. — Le génoplésiotype ci-dessus figuré, avec plusieurs autres espèces, dans les lignites d'Espagne : *Cassiope Verneuili, Renevieri, Pizcutana, Zekelii* Coquand (1862. Foss. apt. d'Esp., pl. III et IV).

Albien. — Une espèce dans les couches supérieures d'Utrillas (Espagne) et en Tunisie : *Cassiope Picteti* Coq. (*in* Peron, 1889. Moll. foss. Tunisie p. 50, pl. XIX, fig. 18).

Cenomanien. — Une espèce dans la Craie d'Allemagne : *Turritella Buchiana* Goldf. (*sec.* Holzapfel, car d'Orbigny l'indique dans le 22e étage Sénonien).

Turonien. — Le génotype dans la Craie de Gosau, ma coll., avec quelques autres espèces : *Omphalia conica* Zek., *Cerith. suffarcinatum* Munst., ma coll. ; *Omphalia Giebeli, turgida, ventricosa* Zekeli (1852. Gastr. Gosau, p. 27, pl. II et III). Une autre espèce dans les grès d'Uchaux : *Turritella Requieniana* d'Orb., ma coll.

Senonien. — Plusieurs espèces en Provence : *G. alternicosta* Cossm., *Turritella provincialis* d'Orb., *T. Coquandiana* d'Orb., ma coll.

Maestrichtien. — Une espèce confondue avec le génotype — mais bien distincte à mon avis — dans les sables de Vaals, près d'Aix-la-Chapelle, d'après Holzapfel (1880. Moll. Aachener Kreide, p. 164, pl. XV, fig. 12).

GYMNENTOME, *nov. Sectio* (1) G-T. : *Turritella Renauxiana* d'Orb. Turon.

Taille grande ; forme conoïdo-pupoïdale ; spire turriculée, conjointe ; tours assez nombreux, lisses, peu convexes et peu élevés, parfois imbriqués en avant. Dernier tour égal ou un peu supérieur aux deux cinquièmes de la hauteur totale, arrondi à la base qui porte au centre une étroite fente ombilicale, autour de laquelle s'enroule à distance un bourrelet obsolète. Ouverture arrondie, bisinueuse, latéralement sur le labre et supérieurement sur le contour basal ; péristome presque entièrement détaché, ne reposant sur la base que par une faible fraction de son contour ; columelle lisse, peu excavée, non infléchie en avant ; bord columellaire réfléchi sur la fente ombilicale.

Diagnose établie d'après des spécimens du génotype (Pl. IV, fig. 1-2) provenant du Beausset, coll. de l'Ecole des Mines ; génoplésiotype du Cénomanien supérieur de Mondragon *G. Douvillei* Cossm. (Pl. IV, fig. 4) coll. de l'Ecole des Mines.

Rapp. et diff. — Ni le galbe, ni même l'ouverture de cette coquille ne ressemblent à *Glauconia s. str.*, on ne peut réellement pas les laisser confondues ensemble ; cependant, comme les critériums génériques et sous-génériques sont les mêmes, j'ai séparé *Gymnentome* seulement à titre de Section distincte, ayant une ancienneté moindre que celle de *Glauconia*. Le bourrelet correspondant aux accroissements de la sinuosité basale est à peine proéminent et situé à peu près au milieu de la distance entre la fente ombilicale et la périphérie de la base ; en outre, le gonflement spiral correspond, sur le dernier tour, à la sinuosité des stries d'accroissement, vers le tiers supérieur de la hauteur ; ce sinus est en effet plus écarté de la suture que chez *Morgania*.

Répart. stratigr.

CÉNOMANIEN. — Le génoplésiotype ci-dessus figuré : *G. Douvillei nov. sp.* (v. l'annexe ci-après).

TURONIEN. — Le génotype dans la Craie du Midi de la France. Une autre espèce dans la Craie de Gosau : *Omphalia* (2) *subquadrata* Zekeli (*loc. cit.*, p. 29, pl. III, fig. 4)

(1) Etym. : γυμνος, nu ; εντομη, entaille.

(2) Je rappelle, à cette occasion, que si la dénomination *Omphalia* est, en réalité, antérieure à *Glauconia* qui n'existait que sur les étiquettes de la Coll. du Musée de Munich, ce nom *Omphalia* ne peut prévaloir sur l'autre, puisqu'il fait double emploi avec *Omphalius* préemployé

MELANOPSIS, Férussac, 1807 [1]
(= *Bulliopsis* Conrad, 1866)

Coquille ovale-allongée ; surface lisse ou ornée ; ouverture oblongue, plus ou moins échancrée à la base, avec une fasciole basale ; labre mince, non sinueux ou faiblement incurvé en arrière ; columelle lisse, arquée, calleuse.

MELANOPSIS *s. str.* G.-T. : *Murex præsosus* Linné [2]. Viv.
(= *Handmannia* Cossm. 1889, *pro Homalia* Handm. 1887,
non Homala Esch. 1831, *nec Omala* Schum. 1817).

Taille moyenne ; forme ovoïdo-conique, buccinoïde ; spire médiocrement allongée, subulée, pointue quand le sommet n'est pas corrodé ; tours peu nombreux, à peine convexes, se recouvrant successivement sur le tiers environ de leur hauteur, et par conséquent assez étroits, séparés par des sutures linéaires, entièrement lisses. Dernier tour égal à la moitié ou aux deux tiers de la hauteur totale, ovale jusqu'à la base qui est lisse ; imperforée, et qui porte à la place du cou une fasciole spirale, limitée par une strie et correspondant aux accroissements successifs de l'échancrure antérieure. Ouverture petite, ovale, resserrée en arrière par le recouvrement du dernier tour sur l'avant-dernier, munie en avant d'une profonde échancrure ; labre mince, faiblement arqué, peu proéminent en avant, non échancré en arrière, mais faisant une légère inflexion vis-à-vis du point où il vient en contact avec la surface pariétale ; columelle arquée, lisse, subtronquée à l'angle de l'échancrure basale ; bord columellaire très calleux en arrière où il remplit l'angle postérieur de l'ouverture, bien appliqué et bien limité sur la base où il recouvre la fasciole.

(1) Essai d'une Méth., p. 70. — Etym. : *Melania*, Genre de coquille ; ὄψις, apparence.
(2) D'après Chenu et d'après Fischer ; mais d'autres auteurs (Sacco, Brusina, etc.), écrivent *præmorsa* Lin.

Diagnose complétée d'après le génotype et d'après un génoplésiotype du Sparnacien de Pourcy (Aisne) : *M. buccinoidea* Féruss. (Pl. III, fig. 20-21), ma coll.

Rapp. et diff. — Ce Genre — qui se rapproche de *Faunus* par son échancrure basale — s'en écarte par l'absence d'un véritable sinus au dessus de la suture : le contour du labre fait seulement une légère inflexion en face de la callosité pariétale, à l'emplacement où il vient s'appliquer tangentiellement sur elle, parce que les tours se recouvrent partiellement, comme chez *Ancilla*. Enfin la fasciole basale — qui marque par des crochets successifs les accroissements de l'échancrure — est plus nettement marquée que celle de *Faunus*.

Je réunis à *Melanopsis* le G. *Bulliopsis* Conrad, dont le génotype ne diffère de *M. buccinoidea* que par sa forme plus globuleuse et plus trapue : tous les autres caractères sont identiques, notamment et surtout les critériums de l'ouverture. Il en est de même en ce qui concerne *Handmannia*, rectification de nomenclature que j'ai faite dans l'Annuaire géologique universel (1889), à la place de *Homalia*. dénomination préemployée qu'Handmann a appliquée à de petites formes du Bassin de Vienne (*M. pygmæa* Partsch) qu'on ne peut réellement pas distinguer de *Melanopsis s. str.*, même à titre de Section.

Répart. stratigr.

SENONIEN. — Une espèce dans les lignites de Neualpe : *M. lævis* Stoliczka (Sitz. K. K. Akad. Wiss., Bd. XXXVIII, p. 484, pl. I, fig. 4).

PALEOCENE. — Plusieurs espèces dans le Thanétien de la Vesle (Marne) : *M. buccinulum*, *sodalis* Desh., *M. lactacea*, *Mausseneti* Cossm., ma coll. Une espèce confondue avec le génoplésiotype, dans le Montien de Belgique : *M. Briarti nobis* (V. l'annexe ci-après) d'après la figure de Briart et Cornet, pl. VII, fig. 7-9. Quelques espèces dans les lignites d'Ajka, en Hongrie : *M ajkaensis* Tausch, *M. baconica* Oppenheim, d'après cet auteur (*loc. cit.*, p. 770, pl. XXXIV, fig. 9-10). Une espèce bien caractérisée dans le « groupe de Laramie » États-Unis : *M. americana* White (1882. Rewiew of non mar. Moll., p. 461, pl. XXIII, fig. 21-23).

EOCENE. — Quelques espèces dans le Sparnacien et le Cuisien des environs de Paris : *M. buccinoidea* Féruss., *M. ancillaroides*, *ovularis* Desh., *M. Laubrierei* Carez, ma coll. Une espèce en Angleterre : *M. microstoma* Edw., d'après le Catalogue de M. Newton (1891, p. 203). Deux espèces dans le Lutécien des Corbières : *Melanopsis elongata*, *convexa* Doncieux (*loc. cit.*).

OLIGOCENE. — Plusieurs espèces dans les couches d'Headon Hill, en Angleterre : *M. subfusiformis* Morris, ma coll., *M. subulata* Sow., *M. pseudosubulata* Edw., d'après le Catalogue de M. Newton (1891, p. 203). Une espèce confondue à tort avec le génotype vivant, à Rodilla dans la vallée de l'Ebre, ma coll.

MIOCENE. — Deux espèces dans le Burdigalien de la Gironde et de l'Adour : *M. subbuccinoides* d'Orb., *M. olivula* Grat., ma coll. Une espèce confondue avec le génotype, dans le Tortonien du Piémont, d'après la Monogr. de M. Sacco (*loc. cit.*, Part. XXVIII, p. 9). Une espèce dans l'Helvétien de la

Touraine : *M. glandicula* Sandb. (*loc. cit.*, p. 520, pl. XXVI, fig. 3). Plusieurs espèces dans l'Helvétien ou le Tortonien du Bassin de la Vienne : *M. Kleini* Kurr, d'après Sandb. (*ibid.*, Pl. XXVIII, fig. 15), avec la série des *Homalia* de Handmann : *M. pymæa* Partsch, *H. Fuchsi, buccinformis, inermis* Handm. (1887. Foss. Conchyl. Leobersdorf, pl. I). Deux espèces dans les couches supérieures de Craiova, en Roumanie : *M. Rumana, Blennardi* Porumbaru (1881, p. 29, pl. IX, fig. 6, pl. VI, fig. 1). Une espèce dans les couches lacustres de la Bohême, à Tucboric : *M. Bœttgeri* Klika (1891. Tert. Conch. Bohm., p, 112, fig. *a-d*). Une espèce dans le Maryland, génotype de *Bulliopsis* : *M. integra* Conrad, ma coll.

Pliocène. — Plusieurs variétés du génotype, dans le Messinien du Piémont : *M. fusulatina, pseudofallax, longopirulata* Sacco (*ibid.*, pl. I, 13-15). Une espèce dans l'Ain : *M. Rhodanica* Locard, ma coll. Nombreuses formes dans le Sarmatien de la Croatie et de l'Europe orientale : *M. eurystoma* Neum., *M. decollata* Stol., *M. Visiniana, camptogramma, Sabolici, Lanzæana, Cikosi, Friedeli, Vilicici, astathmeta, Arsinovi, Sostarici, cognata* Brusina (1897 et 1902. Icon. moll. foss.).

Pleistocène. — Trois espèces dans les marnes quaternaires d'Algérie : *M. Bleicheri* Paladilhe, *M. acuminata. Dautzenbergi* Pallary (*loc. cit.*, pl. II, fig. 23-26).

Époque actuelle. — Nombreuses espèces dans le Bassin méditerranéen, en Nouvelle-Calédonie et en Nouvelle-Zélande.

Stylospirula, Rovereto, 1899 (1). G.-T. : *Melanop. proboscidea* Dh. Eoc. (= *Macrospira* Sandb. 1875, *non* Guild.)

Test mince et fragile. Taille au-dessous de la moyenne ; forme étroite, élancée, fusoïde ; spire à sommet styliforme, ensuite extraconique et enfin ovoïdo-conoïde au dernier tour ; tours nombreux, étroits, se recouvrant successivement, séparés par des sutures faiblement bordées ; surface complètement lisse. Dernier tour un peu supérieur à la moitié de la hauteur totale quand la pointe apicale est complète, un peu déprimé au-dessus de la suture, à galbe ovale jusqu'à la base lisse et imperforée qui se prolonge par un cou assez long, et qui porte sur ce cou une fasciole basale légèrement gonflée, extérieurement limitée par une petite dépression spirale. Ouverture courte, faiblement échancrée à la base, avec une gouttière dans l'angle

(1) Rich. syn. — Etym. : στυλος, colonne ; σπειρα, spire. M. Rovereto a orthographié *Stilospirula* parce que la langue italienne n'admet pas l'*y*.

inférieur; labre mince, assez profondément sinueux en arrière à quelque distance de la suture comme l'indiquent les stries flexueuses d'accroissement du dernier tour, mais appliqué tangentiellement à l'avant-dernier tour sur une hauteur égale à la moitié de celle de l'ouverture; columelle lisse, excavée en arrière, peu tordue mais infléchie à droite en avant où elle se termine en pointe effilée contre l'échancrure basale; bord columellaire large, épais et très calleux sur la région pariétale où il descend très bas avec le labre, plus étroit en avant où il recouvre incomplètement la fasciole basale.

Diagnose faite d'après de nombreux spécimens — toujours imparfaits — du génotype, provenant de Chéry-Chartreuve et de Fère-en-Tardenois (Pl. IV, fig. 16-17), ma coll.

Rapp. et diff. — Cette singulière coquille, séparée avec raison par Sandberger, est intermédiaire entre *Melanopsis* et *Lyrcæa*, à cause de la dépression parfois subanguleuse qui existe en arrière du dernier tour, et vis-à-vis de laquelle les stries d'accroissement font une inflexion sinueuse et très nettement marquée. Mais on la distingue aisément des deux groupes précités par la longueur démesurée de la spire qui forme un style disproportionné, quand il n'est pas cassé par les accidents de la fossilisation; les sutures sont bordées comme chez *Lyrcæa*, mais le dernier tour a plutôt l'aspect des vrais *Melanopsis*. La fasciole basale est peu proéminente et elle indique une échancrure peu profonde, que je n'ai pu constater intacte que sur quelques rares individus. En résumé, je ne vois, dans tous ces caractères, aucune base pour établir une subdivision sous-générique : *Macrospira* (changé en *Stilospirula* pour cause de double emploi) n'est qu'une Section de *Melanopsis*, comme toutes celles qui vont suivre et qui sont déjà en bien grand nombre!

Répart. stratigr.

Eocène. — Le génotype dans le Bartonien supérieur des environs de Paris. Une espèce voisine, dans les lignites de Monte Bolca: *M. vicentina* Oppenh., ma coll. (don de l'auteur); peut être la même, dans le Nummulitique moyen de la province de Lérida (Cossm. 1898. Est. Mol. Pirin. Catal., p. 12, pl. VIII, fig. 21-22). Une autre espèce dans les lignites de la Hongrie : *M. doroghensis* Opph. (1892. Ueber ein. Brackwass., p. 707, pl. XXXIII, fig. 7-11). Deux espèces dans le Ligurien du Gard : *M. acrolepta*, *romejacensis* Fontannes (1884. Faune malac. groupe d'Aix, p. 29, pl. IV, fig. 1-4). Une espèce dans le Lutécien des Corbières : *Macrospira brevis* Doncieux (*loc. cit.*).

Oligocène. — Une espèce dans la « Série de Headon » (Angleterre): *M. carinata* Sow., d'après le Catal. de Newton (1891. Edw. Coll., p. 202).

Lyrcæa, H. et A. Adams, 1854 [1]. G.-T.: *Melanop. Dufouri* Graells.Viv. (= *Dufouriana* Bourg. 1884, *fide* Sacco ; = *Martinia* Handm. 1887, *non* M'Coy, 1844).

Taille un peu au-dessus de la moyenne ; forme de *Pseudoliva*, trapue et massive ; spire courte et obtuse au sommet ; tours peu nombreux, anguleux ou carénés au milieu, à sutures peu distinctes, avec une rampe déclive jusqu'à l'angle médian. Dernier tour formant les trois quarts ou les quatre cinquièmes de la hauteur totale, excavé au-dessus du bourrelet suprasutural, muni d'un angle périphérique, et aplati sur les flancs au-dessus de cet angle jusqu'à la base qui est ovale, convexe, imperforée au centre, avec un cou très court et muni d'une fasciole basale extérieurement limitée par une arète saillante ; stries d'accroissement parfois plissées et sinueuses vis-à-vis de l'angle médian. Ouverture libre à peine égale à la moitié de la hauteur du labre, ovale au-dessus du rétrécissement canaliculé de l'angle inférieur, peu profondément échancrée en avant ; labre à peu près vertical, mince, faiblement sinueux vis-à-vis de l'angle médian et aussi sur le bourrelet suprasutural, tangent sur la moitié de sa hauteur à l'énorme callosité pariétale qui remplit l'angle inférieur de l'ouverture ; columelle lisse, nettement excavée en arrière, tordue ou infléchie contre l'échancrure basale ; bord columellaire épais et bien limité à l'âge adulte.

Diagnose refaite d'après le génotype et d'après un génoplésiotype du Sarmatien de la Serbie : *Melanopsis Martiniana* Féruss. (Pl. III, fig. 16-17), ma coll.

Rapp. et diff. — Malgré l'aspect extérieur bien distinct, les différences entre *Lyrcæa* et *Melanopsis* n'ont que la valeur d'une Section, ainsi que l'a jugé Fischer, et non pas d'un Sous-Genre comme l'ont proposé les frères Adams : il est facile de passer d'un groupe à l'autre, presque sans discontinuité, par une série de formes intermédiaires ; les adultes surtout acquièrent avec l'âge des caractères qui varient dans une large mesure et qui s'écartent totalement de ceux de *Melanopsis s. str.* Aussi ne doit-on pas attacher d'importance aux subdivisions qui ont été proposées pour ces formes extrêmes : par exemple, Handmann a établi en 1887 (Die foss. Conchyl. von Leobersdorf, p. 11) un S.-G.

(1) Gener. of. shells, p. 310. — Etym.: mythol.

Martinia dont le génotype est précisément *M. Martiniana*, espèce que je considère comme un excellent génoplésiotype de *Lyrcæa* à l'état fossile et à l'âge adulte; d'ailleurs cette dénomination préemployée n'aurait pu être conservée, il me parait inutile de la remplacer, attendu que l'auteur lui-même a fait entrer dans son Sous-Genre une série de variétés de cette espèce polymorphe, il en a donné de très exactes figures qui montrent des transitions graduelles jusqu'aux Sections voisines, prouvant ainsi, contre ses propres conclusions, qu'il faut éviter de multiplier les subdivisions dans le G. *Melanopsis*.

Répart. stratigr.

Eocène. — Une espèce probable, quoique peu carénée, dans les Pyrénées catalanes : *Melanopsis Almerai* Cossm., ma coll.

Oligocène. — Une espèce probable dans la « Série d'Headon » (Angleterre) : *Melanopsis subcarinata* Morris, d'après les figures de l'Atlas de Sandberger (pl. XV, fig. 8). Une espèce bien carénée, dans l'Aquitanien du Bordelais et de l'Adour : *M. aquensis* Grat., ma coll.

Miocène. — Une espèce voisine de *M. aquensis*, dans l'Helvétien du Bassin de Vienne ; *M. clava* Sandb. (*loc. cit.*, p. 521, pl. XXV, fig. 31). Quelques espèces dans les couches de Leobersdorf : *L. varicosa*, *senatoria* Handmann (*loc. cit.*, p. 18, pl. II), le génoplésiotype ci-dessus figuré et *M. vindobonensis* Fuchs, ma coll., avec six variétés (*sec.* Handm.). Une espèce dans les couches supérieures de Craïova (Roumanie) : *M. Vitzoni* Porumbaru (*loc. cit.*, p. 27, pl. VII, fig. 4). Plusieurs espèces ou variétés, dans l'Helvétien et le Tortonien du Piémont : *M. Bonellii* Sism., *M. carinatissima*, *monregalensis*, *taurinensis*, *pedemontana*, Sacco, *M. narzolina* Bonelli, *M. Doderleini*, *agatensis* Pant., *M. compressoides* Sacco, d'après la Monogr. de cet auteur (part. XVIII, pl. I, fig. 16-26). Une espèce dans le Bassin de Crest (Drôme) : *M. Hericarti* Font. (1880. Terr. tert. Crest, p. 149, pl. I, fig. 5-6).

Pliocène. — Outre le génoplésiotype ci-dessus figuré, une espèce abondante et variable dans le Sarmatien de l'Europe orientale : *M. impressa* Krauss, ma coll. Plusieurs autres au même niveau, en Croatie : *M. slavonica* Neum., *L. coronata*, *Petrovici*, *caryota*, *constricta*, *Hranilovici*, *strictura*, *rudis* Brusina, d'après les deux Atlas précités de cet auteur. Deux espèces dans le Messinien de Vaucluse : *M. Neumayri* Font., *M. Matheroni* Mayer, d'après la Monogr. de Fontannes (Moll. plioc. vallée du Rhône, p. 174, pl. X, fig. 1-9). Une espèce dans le Plaisancien de Papiol : *M. papiolensis* Almera et Bofill (1898. Mol. fos. catal., p. 65, pl. IV, fig. 5).

Pleistocène. — Une espèce très abondante dans les alluvions d'Algérie : *M. Maresi* Bourg., d'après M. Pallary (*loc. cit.*, p. 179, pl. II, fig. 22).

Époque actuelle. — Deux espèces, dont le génotype, aux îles Baléares, ma coll.

CANTHIDOMUS, Swainson, 1840 (1). G.-T.: *Melanopsis costata* Olivier. Viv.
(= *Pauluccia* Brusina, 1902, *nom et fig.*;
= *Dicolpus* Phil. 1887, *non* Gerst. 1884)

Taille moyenne ou assez petite; forme très variable, tantôt ovale-conique, tantôt trapue et courte, avec tous les degrés intermédiaires, souvent chez la même espèce; spire un peu allongée et pointue, chez les formes typiques du premier groupe, courte et tectiforme chez les coquilles massives, à l'extrême opposé; tours subulés ou étagés, presque toujours costulés dans le sens axial, parfois épineux sur un angle spiral et médian. Dernier tour plus ou moins élevé, variant des deux tiers aux cinq sixièmes de la hauteur totale, selon qu'il s'agit d'individus dorsaniformes ou pseudolivoïdes; base convexe, généralement costulée jusqu'à la fasciole basale qui forme un bourrelet saillant, caréné à l'extérieur, séparé du bord columellaire par une rainure. Ouverture petite, semilunaire, étroitement canaliculée en arrière, peu profondément échancrée à la base; labre mince, à peine sinueux, tangentiellement appliqué contre la callosité pariétale; columelle lisse, calleuse, très excavée en arrière, faiblement tordue près de l'échancrure basale; bord columellaire épais et fortement étalé sur toute la région pariétale, plus étroit le long de la rainure qui l'isole de la fasciole basale, se terminant en pointe à l'origine de l'échancrure.

Diagnose refaite d'après des spécimens du génotype (2), fossiles de Slavonie (Pl. III, fig. 25), du Sarmatien de Dalmatie, ma coll.; d'après une espèce globuleuse, épineuse et dénuée de costules axiales: *M. Bouei* Fér. (Pl. III, fig. 18-19), du Sarmatien de Serbie, ma coll.; et d'après une espèce noduleuse, de Dalmatie: *M. geniculata* Brus. (Pl. III, fig. 22), ma coll.

Rapp. et diff. — Cette Section se distingue assez aisément de *Melanopsis s. str.* et de *Lyrcæa* par son ornementation costulée ou épineuse, très variable

(1) Malac., p. 202. — Etym.: ακανθα, épine; δομος, maison; on devrait écrire *Acanthidomus*.

(2) D'après Adams, Chenu, Fischer, Tryon; seul, Herrmannsen indique comme génotype *M. Bouei* Féruss. qu'Handmann classe aussi parmi ses *Canthidomus*, mais qu'Olivier n'a vraisemblablement pas trouvé dans son voyage en Asie Mineure; en tous cas, les deux formes sont voisines.

d'ailleurs ; mais il y a un autre critérium concomitant, qui n'a pas été signalé jusqu'à présent et qui me paraît beaucoup plus sûr dans un Genre aussi polymorphe, c'est la fasciole basale qui forme un bourrelet saillant entre une carène externe et une rainure ombilicale ; grâce à ce critérium invariable, je me suis guidé pour réunir dans un même groupe des coquilles aussi dissemblables que celles ci-dessus figurées comme génoplésiotypes fossiles de *Canthidomus*. On peut ajouter encore que le labre est peu sinueux : il ne présente pas l'inflexion latérale qu'on remarque chez *Lyrcæa*, vis-à-vis de l'angle médian du dernier tour. L'échancrure basale est moins profonde, la columelle est un peu moins tordue ou infléchie que *Melanopsis s. str.* ; mais ce sont des différences qu'il n'est pas toujours facile d'apprécier sur des spécimens fossiles et rarement intacts.

En résumé, l'ornementation de *Canthidomus* — qui frappe tout d'abord les yeux et qui fait reconnaître les espèces — ne doit pas être invoquée comme un critérium très certain, parce que cette ornementation est absolument polymorphe, de même que le galbe de la spire. Je citerai notamment *M. geniculata* Brus. qui possède de grosses nodosités, presque difformes, nullement épineuses, à tel point que l'on serait tenté d'y voir une Section distincte de *Canthidomus* ; mais si l'on observe la base, on reconnaît qu'elle a le même aspect que celle de *M. costata*.

En ce qui concerne la nouvelle Section *Pauluccia*, proposée par Brusina dans son second Atlas (Icon. Moll. foss. Croat., p. VIII, pl. XXIX, fig. 5-18), cet auteur n'en a donné aucun diagnose dans les légendes des planches : autant que je puis en juger d'après des figures vues du côté du dos, ce sont des *Canthidomus* très globuleux comme *M. Bouei*, mais avec une double rangée d'épines ou de nodules au dernier tour ; les caractères de l'ouverture et de la base sont identiques à ceux de *Canthidomus*, je me vois donc obligé d'y réunir *Pauluccia*.

Enfin je considère comme synonyme évident de *Canthidomus* le G. *Dicolpus* Phil. (1887, Tert. u. Quart. Verst. Chiles, p. 40) que l'auteur a rapproché soit de *Pleurotoma*, soit de *Cancellaria* et qui a tout à fait le galbe court et épineux de *M. Bouei*. D'ailleurs *Dicolpus* était préemployé dès 1884, par Gerstacker, pour un Insecte.

Répart, stratigr.

Danien. — Une espèce douteuse, quoique plissée, dans les couches à Cérites du Louristan (Perse) : *M. costellata* H. Douvillé (1904. Miss. Scient. Perse, Paléont. p. 327, pl. XLVI, fig. 7-11). Vu l'état de conservation des échantillons figurés, je ne fais cette citation que sous les plus extrêmes réserves.

Éocène. — Une espèce dans le Lutécien des Corbières : *Canthidomus nodosa* Doncieux (1908. Desc. pal. Numm. Corbières, p. 204, pl. XI).

Oligocène. — Une espèce confondue à tort avec le génotype, dans l'Aquitanien des environs de Dax : *M. Nereis* d'Orb. (*fide* Grateloup, pl. III, fig. 61).

Miocène. — Outre le génoplésiotype ci-dessus figuré (*M. Bouei*), plusieurs autres espèces ou variétés dans le Bassin de Vienne : *M. scripta* Fuchs,

Melanopsis

M. plicatula, nodifera, affinis, turrita Kittl, *prionodonta, monacantha, megacantha, multicostata, contigua* Handm. (*loc. cit.*, pl. VII). Deux autres espèces dans le Bassin de Budapest: *M. rarispina, Sinzowi* Lörenthey (1902. Pannon. Fauna, p. 213, pl. XVII). Deux espèces dans les couches supérieures de Craïora, en Roumanie : *M. Soubeirani* Tourn., *M. Porumbarui* Brus., d'après la Monogr. de M. Porumbaru (1881. Terr. tert. Craïova, p. 28, pl. IX, fig. 1-3).

Pliocène. — Nombreuses espèces dans le Sarmatien de l'Europe orientale : *M. astrapæa, Pauciciana, Kispatici, misera, bicoronata, plicatula* Brus., *M. inconstans, clavigera, lirata* Neum., *M. dalmatina, croatica, arcuata, geniculata, oxyacantha, Kurdica, Nesici* Brusina (*loc. cit.*). Deux espèces classées comme *Pauluccia* par Brusina, dans le Sarmatien de la Hongrie : *M. defensa* Fuchs, *M. Bœttgeri* Halavats (¹) d'après l'Iconographie précitée. Trois espèces en Grèce, au même niveau : *M. lanceolata* Neum., *M. Eleis, pseudodecorata* Oppenheim (Beitr. Kennt. Neog. Griechenland, p. 465). Plusieurs espèces dans les couches levantines de l'île de Rhodes : *M. orientalis, Billiottii, Vandereldi, Phanesiana* Bukowski (1893. Levant. Moll. Rhodus, pp. 20-30, pl. III et IV). Plusieurs espèces dans le Tertiaire supérieur du Chili : *Dicolpus obesus, anculotoides, striatus, distortus* Phil. (*loc. cit.*, p. 41, Pl. I, fig. 20-24).

Epoque actuelle. — Plusieurs espèces dans l'Europe orientale et en Asie Mineure, d'après les frères Adams.

Spiridionia nom. mut. 1908 (²). G.-T.: *Melanop. austriaca* Handm. Mioc. (= *Hyphantria* Handmann, 1887, *non* Leq. 1841).

Taille petite ; forme conique, parfois pyramidale ; spire courte, à galbe régulier et pointu ; tours peu nombreux, imbriqués en avant, séparés par des sutures canaliculées, ornés de costules axiales qui sont obsolètes en arrière, noduleuses en avant sur l'angle qui borde en-dessous la suture ; dans l'intervalle, on distingue généralement de fines stries spirales ; quand les côtes sont très écartées et lorsqu'elles se succèdent d'un tour à l'autre, l'ensemble forme une pyramide à cinq pans. Dernier tour au maximum égal à la moitié de la hauteur totale, anguleux à la périphérie de la base qui est déclive, imperforée, sans fasciole apparente. Ouverture rhomboïdale, peu canali-

(1) Dénomination préemployée par Klika, en 1891, pour une espèce de la Bohême ; la coquille pontique doit donc recevoir un nom nouveau, et je propose en conséquence : **C. balatonensis** *nobis*.

(2) Dédié à Spiridion Brusina, récemment décédé.

culée en arrière, faiblement échancrée en avant ; labre non sinueux, seulement arqué vis-à-vis de l'angle du dernier tour ; columelle lisse, peu calleuse, faisant un angle de 120° avec la base, à peine infléchie à droite vers son extrémité antérieure ; bord columellaire étroit, peu épais.

Diagnose refaite d'après les figures du génotype (Foss. Conchyl. Leobersdorf, pl. VIII, fig. 19-21), et d'après les figures d'un génoplésiotype du Sarmatien de Serbie : *M. Zujovici* Brusina (Icon. Moll. Croat., II, pl. VI, fig. 75-76). Reproduction de l'une d'elles (Fig. 68).

Fig. 68. — *Melanopsis Zujovici* Brus.

Rapp. et diffèr. — Je conserve cette seule subdivision parmi celles qu'a établies M. Handmann, dans son Etude sur les Mélanopsidés de Leobersdorf, non seulement à cause du galbe biconique et de l'ornementation de la coquille, mais aussi à cause de la forme rhomboïdale de l'ouverture peu calleuse, et surtout parce que la fasciole basale ne paraît pas indiquée sur les figures, probablement parce que l'échancrure est peu profonde. Il ne faut pas perdre de vue que certaines formes de *Spiridionia* se rapprochent beaucoup, par leur galbe vu du côté du dos, de quelques variétés extrêmes, striées et biépineuses, de *M. Bouei* : on doit donc, pour admettre cette Section, s'attacher surtout aux caractères de l'ouverture et de la base.

Répart. stratigr.

MIOCÈNE. — Deux espèces outre le génotype. dans le Bassin de Vienne : *M. gracilis*, *striata* Handm. Le génotype dans les environs de Budapest, d'après M. Lörenthey (1902. Pannon. Fauna, p. 217, pl. XVIII, fig. 1).

PLIOCÈNE. — Cinq espèces dans le Sarmatien de l'Europe orientale : *M. Lozanici*, *Banovaci*, *Serbica*, *Zujovici*, *pentagona* Brusina (*loc. cit.*). Deux autres espèces tout à fait pleurotomoïdes, en Hongrie : *M. gradata* Fuchs (*non* Rolle), *M. Brusinai* Lörenthey (1902, *loc. cit.*, p. 223, pl. XVI, fig. 7, pl. XVIII, fig. 3-6).

MELANOSTIRA, Oppenheim *em.* 1891(¹). G.-T. : *Mel. ætolica* Neum. Plioc.

Taille au-dessous de la moyenne ; forme turbinée, conique, plus ou moins élargie à la base ; spire assez courte, costulée au sommet ; sept à neuf tours peu convexes d'abord, puis excavés au milieu, séparés par des sutures que borde un bourrelet ; les côtes dispa-

(1) Beitr. z. Kenntn. d. Neog. in Griechenland, p. 466. — Etym. : μέλας, *Melania* ; σπεῖρα, carène. L'auteur a écrit à tort *Melanosteira* ; il n'y a pas de diphtongue en orthographe latine.

raissent généralement à l'avant-dernier tour dont l'excavation lisse se creuse graduellement entre deux bourrelets inégaux, l'inférieur toujours plus saillant et subcaréné. Dernier tour égal aux trois cinquièmes environ de la hauteur totale, rarement costulé, profondément excavé au-dessus du bourrelet sutural, séparé par un angle émoussé de la base qui est déclive, déprimée, imperforée et presque dépourvue de cou, avec une fasciole basale comprise entre une arête externe et une rainure distincte de la limite du bord columellaire. Ouverture arrondie, échancrée à la base ; labre mince, non entaillée vis-à-vis de la rainure du dernier tour ; columelle très excavée en arrière, à peine infléchie à droite vers son extrémité antérieure ; bord columellaire calleux, assez largement étalé sur la base, limité par un sillon qui le sépare d'une callosité ombilicale.

Diagnose établie d'après les figures du génotype (*loc. cit.*, pl. XXVI, fi. 6*b* 6*c*); reproduction de cette dernière (Fig. 69). Variété du génotype : *M. Stanmana* Opph. (Pl. III, fig. 26), provenant de Mégare, ma coll. (don de M. Oppenheim).

Fig. 69. — *Melanostira ætolica* Neum.

Rapp. et diff. — Ainsi que l'a fait remarquer l'auteur, ce groupe de *Melanopsidæ* se relie à *Canthidomus* par certaines variétés costulées, et d'autre part, à *Lyrcæa* par sa carène spirale ; cependant *Melanostira* mérite d'être conservé comme Section distincte des deux Sections précitées, à cause de sa rainure profonde au-dessus du bourrelet sutural, à laquelle ne paraît pas correspondre un sinus appréciable sur le contour du labre. La fasciole basale est rainurée, avec une petite callosité ombilicale et distincte du bord columellaire, ainsi que je l'ai constaté sur le génoplésiotype, et quoique les figures publiées par l'auteur n'en indiquent pas l'existence ; mais l'ouverture est différente de celle de *Spiridionia*, et l'ornementation n'a aucun rapport avec celle de *S. austriaca*.

Répart. stratigr.

Pliocène. — Outre le génotype et la variété ci-dessus figurée, plusieurs autres variétés ou formes distinctes, dans le Sarmatien de la Grèce : *M. Conemenosiana* Bœttger, *M. carinatocostata*, *Bœttgeri* Oppenh., d'après le Mémoire précité (pl. XXVII). Fragments de deux espèces appartenant probablement au même groupe : *M. Bogdanovi*, *Blanchardi* Brusina (Icon. Conch. foss. Croat., II, pl. VII, fig. 22-26).

CAMPYLOSTYLUS, Sandb. 1875 (1). G.-T. *Mel. galloprovincialis* Math. Paléoc.

Taille moyenne ; forme turriculée ; spire assez longue, à galbe conique, parfois étagée ; huit à dix tours peu convexes, dont la hauteur est en général la moitié de la largeur, séparés par des sutures profondes, quelquefois bordées d'une rampe étroite ou même surmontées d'une carène spirale ; surface souvent ornée de stries spirales plus ou moins obsolètes. Dernier tour égal à la moitié environ de la hauteur totale, ovale à la base sur laquelle les stries spirales sont quelquefois plus marquées que sur la spire, et sur laquelle les stries d'accroissement sont toujours sinueuses ; fasciole basale déprimée, extérieurement limitée par une arête saillante. Ouverture ovale, échancrée à la base comme le fait prévoir l'existence d'une fasciole basale ; labre mince, sinueux en arrière ; columelle excavée, lisse, calleuse ; bord columellaire épais, un peu étalé, contigu à la fasciole.

Diagnose refaite d'après les figures de l'espèce génotype *in* Mathéron (Catal. méth., pl. XXXVII, fig. 1-6) et *in* Oppenheim (1892, *loc. cit.*) ; reproduction de deux d'entre elles [Fig. 70, 71]. Génoplésiotype d'Ajka en Hongrie : *M. obeloides* Tausch. (Pl. III, fig. 27), ma coll. (don de M. Oppenheim).

Fig. 70. — *Campylostylus gallo-provincialis* Math.

Rapp. et diff. — *Campylostylus* a été classé par l'auteur comme Sous-Genre — et par Fischer comme Section — de *Melanopsis*. Toutefois, en 1892, M. Oppenheim (Ueb. ein. Brackw..., p. 758) reprenant, à propos de quelques espèces voisines du gisement d'Ajka, la forme typique de *M. galloprovincialis* dont il avait recueilli des spécimens dans les limites des Bouches-du-Rhône, a modifié ce classement et a placé *Campylostylus* dans le G. *Melania* pour le motif que l'ouverture ne doit pas être échancrée à la base ; il allègue, à l'appui de cette opinion, que Mathéron avouait n'avoir jamais rencontré d'individu intact du génotype, et que celui qui est figuré dans son « Catal. méthod. » et reproduit ci-dessus, n'est qu'une reconstitution faite à l'aide de plusieurs échantillons. Néanmoins, M. Oppenheim ajoute qu'il distingue *Campylostylus* de *Melania* à cause de la « fasciole basale » qui a

Fig. 71. — *Campylostylus gallo-provincialis* Math.

(1) Land u. Sussw. Conch., p. 89, pl. IV, fig. 3. — Etym. : καμπυλος, courbe ; στυλος, columelle.

servi de base à Sandberger pour caractériser son S.-Genre, et que portent toujours les individus — même mutilés — non seulement de *M. galloprovincialis*, mais encore des autres espèces rapportées au même groupe. Il y a là une erreur évidente : si *Campylostylus* était un Mélanien à ouverture holostome, non échancrée en avant, il ne pourrait pas être muni d'une fasciole basale, attendu que cette fasciole n'est que la trace des accroissements successifs de l'échancrure antérieure : c'est même le critérium familial que j'ai adopté pour séparer les *Melanopsidæ*. Chez les individus qui ne sont pas usés, on remarque que cette fasciole porte des crochets d'accroissement qui ne peuvent laisser aucun doute relativement à son origine, et il n'existe rien de semblable chez les *Melaniidæ*.

On distingue *Campylostylus* de *Melanopsis s. str.* non seulement par ses stries spirales quand elles ne sont pas effacées, mais encore et surtout par la dépression que forme la fasciole, au lieu d'être bombée, ainsi que par l'arête saillante qui la limite à l'extérieur. On retrouve une disposition presque identique chez *Melanostira*, mais ce dernier n'a pas le labre sinueux comme *Campylostylus*, et d'ailleurs il porte de gros bourrelets au lieu de fines stries.

Répart. stratigr.

PALEOCENE. — Outre l'espèce génotype dans les lignites des environs de Rognac, deux autres espèces : *M. marticensis*, *turricula* Mathéron (*ibid.*, fig. 7 et 15-16). Plusieurs espèces dans les lignites du même âge (intermédiaires entre la Craie et l'Eocène) en Hongrie : *Melania Heberti* v. Hantk., *M. obeloides* v. Tausch, ma coll. (don de M. Oppenheim) ; *M. Allobrogum* Oppenh., des Bouches-du-Rhône, paraît voisin de *M. turricula* (*loc. cit.*).

MELANOPTYCHIA, Neumayr, 1880. G.-T. : *Melan. Bittneri* Brus. Plioc.

Test épais. Taille au-dessous de la moyenne ; forme étroite, pupoïde ; spire médiocrement allongée, étagée, à galbe conoïdal ; sept tours environ, d'abord très étroits, dont la hauteur atteint ensuite les trois cinquièmes de la largeur, séparés par des sutures obliques, linéaires et ondulées ; ces tours sont anguleux à leur partie inférieure, ornés de côtes épaisses, peu sinueuses, noduleuses sur l'angle inférieur ; surface (accidentellement ?) ponctuée entre les côtes. Dernier tour égal à la moitié environ de la hauteur totale, aplati sur les flancs, costulé ou plissé jusque sur la base qui est déclive, presque dépourvue de cou et munie d'une forte fasciole limitée par une arête. Ouverture courte, canaliculée en arrière, échancrée en avant ; labre non sinueux ; columelle arquée, munie d'un fort pli ; bord columellaire très calleux, surtout sur la région pariétale.

Diagnose refaite d'après les figures du génotype dans le second Atlas de Brusina (pl. VII, fig. 18-21); reproduction de l'une d'elles [Fig. 72].

Rapp. et diff. — Par son aspect extérieur, cette coquille rappelle évidemment quelques *Canthidomus*; mais le pli columellaire — qui a motivé le choix du nom *Melanoptychia* — constitue un caractère distinctif qui a pour moi une importance sous-générique. Je n'ai pas pu consulter la figure originale, j'ai simplement eu à ma disposition la figure de l'exemplaire mutilé qu'a publiée Brusina, en 1902. Cet auteur a aussi appliqué le nom *Melanoptychia* à deux autres espèces qui n'ont aucun rapport avec *M. Bittneri*, et il a classé ce dernier parmi les *Melanopsis*: a-t-il reconnu que cette coquille ne possède pas de plis à la columelle? Cependant Fischer ne mentionne, d'après Neumayr, que *M. Bittneri*, comme exemple de *Melanoptychia*. Il y a là un point douteux qu'il est bien difficile d'éclairer depuis le récent décès de Brusina.

Fig. 72. — *Melanoptychia Bittneri* Brus.

Répart. stratigr.

Pliocène. — Le génotype dans le Sarmatien de Bosnie.

BOISTELIA, *nov. Sect.* G.-T. : *Melanoptychia paradoxa* Brus. Plioc.

Taille petite ; forme ovoïde-conique, assez ventrue ; spire polygyrée, styliforme, à galbe d'abord extra-conique, puis conoïdal sur les deux derniers tours ; douze à quinze tours convexes, lisses, séparés par de profondes sutures ; leur hauteur décroit à mesure que la coquille avance en âge, et chez l'avant-dernier, elle n'est que le tiers de la largeur. Dernier tour égal aux trois cinquièmes de la hauteur totale, ovale et ventru, marqué de linéoles spirales, légèrement excavé à la base qui est déclive et imperforée, excavée même vers le cou. Ouverture semi-elliptique, subcanaliculée en avant, très légèrement échancrée à l'extrémité basale ; labre mince, peu sinueux ; columelle médiocrement arquée, muni d'un fort pli médian ; bord columellaire assez épais, largement étalé.

Diagnose établie d'après les figures du génotype, dans le second Atlas de Brusina (pl. VII, fig. 27-30) ; reproduction de l'une d'elles [Fig. 73].

Fig. 73. — *Boistelia paradoxa* Brus.

Rapp. et diff. — Il n'y a aucun rapport entre cette coquille — qui a une spire styliforme — et *M. Bittneri* ; le seul caractère qui leur soit commun est l'existence d'un pli à la columelle ; je ne puis donc lui conserver le nom *Melanoptychia*, à moins qu'il ne soit prouvé que c'est bien *M. paradoxa* que Neumayr avait en vue quand il a proposé ce nom. Dans ce cas, la dénomination *Boistelia* devrait disparaître. Cette Section se distingue de *Stylospirula* par son pli columellaire et par son galbe un peu plus ventru.

Répart. stratigr.

PLIOCENE. — L'espèce génotype dans le Sarmatien de Croatie ; une autre espèce moins ventrue, dans le même gisement : *M. varinodosa* Brusina (*loc. cit.*).

PTYCHOSTYLUS, Sandberger, 1870 (1).

Coquille ovale, scalariforme, costulée ; ouverture holostome, étroite, subéchancrée à la base ; columelle peu arquée, portant un fort pli spiral.

PTYCHOSTYLUS *s. str.* G.-T. : *Melania harpæformis* Dunker. Weald.

Taille assez petite ; forme variable, scalaroïde, un peu turriculée ; spire médiocrement allongée, étagée, pointue au sommet, à galbe conique ; six ou sept tours élevés, convexes, anguleux en arrière, avec une rampe étroite qui borde la suture ; ornementation composée de costules axiales, aiguës, écartées, formant une couronne de nodosités sur l'angle, plus obsolètes sur les derniers tours, non sinueuses, ni décussées par des stries. Dernier tour égal aux deux tiers de la hauteur totale, aplati sur les flancs, ovale à la base qui est imperforée et sur laquelle s'effacent les costules avant d'atteindre le cou assez court. Ouverture étroite, canaliculée dans l'angle inférieur, un peu élargie et arrondie en avant où elle est versante et sinueuse, sans être échancrée cependant sur son contour supérieur ; labre épais, non sinueux en arrière ; columelle peu calleuse, portant au milieu un fort pli spiral ; bord columellaire étroit, non étalé.

Diagnose traduite d'après celle de Sandberger, complétée d'après la figure reproduite ci contre [Fig. 74].

(1) Land. u. Sussw., p. 58, pl. II, fig. 14 (date authentique de la 2e livr.). — Etym. πτυχος, pli ; στυλος, columelle.

Rapp. et diff. — Sandberger a beaucoup hésité à rapprocher ce Genre des *Melanopsidæ*, malgré la ressemblance de la coquille avec *M. costata* ; en effet, elle ne paraît pas échancrée à la base et elle ne porte pas de fasciole basale, d'après l'attestation de l'auteur qui a eu sous les yeux une bonne série de spécimens typiques et de variétés du génotype. D'autre part, on ne peut rapporter *Ptychostylus* à *Sermyla*, malgré la similitude du galbe et de l'ornementation, parce que l'ouverture est complètement différente, et que la columelle est ici plissée, au lieu d'être lisse et arquée comme chez les *Melaniidæ*. Ce fossile occupe donc une place complètement à part : s'il est réellement l'ancêtre de *Melanoptychia* qui a aussi la columelle plissée et la spire costulée, on ne voit pas bien actuellement comment se fait la filiation de cette forme, du Wealdien au Sarmatien, à travers tout le système crétacique et tout le Tertiaire inférieur et moyen; il y a là évidemment une énorme lacune qui justifie pleinement l'hésitation de Sandberger et qui m'oblige à laisser un point de doute dans la classification de *Ptychostylus*.

Fig. 74. — *Ptychostylus harpæformis* Dunk.

Répart. stratigr.

NEOCOMIEN. — Le génotype et ses variétés, dans les argiles wealdiennes de l'Allemagne du Nord, d'après Koch et Dunker, Goldfuss, etc...

*

SMENDOVIA, Tournouer, 1882 (1).

« Coquille fusiforme, fragile ; spire épineuse ; canal basal long et tordu, » échancré à son extrémité ; fort bourrelet basal ; columelle infléchie ; bord columellaire peu calleux.

SMENDOVIA *s. str.* G.-T. : *S. Thomasi* Tourn. Plioc.

Test mince et très fragile. Taille assez grande ; forme conique, buccinoïde, élancée dans le jeune âge, plus ventrue à l'âge adulte ; spire médiocrement allongée, étagée ; six ou sept tours plans, dont la hauteur ne dépasse guère la moitié de la largeur, bordés par une rampe subépineuse au dessus des sutures qui sont linéaires ; surface à peu près lisse au-dessus de l'angle finement dentelé qui couronne

(1) Desc. d'un nouv. G. de *Melaniidæ* (Journ. de Conch. 1883, p. 58. — Etym. : Smendou, localité d'Algérie.

la rampe inférieure de chaque tour. Dernier tour égal aux deux tiers de la hauteur chez les jeunes individus étroits et aux trois quarts de cette hauteur totale chez les individus gérontiques et ventrus, arrondi à la base qui est fortement excavée sous le cou très allongé; stries d'accroissement sinueuses en ∾ très détendu. Ouverture grande, auriforme, munie d'une gouttière postérieure, terminée en avant par une sorte de large canal recourbé à droite et en dehors, qui n'est pas échancré à son extrémité; labre mince, proéminent et arrondi en avant où il se prolonge par un contour supérieur qui aboutit presque orthogonalement au bec du canal précité; columelle très calleuse, peu excavée au millieu, recourbée en *S* à son extrémité, mais non tronquée; bord columellaire formant un énorme callus pariétal dans l'angle inférieur de l'ouverture, se prolongeant en avant par un rebord bien appliqué sur la région ombilicale qui est imperforée.

Diagnose complétée d'après les figures du génotype, des grès de Smendou (*loc. cit.*, pl. II, fig. 1*ab*); reproduction de l'une d'elles [Fig. 75].

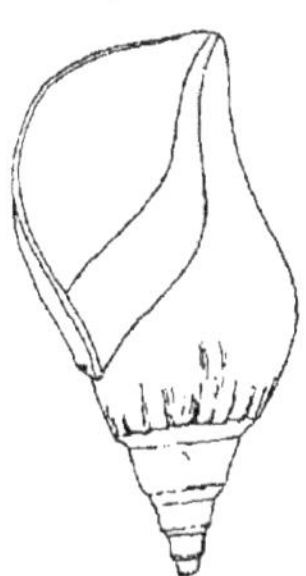

Fig. 75. — *Smendovia Thomasi* Tourn.

Rapp. et diff. — Ainsi que l'a fait remarquer l'auteur, ce fossile est remarquable, non seulement par sa rampe subépineuse au-dessus de la suture, mais surtout par le bec subcanaliculé et recourbé que forme l'extrémité antérieure de son ouverture : au lieu de décrire une concavité arrêtée subitement par l'échancrure, comme chez *Melanopsis*, la columelle est sinueuse en *S*, de sorte que les spécimens vus du côté du dos ressemblent à un *Euryochetus* siphonostome. Cependant, il n'y a aucune échancrure à l'extrémité antérieure du canal, et par conséquent, aucune trace de bourrelet sur la base : c'est un simple bec formé par l'intersection orthogonale du contour supérieur et de la pointe effilée que forme le bord columellaire à son extrémité antérieure. Quand à la couronne dentelée, qui surmonte la rampe inférieure des tours de spire, je n'y attache pas la même importance que Fischer qui, en décrivant dans le même recueil un autre *Melanopsis* du même gisement (*M. decipiens* Tourn.), l'a rapporté au même Genre à cause de sa carène denticulée, tandis que sa columelle est bien celle de *Melanopsis s. str.* : c'est un *Lyrcæa* !

Répart. stratigr.

Pliocène. — Le génotype en Algérie, au-dessus des marnes à *Helix subsenilis*, dans les grès de Smendou qui avaient d'abord été confondus par

Smendovia

Coquand avec les marnes éocéniques du gypse : il paraît maintenant avéré que c'est la base de l'Astien (Pallary, 1901. Moll. foss. tert. Algérie, p. 176). Une autre espèce plus petite et élancée dans les marnes supérieures du même gisement : *S. Doumerguei* Pallary (*ibid.*, p. 177, pl. II, fig. 24). et var. *obesa* (fig. 29).

PLEUROCERATIDÆ Fischer *em.* 1884.

Coquille mélaniforme, lisse ou ornée ; ouverture holostome, anguleuse à la base ou canaliculée, mais non échancrée ; labre mince, généralement peu sinueux ; columelle presque toujours tordue en avant. Opercule mince, paucispiré, à nucléus antérieur et submarginal.

Observ. — Tryon a adopté pour cette Famille la dénomination *Strepomatidæ* Haldeman (1841) quoiqu'il n'y ait aucun Genre *Strepoma* repéré ni dans Herrmannsen, ni dans l'index de Scudder, ni dans le Zool. Record ; Tryon a cependant indiqué *Strepoma* Rafinesque comme synonyme de *Pleurocera*, mais sans date. En tous cas, c'est un nom mal formé, probablement pour *Streptopoma*, de sorte qu'il paraît devoir être abandonné. ainsi que le nom familial non moins incorrect. White a adopté, en 1886, *Ceriphasidæ* qui est postérieur à la dénomination *Pleuroceridæ* proposée par Fischer ; cette dernière devrait d'ailleurs être amendée comme l'a fait M. Dall (Tert. Flor. p. 292) en *Pleuroceratidæ*.

Les mollusques de cette Famille ont une distribution géographique limitée à l'Amérique du Nord, sauf deux espèces vivant aux Antilles (*fide* Tryon) ; ils y sont extrêmement abondants à l'époque actuelle. On les y a également trouvés à l'état fossile depuis le « groupe de Laramie », c'est-à-dire à la limite de la Craie et du Paléocène. L'animal des *Pleuroceratidæ* étant distinct de celui des *Melaniidæ* par trois caractères (ovipare, manteau non frangé, absence d'organes d'accouplement), la séparation de cette Famille est amplement justifiée pour les Genres encore vivants ; mais pour les fossiles dont la coquille ressemble beaucoup à celle de quelques groupes de *Melania*, la distinction des *Pleuroceratidæ* est plus difficile ; elle repose surtout, pour les formes américaines, sur cette circonstance que l'on ne trouve plus actuellement d'autres *Melaniacea* aux Etats-Unis, d'où l'on a conclu — avec quelque apparence de raison — que les fossiles de cette région devaient être aussi des *Pleuroceratidæ*. Quant aux quelques espèces que l'on a citées en Europe, soit dans le Wealdien, soit dans le Paléocène, il est douteux, comme l'a expliqué Fischer, que leur classement dans la

Fam. *Pleuroceratidæ* soit bien exact. Le seul critérium différentiel, sur lequel on puisse fonder ce rapprochement, est la forme anguleuse de l'ouverture, à la jonction de l'extrémité de la columelle et du contour supérieur ; la base est généralement anguleuse à la périphérie et autrement ornée que la spire ; mais certains *Melaniidæ* (notamment *Semisinus*) ont précisément le même aspect. D'autre part, il existe dans la Fam. *Melanopsidæ* des groupes qui sont canaliculés à la base comme le sont quelques *Pleuroceratidæ* ; toutefois ces derniers ne paraissent pas avoir l'ouverture réellement échancrée, et par suite on n'y aperçoit jamais de fasciole basale.

En résumé, il ressort de ce qui précède que, dans l'étude paléoconchologique des *Pleuroceratidæ*, on est obligé de se guider plutôt par des considérations empiriques que par des critériums bien nets.

Tableau des Genres, Sous-Genres et Sections

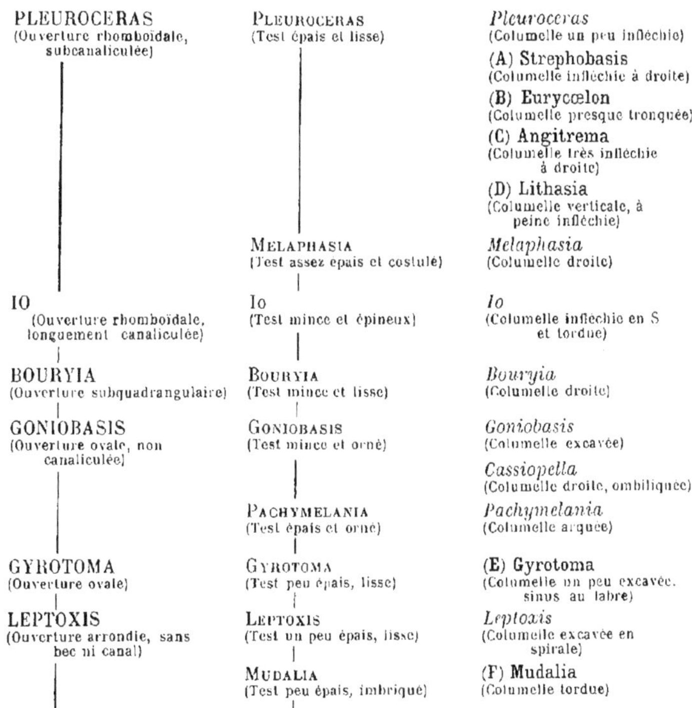

Genres	Sous-Genres	Sections
PLEUROCERAS (Ouverture rhomboïdale, subcanaliculée)	PLEUROCERAS (Test épais et lisse)	*Pleuroceras* (Columelle un peu infléchie)
		(A) Strephobasis (Columelle infléchie à droite)
		(B) Eurycœlon (Columelle presque tronquée)
		(C) Angitrema (Columelle très infléchie à droite)
		(D) Lithasia (Columelle verticale, à peine infléchie)
	MELAPHASIA (Test assez épais et costulé)	*Melaphasia* (Columelle droite)
IO (Ouverture rhomboïdale, longuement canaliculée)	IO (Test mince et épineux)	*Io* (Columelle infléchie en S et tordue)
BOURYIA (Ouverture subquadrangulaire)	BOURYIA (Test mince et lisse)	*Bouryia* (Columelle droite)
GONIOBASIS (Ouverture ovale, non canaliculée)	GONIOBASIS (Test mince et orné)	*Goniobasis* (Columelle excavée)
		Cassiopella (Columelle droite, ombiliquée)
	PACHYMELANIA (Test épais et orné)	*Pachymelania* (Columelle arquée)
GYROTOMA (Ouverture ovale)	GYROTOMA (Test peu épais, lisse)	(E) Gyrotoma (Columelle un peu excavée, sinus au labre)
LEPTOXIS (Ouverture arrondie, sans bec ni canal)	LEPTOXIS (Test un peu épais, lisse)	*Leptoxis* (Columelle excavée en spirale)
	MUDALIA (Test peu épais, imbriqué)	(F) Mudalia (Columelle tordue)

Genres non signalés à l'état fossile

A. — STREPHOBASIS, Lea, 1861. — G.-T. : *Angitrema curtum* Hald. Coquille extrêmement voisine de *Pleurocerus*; peut-être la columelle est-elle un peu plus infléchie en avant vers la droite, ce qui augmente l'apparence échancrée de la base.

B. — EURYCŒLON, Lea, 1864. — G.-T. : *E. Midas* Lea (*sec.* Fischer), *Goniobasis Anthonyi* Budd. (*sect.* Tryon). Coquille à spire très courte, le dernier tour formant presque toute la hauteur ; columelle presque tronquée en avant.

C. — ANGITREMA, Hald. 1841 (= *Potadoma* Swainson *ex parte* ; = *Glotella* Gray, 1847 ; = *Juga* H. et A. Adams, 1854 ; = *Mesceschiza* Lea, 1864). — G.-T. : *Anculosa armigera* Say. Coquille épineuse ou tuberculeuse à la partie inférieure de chaque tour ; ouverture rhomboïdale, subcanaliculée, la columelle étant fortement infléchie à droite. D'après Tryon, *Meseschiza* a été proposé par Lea pour de jeunes individus monstrueux d'*A. armigerum* Say, sous le nom *M. Grosvenori* Lea (*in* Fischer).

D. — LITHASIA Hald. 1840. — G. T. : *Anculosa dilatata* Lea. Coquille ovale, à ouverture moins distinctement canaliculée en avant que celle d'*Angitrema* ; columelle presque verticale, à peine infléchie comme celle de *Pleurocerus*; mais le labre est incurvé, non proéminent en avant. Gabb a rapporté à ce groupe un fossile tertiaire (*L. antiqua* Gabb) qui, d'après la figure, me paraît plutôt avoir une ouverture de *Leptoxis*, de sorte que je laisse *Lithasia* parmi les formes non représentées à l'état fossile.

E. — GYROTOMA Shuttleworth, 1845 (= *Schizostoma* Lea, 1842, *non* Bronn, 1835 ; = *Schizochcilus* Lea, 1853 ; = *Melatoma* Anthony, 1847 ; = *Apella* Mighels *sec.* Tryon, 1884). — G.-T. : *Schizostoma babylonicum* Lea. Coquille conique ou fusiforme, à test peu épais et lisse ; ouverture ovale ; columelle un peu arquée, lisse ; labre profondément échancré en arrière près de la suture par un sinus ou une fissure. Vingt-six espèces dans l'Alabama (*fide* Tryon).

F. — MUDALIA Haldeman, 1840 (= *Nitocris* H. et A. Adams, 1854). — G.-T. : *Anculosa dissimilis* Say. Coquille conique, à tours imbriqués en avant par une carène spirale ; ouverture ovale ; columelle tordue au milieu, mais non infléchie à droite à son extrémité antérieure. Potomac, Susquehannah, Ohio supérieur, c'est-à-dire une distribution plus boréale qu'*Ancylotus*.

Genres à éliminer de la Famille

OXYTREMA Rafinesque, 1849. Le génotype n'est pas indiqué, mais Herrmannsen mentionne que Rafinesque l'avait proposé comme S.-G de Neritacé, tandis que Blainville le rapprochait de *Leptoxis*.

PTYCHOTROPIS Stache, 1889. — G. T. : *P. carinifera* Stache, du Paléocène d'Istrie (Liburn. Stufe). C'est un fragment trochiforme à peu près indéterminable ; le test est costulé, mais la carène indiquée à la périphérie du dernier tour n'est que le résultat d'une cassure. Il est naturellement impossible, dans ces conditions, d'indiquer de quel groupe peut être rapproché ce petit débris. Il eût été préférable de ne pas fonder un nouveau Genre — voire même une nouvelle espèce sur un tel spécimen !

PLEUROCERAS, Rafinesque *em.* 1819 (1).
(= *Ceriphasia* Swains. 1840 ; = *Telescopella* Gray, 1840 ;
= *Trypanostoma* Lea, 1862 ; = *Elimia* H. et A. Adams, 1854 ;
= *Megara* H. et A. Adams, 1854).

« Coquille conique, allongée, cérithiforme ; spire élevée ; ouverture ovale, prolongée antérieurement et formant une courte dépression canaliforme ; columelle non calleuse. Opercule mince, paucispiré, à nucléus antérieur et submarginal » [*in* Fisch. Man. Conch.].

PLEUROCERAS *s. str.* G.-T. : *Anculosa canaliculata* Say. Viv.
(= *Strepoma* Rafinesque ?)

Test épais. Taille moyenne ; forme conique, plus ou moins trapue ; spire plus ou moins allongée, souvent corrodée au sommet ; tours assez nombreux, peu élevés, plans ou excavés, séparés par des sutures linéaires mais profondes ; surface ordinairement lisse ou simplement marquée — surtout sur les premiers tours — par des carènes obtuses qui s'effacent sur les derniers tours où il ne reste le plus souvent qu'un angle obsolète. Dernier tour égal ou supérieur au tiers de la hauteur totale, subanguleux à la périphérie de la base qui est déclive, imperforée, marquée de stries d'accroissement sinueuses, pliciformes çà et là. Ouverture rhomboïdale, subcanaliculée ou étroitement versante en avant : labre un peu épais, subéchancré en arrière, excavé au milieu, très proéminent sur le plafond de l'ouverture, et se raccordant par un arc de cercle avec l'échancrure basale ; columelle oblique, un peu bombée au milieu, faiblement tordue en avant où elle s'infléchit en se raccordant avec

(1) Journ. Phys., t. 88, p. 423. — Etym. : πλευρον, côte : κερας, corne. La plupart des auteurs ont écrit à tort *Pleurocera* ; je rectifie cette orthographe.

le contour versant de l'échancrure ; bord columellaire assez large, médiocrement calleux, bien appliqué sur la base, aminci vers la région versante.

Pleuroceras

Diagnose refaite d'après un spécimen du génotype (Pl. IV, fig. 5-6), de l'Ohio, coll. Bonnet.

Observ. — La diagnose entre guillemets, reproduite d'après Fischer, est un peu vague parce qu'il a voulu l'appliquer à plusieurs groupes ; je l'ai précisée en la restreignant aux formes voisines du génotype. J'insiste d'ailleurs sur la disposition tout à fait particulière que présente la columelle : son inflexion est très faible en avant ; néanmoins elle est suffisamment indiquée pour former avec le contour supérieur une sinuosité basale ou plutôt une sorte d'échancrure, très visible quand on examine la coquille en plan, mais bien différente de l'échancrure des *Melanopsidæ* dont la columelle est au contraire excavée, au lieu d'être bombée au milieu comme celle de *Pleuroceras*. Il résulte de cette disposition que l'ouverture de *Pleuroceras*, est nettement rhomboïdale, d'autant plus que la périphérie de la base est généralement subanguleuse.

Il n'est rien moins prouvé que les espèces crétaciques rapportées à ce Genre soient réellement des *Pleuroceras* ; je possède de bons spécimens de la plus ancienne, celle du Wealdien, mais je n'ai pu en dégager la columelle, de sorte que ce rapprochement est uniquement fondé sur l'aspect extérieur de la coquille.

Répart. stratigr.

Néocomien. — Une espèce dans le Weald de l'Allemagne du Nord : *Muricites strombiformis* Schl., ma coll. (don de M. Oppenheim).

Crétacé super. — Une espèce au Brésil, d'après White : *Melania terebriformis* Morris ; mais cette attribution a été contestée par M. Oppenheim (1893. Die Melan. brazil. Kreide, p. 115) ; cependant les figures (1887. Arch. Mus. nac., p. 236, pl. XXVI, fig. 10-13) représentent des fossiles assez bien conservés qui répondent bien à la diagnose ci-dessus. White a en outre cité, sans la figurer, une seconde espèce : *Melania Nicolayana* Hartt.

Époque actuelle. — 84 espèces d'après Tryon, dans les rivières de l'Ohio, du Tennessee, de l'Alabama.

Melaphasia, Stache, 1889 (1). G.-T. : *Melania tergestina* Stache. Paléoc. (= *Melatrina* Stache, 1880, *nom. nud.*)

Test assez épais. Taille moyenne ; forme turriculée, conique ; spire assez longue, très faiblement étagée ; tours nombreux, peu

(1) Liburnische Stufe, p. 115. — **Etym.** : μελας, noir ; φασια, apparence ; il eût été correct d'écrire *Melanophasia*.

élevés, peu convexes, à sutures étagées et crénelées par des côtes presque verticales, écartées, qui se succèdent d'un tour à l'autre et dont les intervalles sont dépourvus d'ornementation spirale. Dernier tour égal aux deux cinquièmes de la hauteur totale, subanguleux à la périphérie de la base déclive et imperforée au bord de laquelle cessent subitement les côtes, tandis que des stries spirales plus ou moins visibles persistent jusqu'au cou qui est assez bien dégagé. Ouverture en secteur de cercle, subcanaliculée en arrière, anguleuse en avant ; labre épaissi par la dernière varice, peu sinueux ; columelle un peu calleuse, presque verticale, faisant un angle de 150° avec la ligne pariétale, non infléchie en avant, mais tronquée à son intersection avec le contour supérieur; bord columellaire étroit, un peu détaché en avant.

Diagnose refaite d'après la figure du génotype (pl. I*a*, fig. 12), reproduite ci-contre [Fig. 76].

Fig. 76. — *Melaphasia tergestina* Stache.

Rapp. et diff. — A première vue, cette coquille — figurée sur une planche où il n'y a que des *Stomatopsis* costulés — paraît être le jeune âge de l'un de ces derniers ; pourtant, il y a deux motifs pour lesquels ce rapprochement, indiqué par l'auteur lui-même, est improbable : d'abord la base sur laquelle les côtes ne se prolongent pas, forme une sorte de disque isolé et sillonné, comparable à celui de plusieurs groupes de *Scalidæ* ; ensuite la columelle — qui est assez intacte chez le génotype, moins bien conservée sur l'autre espèce — paraît presque verticale, et elle ressemble à ce point de vue, ainsi que par le bec subanguleux que forme l'ouverture en avant, à celle de *Pleurocera*s ou plutôt à celle de *Lithasia*. Je crois donc que le classement — que je propose — de *Melaphasia* comme S.-G. de *Pleurocera*s, se justifie par cette dernière considération. D'ailleurs, les tours sont étagés comme ceux de *Pleurocera*s, quoique leur ornementation soit tout à fait différente, mais ce point de vue est tout à fait secondaire chez les *Pleuroceratidæ*. Il est intéressant de noter que Stache avait primitivement désigné le génotype sous le nom *Melatrina*, sans description générique ; je n'ai pu trouver d'indication sur le motif de ce changement de dénomination. En tous cas, pour être correctement formé, le nom adopté devrait s'orthographier *Melanophasia*.

Répart. stratigr.

Paleocene. — Deux espèces médiocrement conservées dans les lignites de l'Istrie et de Dalmatie : *M. tergestina, bivestita* Stache (*loc. cit.*, pl. I*a*, fig. 12-13).

IO Lea, 1834 (1).
(= *Melafusus* Swainsen, 1840).

Coquille fusiforme, généralement noduleuse ou épineuse ; ouverture rhomboïdale, prolongée en avant par un canal étroit et rejeté à droite ; columelle tordue en 8.

Io *s. str.* G.-T. : *Fusus fluvialis* Say. Viv.

Taille assez grande ; forme fusoïde, peu allongée ; spire courte, corrodée au sommet : tours peu élevés, imbriqués en avant par une carène noduleuse ou épineuse ; dernier tour égal aux deux tiers de la hauteur totale, ventru, avec une rangée d'épines écartées à la périphérie de la base qui est déclive, imperforée, fortement excavée sous le cou allongé et gonflé. Ouverture rhomboïdale dans son ensemble, prolongée en avant par un véritable canal rejeté vers la droite et légèrement échancré à son extrémité ; labre mince, concave, un peu entaillé vis-à-vis de la rangée d'épines, non proéminent en avant ; columelle lisse, tordue sans pli au-dessus de l'excavation pariétale, infléchie à droite avec le canal ; bord columellaire peu épais, élargi sur la région pariétale, se terminant en pointe effilée contre le canal.

Diagnose complétée d'après un génoplésiotype du Tennessee : *Io spinosa* Lea, coll. Bonnet ; génoplésiotype douteux fossile, dans l'Eocène de Roncà : *Io ænigmatica* Bayan (Pl. IV, fig. 18), coll. de l'Ecole des Mines.

Rapp. et diff. — Ce Genre s'écarte complètement des autres de la même Famille par son apparence fusiforme ; le canal — qui termine l'ouverture et qui n'est que l'exagération très allongée du bec de *Pleuroceras* ou d'*Angitrema* — est semblable à celui de quelques *Fusidæ* ou *Melongenidæ* ; cependant l'ouverture est holostome, et l'animal a le même habitat que les autres *Pleuroceratidæ*. Quant au fossile de l'Eocène du Vicentin que Bayan a rapporté à ce Genre, il n'a pas l'ouverture très intacte ; il a à peu près la forme générale et biconique d'*Io spinosa*, mais ses premiers tours sont costulés au-dessus de la carène, et toute sa surface basale est couverte de filets spiraux ; les nodules n'apparaissent qu'au dernier

(1) Observ. on the Genus *Unio* (*teste* Sow. 1831, *sec.* Agassiz). — **Etym.** : Ἰώ, fille d'Inachus.

tour, formés par l'anastomose des costules. Néanmoins, l'état de conservation du fossile n'est pas suffisant pour caractériser une Section distincte d'*Io s. str.*; d'autre part, il manque toute la filiation néogénique entre les individus éocéniques d'Europe et les spécimens actuels des Etats-Unis : ce classement n'est donc que provisoire.

Répart. stratigr.

Eocene. — Le génoplésiotype ci-dessus figuré (*in* Bayan, 1870. Et. coll. Ecole des Mines).

Époque actuelle. — Plusieurs espèces localisées dans le Tennessee et la Virginie occidentale (*fide* Tryon).

BOURYIA, Cossmann, 1888 (1)

Coquille lisse, imperforée, polygyrée, goniobasique, ouverture quadrangulaire, subanguleuse et un peu versante en avant ; labre peu incliné ; péristome mince.

BOURYIA, *s. str.* G.-T. : *B. polygyrata* Cossm. Eoc.

Test mince. Taille petite ; forme turriculée, assez étroite, à galbe d'abord extraconique, puis conoïdal ; spire polygyrée, à sommet planorbulaire : tours nombreux, convexes, lisses, dont la hauteur ne dépasse guère la moitié de la largeur, séparés par des sutures assez profondes. Dernier tour atteignant la moitié de la hauteur totale, subanguleux à la périphérie de la base qui est déclive et peu convexe, imperforée au centre, presque complètement dépourvue de cou. Ouverture quadrangulaire, peu élevée, subanguleuse et un peu versante à la jonction de la columelle et du bord supérieur ; péristome mince ; labre peu incliné, faiblement incurvé en profil, non proéminent en avant ; columelle lisse, non calleuse, arquée et se raccordant avec le contour versant, sans aucune inflexion ni torsion ; bord columellaire très étroit, non distinct de la base sur la région pariétale.

(1) Catal. ill. coq. Éoc. env. de Paris, t. III, p. 290. — Dédié à de Boury, conchyliologue.

Bouryia

Diagnose reproduite d'après le génotype du Lutécien de Neauphlette (Pl. IV, fig. 9-10), et d'après un génoplésiotype à peu près intact et adulte, du Bartonien du Guépelle (Pl. IV, fig. 21-22) : *B. convexiuscula* Cossm., ma coll.

Rapp. et diff. — Il est hors de doute que ce Genre a beaucoup d'analogie, par la forme de son ouverture, avec quelques *Goniobasis* : toutefois, il s'en distingue par son galbe extraconique, par sa surface toujours lisse et brillante. Lorsqu'on n'a pas d'individus complets de *Bouryia*, on est tenté de croire qu'il s'agit de la pointe de *Dissostoma mumia* qui a la même apparence extraconique vers le sommet, puis conoïdale vers les derniers tours ; mais les spécimens bien conservés que j'ai eus à ma disposition — et notamment celui de *B. convexiuscula* que j'ai fait figurer ci-dessus — montrent bien que c'est une forme absolument différente, dont le péristome reste mince à l'âge adulte et dont l'ouverture ne s'arrondit jamais. L'angle antérieur, à la jonction de la columelle et du contour supérieur, rappelle aussi *Pleuroceras* qui s'en distingue néanmoins par sa columelle infléchie.

Répart. stratigr.

Eocene. — Le génotype et le génoplésiotype précités, dans le Bassin de Paris et dans celui de Saffré, près Nantes.

GONIOBASIS, Lea, 1862 (1).

Coquille mince, turriculée, souvent ornée ; ouverture presque toujours anguleuse en avant, sans échancrure ni canal ; columelle excavée, non tordue à droite, à son extrémité antérieure.

Goniobasis, *s. str.* G.-T. : *Anculosa virginica* Say. Viv.

Test assez mince. Taille moyenne ; forme ovoïdo-turriculée, plus ou moins élancée ; spire parfois allongée, généralement corrodée au sommet ; tours convexes, souvent carénés en spirale ou ornés de cordons spiraux et de costules axiales courbes qui disparaissent sur les derniers tours ; cette ornementation très variable n'affecte que l'épiderme du test. Dernier tour égal à la moitié — rarement au tiers — de la hauteur totale, non anguleux à la périphérie de la base chez le génotype, mais subcaréné chez d'autres espèces ; base plus ou moins convexe, généralement sillonnée et imperforée ; cou à peu

(1) Etym. : γωνιος, angle ; βασις, base.

près nul. Ouverture ovale, rétrécie en arrière, non échancrée ni canaliculée en avant où le contour supérieur fait seulement une sinuosité à peine versante ; labre mince, incurvé, faiblement proéminent en avant. columelle lisse, excavée, non calleuse, se raccordant sans inflexion ni torsion avec le contour de la région versante du bord supérieur ; bord columellaire à peu près nul ou indistinct sur la base.

Diagnose refaite d'après des échantillons du génotype, provenant des États-Unis, coll. Bonnet ; et d'après les figures d'un géno-plésiotype fossile du « Groupe de Laramie » : *Melania tenuicarinata* Meek et Hayden (1876. Cret. invert. pal., p. 566, pl. XLIII, fig. 14 *a b c*) ; reproduction de l'une d'elles [Fig. 77].

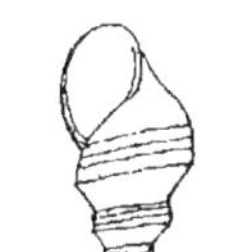

Fig. 77. — *Goniobasis tenuicarinata* Meek et Hayden.

Rapp. et diff. — *Goniobasis* se distingue aisément de *Pleurocerus*, non seulement par l'épaisseur beaucoup moindre de son test et surtout de son péristome, mais encore par la forme de l'ouverture dont le contour — quoique sinueux cependant à la base — ne présente aucune trace du bec subcanaliculé qui caractérise *Pleurocerus* et ses différentes Sections ; cela tient principalement à ce que la columelle, au lieu d'être un peu bombée au milieu, puis infléchie à droite vers son extrémité antérieure, est régulièrement excavée et se raccorde par une courbe continue avec le contour versant de l'ouverture. De l'ornementation spirale des tours de spire, il n'y a à tirer aucun critérium, car elle est essentiellement variable ou même souvent absente ; même l'angle périphérique de la base — qui a motivé le choix du nom générique par Lea — n'existe pas chez toutes les espèces et en particulier, chez le génotype indiqué par la plupart des auteurs. Les espèces fossiles ne se distinguent pas facilement de *Melania* et surtout d'*Eumelania*, parce que leur ouverture est ovale et que leur ornementation est analogue ; quand l'ouverture se présente avec un angle antérieur vers la droite, cela est généralement la conséquence de ce qu'elle est mutilée, de sorte que la courbe de raccordement de la columelle — qui fait l'ouverture ovale — est interrompue par une brisure accidentelle. La plupart des espèces européennes, intitulées *Goniobasis* à cause de cet angle de l'ouverture, sont donc à rejeter dans d'autres groupes : il n'y a de bien certaines que celles qui proviennent des État-Unis où le Genre *Melania* n'est actuellement représenté que par des *Pleuroceratidæ*, de sorte que vraisemblablement la souche ancestrale devait appartenir au même groupe.

Répart. stratigr.

Paléocène. — Plusieurs espèces dans le « Groupe de Laramie » aux États-Unis : *Melania tenuicarinata*, *nebrascensis* Meek et Hayden, *Goniobasis filifera* White, d'après cet auteur (1886. Laram. Moll., pp. 28-30, pl. II, fig. 1-9) ; dans le Missouri, au même niveau : *Melania convexa* et var. *impressa*, *M. invenusta*, *sublævis*, *gracilenta*, *subtortuosa* M. et H. (1876. *loc. cit.*, pp. 562-569, pl. XLII).

Eocène. — Plusieurs espèces dans les dépôts d'eau douce du Wyoming, du Colorado et de l'Utah : *Goniobasis Simpsoni* Meek, *Cerithium tenerum* Hall, *G. nodulifera* Meek, *G. Carteri* Conrad, *C. columinis* White (1882. Rewiew of non mar. Moll., p. 465, pl. XXX, fig. 1 à 30). Une espèce douteuse et incomplète, dans le Nummulitique des Pyrénées : *G. Vidali* Cossm., ma coll. (Estud. de alc. Mol. pirin. Catal.).

Miocène. — Trois espèces aux États-Unis : *Melania sculptilis*, *subsculptilis* Meek, *Melania Taylori* Gabb, d'après les figures de la Monographie précitée de White (1882. *loc. cit.*, p. 461, pl. XXXII, fig. 1-3).

Pliocène. — Une espèce indéterminée dans les couches de Caloosahatchie (Floride), d'après Dall (Tert. Flor., p. 292).

Époque actuelle. — D'après Tryon, 274 espèces extrêmement abondantes, dans le Mississipi, l'Orégon et la Californie.

Cassiopella, White, 1878 (1) G.-T. : *C. turricula* White. Paléoc.

« Coquille turriculée, semblable à *Gonobasis*, mais ombiliquée » [Tryon. — Struct. and system. Conch.].

Forme conique, à tours anguleux, étagés par une rampe déclive sur laquelle on distingue un cordon spiral et obsolète. Dernier tour égal aux deux cinquièmes de la hauteur totale, bianguleux à la périphérie ; base ombiliquée ; ouverture subanguleuse en avant ?

Diagnose refaite d'après les figures du génotype (White, 1882. Rewiew of non mar Moll., pl. XXXIII, fig. 25-29) ; reproduction de deux d'entre elles [Fig. 78].

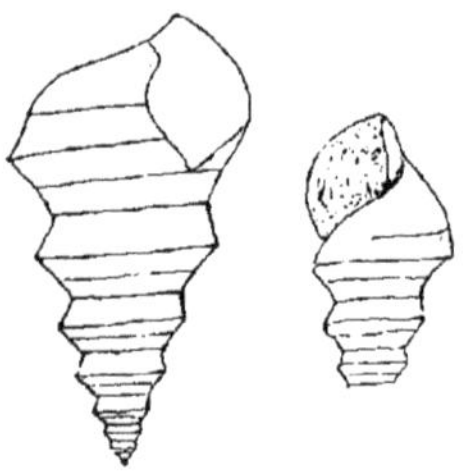
Fig. 78. — *Cassiopella turricula* White.

Rapp. et diff. — La forme de cette coquille est plutôt voisine de celle de *Cassiope* (= *Glauconia*) ; mais l'auteur a fixé le classement de son Genre dans les *Ceriphasiidæ* (= *Pleuroceratidæ*) d'après des fragments sans ouverture, je ne puis donc discuter son opinion. Stache a cité une espèce douteuse et très incomplète, des lignites de l'Istrie, qui me paraît beaucoup plus trapue que le génotype ; d'ailleurs elle a également l'ouverture mutilée. Il est regrettable que de nouvelles subdivisions sous-génériques soient proposées pour des coquilles aussi mal conservées.

(1) Foss. of the Laramie group, p. 97, pl. XXVII, fig. 3*ag*. — **Etym.** : *Cassiope*, G. de **Gastropodes.**

Répart. stratigr.

Paleocène. — Le génotype dans le groupe de Laramie. Une espèce ambiguë dans les « Liburn. Stufe » de l'Istrie : *C? imperfecta loc. cit.*, p. 145, pl. VI, fig. 10).

Pachymelania, White, 1895 (1). G.-T.: *Goniob. Cleburni* White. Paléoc.

« Coquille allongée, compacte ; test plus ou moins épais, avec un large dépôt calleux sur la surface interne ; tours modérément convexes, ornés de varices longitudinales, ou de lignes spirales, ou des deux, parfois très obsolètes ou effacées, sutures distinctes. Ouverture subovale, dont l'angle postérieur est généralement comblé par un fort dépôt calleux, non saillant cependant ; région antérieure de l'ouverture arrondie et versante ; labre sinueux, épaissi à l'intérieur ; columelle arquée ; bord columellaire recouvert par un vernis calleux d'une médiocre épaisseur uniforme ».

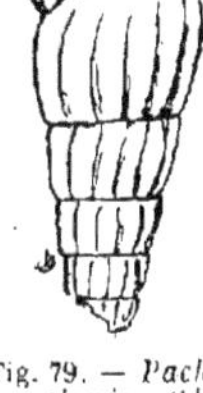
Fig. 79. — *Pachymelania Cleburni* White.

Diagnose traduite d'après celle de l'auteur et contrôlée d'après les figures du génotype (*loc. cit.*, pl. VII, fig. 1-3) ; reproduction de l'une d'elles [Fig. 79].

Rapp. et diff. — « Cette coquille ressemble aux *Cerithidæ* par son aspect, mais doit être exclue de cette Famille par l'absence d'échancrure ou de canal en aucun point de son ouverture ; elle diffère de *Melanopsis* par ce même caractère et par l'absence de callosité à la partie inférieure du labre, quoiqu'elle ressemble un peu à ce Genre par d'autres détails. La partie antérieure du dernier tour a beaucoup d'analogie avec le G. *Goniobasis* auquel le génotype avait été primitivement rapporté ; cependant *Pachymelania* en diffère par l'épaisseur de son test et par un certain galbe qu'il est plus facile d'observer que de décrire. Aucune espèce de ce Genre ne montre de tendance à la formation d'épines ou de nodosités ».

L'auteur ajoute à ces considérations — textuellement traduites ci-dessus — que plusieurs des formes liburniques, décrites comme *Goniobasis* par Tausch et par Stache, pourraient bien appartenir à ce G. *Pachymelania* ; il remarque, en outre, que ce Genre est, dans la « Formation de Bear River », associé à *Pyrgulifera*, de même qu'au lac Tanganyika, *Melania admirabilis* — très voisin de *Pachymelania* — est associé à une coquille tout à fait analogue à *Pyrgulifera*.

A mon avis, *Pachymelania* ressemble encore bien plus à *Melanoides* — et surtout à *Sermyla* — qu'à *Goniobasis* ; si je ne craignais d'aller instinctive-

(1) The Bear River form., p. 50. — Etym.: παχυς, épais ; *Melania*, G. de Gastropodes.

ment à l'encontre de l'opinion bien établie, à savoir qu'il n'y a pas de *Melaniidæ* aux Etats-Unis, je rapprocherais ce S.-G. de *Melania*. Toutefois, il est indispensable de faire toutes réserves en ce qui concerne la forme exacte de la partie antérieure de l'ouverture qui ne paraît conservée sur aucun des spécimens figurés. Dans ces conditions, il est difficile de distinguer si le raccordement de la columelle avec le contour supérieur se fait, comme chez *Melania*, par une courbure largement versante, ou comme chez *Goniobasis*, par une mince sinuosité en spirale. White — qui a eu les échantillons sous les yeux — était mieux qualifié que je ne le suis d'après la simple inspection des figures, pour affirmer qu'il y a des différences « indescriptibles ». Conformément à son opinion, je rapporte aussi à ce même Sous-Genre les *Goniobasis* décrits par Stache dans sa Monographie; mais ils ne sont pas plus complets que ceux des Etats-Unis, en ce qui concerne l'ouverture.

Répart. stratigr.

PALEOCENE. — Quatre espèces, outre le génotype, dans le « Laramie group » de Sulphur Creek (Etats Unis) : *Goniobasis chrysalis* Meek, *G. chrysalloidea*, *Pachym. turricula* White, *G. macilenta* White (*loc. cit.*, pl. VII, fig. 4-15). Quelques espèces, avec de nombreuses variétés, dans les « Liburnische Stufe » de l'Istrie et de la Dalmatie : *Goniobasis cosinensis*, *characearum*, *sublævis* (1), *callifera*, *subcarinata*, *inflata*, *imperfecta*, *tenuicosta*, *eliator*, *reducta*, *biornata*, *aberrans*, *carinata*, *bistriata* Stache (*loc. cit.*, pp. 114 et 139, pl. III et V).

ANCYLOTUS, Say *em.* 1825 (2).

(= *Anculosa* Conrad, 1834 ; = *Leptoxis* Rafinesque *sec.* Chenu, 1859 ; = *Ellipstoma* Rafin. 1819, *non Ellipsostoma* Blainv. 1818).

Coquille ovale, pesante, à spire très courte ; ouverture holostome, arrondie en avant ; columelle calleuse, fortement excavée ; labre épais.

ANCYLOTUS *s. str.* G,-T. : *Anculotus prærosus* Say. Viv.

Test épais. Taille peu grande ; forme néritoïde, globuleuse, ovale ; spire très courte et généralement corrodée au sommet ; trois ou quatre tours, planorbulaires au début, étroits, séparés par des sutures

(1) Préemployé par Meek ; je propose de remplacer cette dénomination par **P. Stachei**, *nobis*, pour l'espèce istrienne.
(2) *Anculotus*, *fide* Muller, 1836. — **Etym.** : ἀγκυλωτος, courbé.

assez profondes, à surface lisse. Dernier tour formant presque toute la coquille, arrondi à la base qui est imperforée et complètement dépourvue de cou. Ouverture grande, arrondie, canaliculée en arrière, non échancrée ni même anguleuse en avant à l'âge adulte, à péristome épais et calleux ; labre épaissi avec l'âge, à profil aboutissant orthogonalement sur la suture, convexe en arrière, excavé en avant dans la partie où il se raccorde avec le contour supérieur qui est légèrement sinueux ; chez les individus non adultes, il y a un angle à la jonction de ce contour et de la columelle qui est encore infléchie à droite ; mais chez les spécimens gérontiques, celle-ci est très excavée, calleuse, et elle se raccorde sans discontinuité avec le contour supérieur ; bord columellaire épais, lisse, bien appliqué sur la base.

Diagnose refaite d'après des spécimens du génotype, coll. Bonnet ; et d'après la figure de *Anculosa tæniata* Conrad (*in* Tryon. Struct. and syst. Conch., pl. LXXI, fig. 17), reproduite ci-contre [Fig. 80].

Fig. 80. — *Ancylotus tæniatus* Conrad.

Observ. — Le choix du nom à attribuer à ce Genre peut donner lieu à des contestations : suivant les frères Adams, Chenu a préféré *Leptoxis* Rafinesque, qui est antérieur de quelques années ; Tryon, Fischer ont au contraire repris *Ancylotus* en mettant en doute l'interprétation de Chenu. D'autre part, Herrmannsen indique *Leptoxis* comme classé par Rafinesque dans les Néritacés, à cause de sa forme générale ; tandis que Say — et après lui, Conrad — a bien exactement rapporté *Ancylotus* aux Mélaniens, en précisant le type, ce que n'a pas fait Rafinesque. Dans ces conditions, *Leptoxis* est d'une identification peu certaine, fondée seulement sur une interprétation qui date de 1859, de sorte que la préférence doit plus correctement être donnée à *Ancylotus*, après l'avoir amendé conformément aux règles de l'étymologie grecque.

Rapp. et diff. — Si l'on n'examine que les jeunes individus, *Ancylotus* se rattache aux *Pleuroceratidæ* par sa columelle et par son ouverture anguleuse ; mais, à l'âge adulte, la courbure de la columelle ressemble beaucoup plus à celle des Mélaniens ou de *Pachymelania*. Chez les spécimens gérontiques, tels que celui que j'ai fait reproduire ci-dessus, la courbure est même tellement excavée en avant que sa disposition rappellerait plutôt *Trajanella* (Fam. *Pseudomelaniidæ*). Il est possible que cette disposition ait inspiré à Rafinesque l'idée qu'il s'agissait là d'une coquille voisine des Néritacés, mais les autres caractères en sont absolument différents.

Répart. stratigr.

Paléocène. — Une espèce douteuse, dans le groupe de Laramie, en Californie : *Lithasia antiqua* Gabb, d'après la figure reproduite par White (1882. Rewiew of non mar. Moll., pl. XXXII).

Époque actuelle. — Vingt-six espèces dans les rivières de l'Ohio et du Sud de l'Alabama, d'après Tryon (*loc. cit.*).

ANNEXE

1° Notes complémentaires relatives aux sept premières livraisons.

*

Première livraison

Trochactæon Meek. — Ajouter (p. 75) :

Aptien. — Une espèce en Espagne : *Actæonella oliviformis* Coquand (1865. Foss. apt. Esp., pl. XXI, fig. 2). Cette dénomination est identique à *olivæformis* Meiss. que je n'ai publiée qu'en 1896 (Observ. sur quelques coquilles crét., Vᵉ art., p. 1, pl. III, fig. 1) ; l'espèce garumnienne doit donc changer de nom ; je propose pour elle : **A Sayni**, M. Sayn m'ayant signalé ce double emploi.

Brunonia Müller. — Ajouter (p. 144 et livr. IV, p. 250) :

Néocomien. — D'après M. Sayn (*in litt.*), il existerait une espèce inédite de ce Genre dans le Valangien de la Drôme ; cette nouvelle forme représenterait précisément la filiation que j'ai déjà soupçonnée entre *Brunonia* supracrétacique et *Rhytidopilus* suprajurassique. Toutefois il reste à démontrer que ces deux Genres n'en font pas qu'un seul, et la preuve ne pourra en être faite que quand on aura réussi à en étudier l'impression musculaire.

*

Deuxième livraison

Ptygmatis Sharpe. — Ajouter (p. 34) :

Barrémien. — Une espèce dans les Calcaires urgoniformes du Gard : *Nerinea micromorpha* Cossm. (1907. Barr. supér. de Brouzet-les-Alais, p. 14, pl. II, fig. 5-8), ma coll.

PLESIOPTYGMATIS Böse, 1906. G.-T. : *Nerinea Burckhardti* Böse. Sén.

« Forme conique, spire turriculée; tours excavés et lisses, dont la hauteur égale moins que la moitié de la largeur. Dernier tour considérablement plus haut que l'avant-dernier, anguleux à la périphérie de la base qui est oblique et sans ombilic ; ouverture subquadrangulaire, terminée par un canal relativement court et étroit ; labre concave, muni d'un pli interne au dessous de la carène basale ; un second renflement peu proéminent existe à la partie postérieure du labre qui porte une incision suturale, laissant comme trace une bande étroite au dessus de la suture de chaque tour. Columelle munie de deux lamelles dont la postérieure est la plus saillante : en outre, il existe un pli pariétal qui s'enfonce à l'intérieur ; tous ces plis sont lamelliformes et ils ne montrent aucune tendance à se subdiviser. »

Diagnose traduite d'après celle de l'auteur (1906. Bol. Inst. geol. de Mexico, p. 66, pl. XV, fig. 3-13).

Rapp. et diff. — Autant qu'on peut en juger par cette diagnose et par les coupes axiales de la coquille (fig. 3-5), *Plesioptygmatis* ne se distingue surtout de *Ptygmatis* que par l'absence d'un ombilic ; mais la fente ombilicale est souvent bien peu visible chez les espèces européennes, surtout celles de la Craie supérieure, telles par exemple que *N. Requieniana* d'Orb., *N. Buchi* Zek., du Turonien, *N. abundans* Blanckenhorn, du Sénonien de la Syrie. J'ai déjà fait cette remarque dans mes « Essais » (1896, p. 34) ; toutefois M. Böse ajoute que le pli antérieur de la columelle est moins fort que le postérieur, tandis que c'est le contraire chez *Ptygmatis*, et que d'autre part, ces plis n'ont pas une tendance à se bifurquer à leur extrémité libre, comme on l'observe généralement chez les *Ptygmatis* jurassiques, tels que *P. bruntrutana* Thurm. Ces différences me paraissent d'autant moins susceptibles de justifier la création d'un Sous-Genre tout-à-fait distinct, que le changement est graduel pendant toute la période crétacique : si l'on se réfère au tableau de répartition stratigraphique que j'ai publié à la page 34 du volume précité, on remarque que la mutation des caractères primordiaux de *Ptygmatis* commence déjà à se manifester à dater de l'étage Cénomanien, pour s'accentuer dans le Turonien et s'affirmer complètement dans le Sénonien. Dans ces conditions, je ne crois pas qu'on puisse attribuer à *Plesioptygmatis* une valeur supérieure à celle d'une Section de *Ptygmatis* qui n'est elle-même qu'un Sous Genre de *Nerinea*. Cette Section comprendrait d'ailleurs toutes les formes supracrétaciques à partir du Cénomanien, dans le tableau précité.

*

Troisième livraison

A ajouter dans la Fam. *Cancellariidæ* (p. 4) :

Cancellariella Martin, 1904. G.-T. : *C. neritoidea* Martin. Mioc.

Taille petite ; forme néritoïde et déprimée ; spire très courte, à protoconque lisse et globuleuse ; dernier tour formant presque toute la coquille, orné de sillons spiraux qui séparent de larges rubans aplatis et décussés par les accroissements ; varices obsolètes, plus proéminentes vers la suture qui est profondément rainurée ; base ombiliquée, avec un large entonnoir que circonscrit un gros bourrelet. Ouverture arrondie, étroitement canaliculée par une gouttière postérieure, largement échancrée en avant ; labre oblique, peu épais, lisse à l'intérieur ; columelle excavée, munie de deux plis saillants et transverses en avant, d'un troisième plus obsolète, et d'un fort pli pariétal ; bord columellaire calleux et détaché de l'ombilic.

Diagnose traduite d'après celle de l'auteur (Maryland geol. Surv. Mioc., p. 168, pl. XLIII, fig. 13) et complétée d'après les figures originales ; reproduction de l'une d'elles [Fig. 81].

Fig. 81. — *Cancellariella neritoidea* Martin.

Rapp. et diff. — Cette coquille est évidemment très voisine d'*Ovilia* (p. 28) par sa forme et son ombilic ; mais elle s'en distingue essentiellement par sa columelle plus excavée, avec 4 plis dont deux au moins sont très saillants et bien plus transverses : à ce point de vue, elle ressemblerait plutôt à *Bivetia* ; mais elle n'a pas de canal et son échancrure basale est très largement tronquée, ce qui la rapprocherait de *Merica*. On peut donc admettre que c'est un nouveau Genre intermédiaire entre *Cancellaria* et *Merica*, dans la S.-Fam. *Cancellariidæ*.

Répart. stratigr.

Miocène. — Le génotype dans la « Choptank formation » du Maryland, correspondant à peu près à l'Helvétien, d'après M. Dall (*loc. cit.*, p. CXLIII).

VOLUTIDÆ

Depuis la classificaiion que j'ai proposée (1899. Essais Pal. comp., III, p. 102 et suiv.) plusieurs éléments de discussion sont survenus presque simultanément.

DALL. — « A Rewiew of the American *Volutidæ* » (Smiths miscell. coll., Fev. 1907, p. 341).

DALL. — « Notes on some upper Cret. *Volutidæ*, with revision of the Group » (*Ibid.* Mars 1907).

Von IHERING. — « Les Mollusques foss. du Tert. et du Crét. supér. de l'Argentine » (Anales Mus. nac. Buenos-Aires, T. XIV, 1907).

Dans la première de ces trois publications, M. Dall se fondant exclusivement sur la protoconque, divise la Famille *Volutidæ* en trois Sous-Fam. : *Volutidæ*, *Caricellinæ*, *Volutomitrinæ*, système qui a pour effet de négliger complètement les plis columellaires, lesquels ont — précisément dans ce Cénacle — uue importance capitale. Dans la première S.-F., il comprend les G. : *Voluta* L., *Lyria* Gray, *Enæta* H. et A. Ad., *Plejona* Bolten [*in* Dall, Avril 1906 = *Volutospina* [R. Newton, Juin 1906, *pro Volutilithes auct. non* Swainson], et *Volutilithes* Swains. [G.-T. *Voluta muricina* Lamk.]. La seconde S.-F. est composée des G. *Adelomelon* Dall [1906. G.-T. *Voluta ancilla* Sol.], *Zidona* H. et A. Ad., *Miomelon n. g.* [G.-T. *Volutilithes Philippianus* Dall 1889], *Tractolira* Dall, [1895. G.-T. *T. sparta* Dall], *Aurinia* H. et A. Ad., *Maculopeplum* Dall [1906. G.-T. *Voluta Junonia* Hwass]. Enfin, à la troisième S.-F. est rapporté le seul G. *Volutomitra* Gray.

Cet arrangement bouleverse complètement celui que j'ai proposé (*loc. cit.*), sans que l'auteur fournisse à l'appui de sa classification la moindre explication. J'ai déjà précédemment (v. Revue crit. Paléoz. 1907, p. 191) exprimé mon opinion sur ce procédé par trop sommaire de discussion, et j'ai insisté sur ce que la protoconque des *Volutidæ* varie beaucoup, suivant les régions, de sorte que nos lecteurs seront à même de choisir le système qui leur paraitra le plus rationel ; ils exigeront d'ailleurs probablement qu'on leur explique dans quel groupe M. Dall entend placer tous les Genres omis par lui dans l'énumération ci-dessus et que contient mon tableau de classification. Toutefois, ce qui tendrait à prouver que le système précédent de M. Dall ne présente pas, pour la Paléoconchologie, une base pratiquement applicable, c'est que, dans la seconde des publications précitées, c'est-à-dire un mois après, le même auteur dresse une liste phylogénétique des *Volutidæ* fossiles, de la Craie au Tertiaire, dans laquelle tous les Genres énumérés ci-dessus, ainsi que trois autres nouvellement créés (*Liomelon*, *Mioplejona*, *Retipirula*) sont répartis par étages en neuf groupes dénommés : Piruliforme, Coniforme, Muriciforme, Fusiforme, Bucciniforme, Meloniforme, Mitriforme, Strombiforme et Cassidiforme ; les Sous-Familles précédemment proposées ne sont plus indiquées dans cette liste que par la présence ou l'absence d'une astérisque. En outre, l'auteur rappelle que, d'après la théorie — qu'il a précédemment donnée — de la formation des plis columellaires

(V. Essais Pal. comp. I, p. 155), l'horizontalité ou l'obliquité de ces plis est en rapport avec le développement plus ou moins accéléré de la spire. Je remarque accessoirement que cette assertion est des plus contestables pour les *Volutidæ* attendu qu'*Athleta* et *Cymba* — qui ont toutes deux des plis très obliques — ont la spire excessivement inégale, tandis que *Voluta* et *Athleta* — dont les plis ont une inclinaison très différente — ont la spire presque aussi développée.

D'autre part, dans la troisième publication, M. von Ihering — qui avait à classer de très nombreux matériaux, vivants et fossiles, de l'Amérique du Sud — est arrivé, en appliquant la méthode de M. Dall, à de telles contradictions qu'il a été obligé d'en revenir à ma classification, sauf qu'il y a introduit de très légères modifications, et qu'il l'a complétée par quelques créations nouvelles dont le besoin lui est apparu.

Après un examen très attentif de toutes ces nouvelles propositions, je me bornerai ici — de même que je l'ai fait quand il s'est agi des *Tritonacea* (V. Essais Pal. comp., VII, p. 232) — à maintenir mes critériums antérieurs et à mettre seulement le tableau précédemment fourni (*loc. cit.*, III, p. 102) en harmonie avec celles des propositions de nos deux confrères qui m'ont semblé acceptables, et principalement en ce qui concerne les formes fossiles qui font l'objet capital de mes « Essais ».

Il y a tout d'abord, dans le second des deux ouvrages précités de M. Dall, une rectification importante à retenir : c'est celle qui vise la Sous-Famille *Pholidotominæ* que j'ai autrefois proposée (*loc. cit.*, II, p. 112) pour un certain nombre de formes à columelle plus ou moins plissée, toutes pourvues d'un sinus écailleux au-dessus de la suture. M. Dall (*l. c.*, p. 5) fait observer que ce sinus et les écailles qui le circonscrivent sont le résultat de ce que le manteau est, dans ce coin de l'ouverture, poussé au dehors de celle-ci pour secréter un dépôt de vernis qui ne s'étend pas sur toute la surface de la coquille, de sorte qu'à chaque arrêt de l'accroissement, il se forme dans la gouttière en question une sorte d'arète saillante en forme de crochet; d'après cette hypothèse d'ailleurs plausible, le sinus ainsi formé n'aurait, par conséquent, aucune analogie d'origine avec celui des *Pleurotomidæ*, qui est destiné à laisser sortir le tube chargé de rejeter au dehors les matières fécales et qui par suite n'a pas besoin d'être circonscrit par une arète ou écaille — bien au contraire; en fait, chez les *Pleurotomidæ*, on n'observe jamais d'écailles semblables, et en outre, le sinus est parfois très écarté de la suture. De cette observation très juste, on doit conclure que les coquilles — d'ailleurs très dissemblables — que j'ai groupées sous le nom *Pholidotominæ* doivent — du moins pour celles qui ont la columelle plissée — être ramenées dans la Famille *Volutidæ* où on les répartira selon leurs plis et leur forme. Quant à celles dont la columelle paraît totalement dépourvue de plis (*Pholidotoma, Beisselia*), M. Dall les a complètement omises dans sa revision ; j'avais cependant déjà envisagé cette éventualité (*loc. cit.* II, p. 115) : on verra ci-après ce que j'en pense actuellement.

Cet exposé étant terminé, j'examinerai successivement chacun des Genres, chacune des subdivisions, atteints par cette révision et je récapitulerai mes conclusions en fournissant, dans la forme habituelle, le tableau général de la classification des *Volutidæ*, tel qu'il résultera de cet examen détaillé.

VOLUTODERMA Gabb, 1876 (= *Rostellites* Conrad, *non* Fischer 1806).
G.-T. : *V. californica* Dall (= *V. navarroensis* Gabb, *non* Shumard).

Contrairement à ce que j'ai écrit (*loc. cit.* II, p. 114) et conformément à l'interprétation de M. Dall (p. 9), il y a lieu de choisir le nom *Volutoderma*, quoiqu'il soit postérieur, parce que *Rostellites* était préemployé ; je n'ai pu, toutefois, vérifier cette assertion, le nom *Rostellites* Fischer n étant repéré ni dans le « Zoological Record », ni dans l'Index de Scudder.

« Protoconche minuscule et trochoïde ; forme très élancée, tours cancellés ; canal long et droit, non échancré ; deux ou trois plis columellaires très obliques ; sinus écailleux au labre ».

A l'appui de cette diagnose, M. Dall a publié (pp. 20-21, fig. 9-10) d'excellentes figures de *V. texana* Conr. et de *V. protracta* Dall (nouvelle espèce plus étroite), vues du côté du dos seulement et avec une restauration hypothétique — en traits pointillés — de l'extrémité du canal qu'il représente comme devant être arrondie, ce qui me paraît peu vraisemblable. La caractéristique principale réside dans l'ornementation qui comporte partout des funicules spiraux, obliques comme les sutures (trois à cinq sur les tours de spire, 19 ou 20 sur le dernier tour, jusque sur le cou de la base), ondulés sur les premiers tours par des plissements épais qui disparaissent sur les derniers tours où il ne reste que des accroissements lamelleux.

En restreignant à ces données la forme typique de *Volutoderma*, M. Dall y distingue (dans le texte, sans aucune diagnose justificative) trois Sections : **Rostellinda, Rostellaca, Rostellana.**

Rostellinda a pour génotype *Volutoderma Stoliczkana* Dall (= *Fulguraria elongata* Stol. *non* d'Orb., *ex parte*, pl. VII, fig. 7), du « Trichinopoly group » dans l'Inde ; parmi les 12 fig. de la pl. VII de la Monographie de Stoliczka, M. Dall sépare six espèces dont aucune ne lui paraît être le véritable *V. elongata* d'Orb. Peut-être y a-t-il, en effet, plusieurs formes distinctes parmi tous ces échantillons un peu disparates ; mais je me demande si la création d'une Section spéciale à la province indienne était bien nécessaire et bien utile ? le seul critérium à invoquer (1) est la forme un peu plus massive et moins élancée de la coquille, la rampe suturale sur laquelle se forme le sinus écailleux est aussi un peu plus large que chez les *Volutoderma* typiques des Etats-Unis. Mais que fera-t-on le jour où l'on découvrira des individus intermédiaires ? Je n'admets donc cette Section qu'à titre tout à fait provisoire et avec une grande hésitation.

Rostellaca a pour génotype *V. Zitteliana* Holzapfel, des sables maëstrichtiens de Vaals, près d'Aix-la-Chapelle ; ce groupe, localisé dans la province rhénane, comprendrait, d'après M. Dall : *V. subsemiplicata* d'Orb., *V. Gosseleti* Holz., et

(1) Je crois utile de faire remarquer ici que — pour cette Section comme pour tout ce qui va suivre — l'auteur ne s'est même pas donné la peine d'indiquer pourquoi il propose des noms nouveaux : c'est moi qui suis obligé, dans la discussion, de justifier ou de combattre les motifs — présumés d'après les figures — des créations qu'il a proposées.

V. Holzapfeli Dall (= *V. fenestrata* H. *non* Rœmer) ; or, cette dernière espèce est évidemment un *Volutoderma* typique, malgré que ses funicules spiraux soient crénelés comme ceux de *V. Zitteliana* : ses plis columellaires sont obliques, et son galbe est identique à celui de *V. texana*. Au contraire, *Rostellaca Zitteliana* et *R. Gosseleti* ont des plis presque transverses, encore très saillants vers l'ouverture, et surtout leur canal est recourbé, au lieu d'être droit et effilé comme celui de *V. Holzapfeli*, avec un fort bourrelet sur le cou, représentant les accroissemants d'une échancrure siphonale. Ces différences sont assez importantes pour motiver la création d'un S.-Genre, beaucoup plus distinct de *Volutoderma* que la précédente Section *Rostellinda*. Il est très probable qu'il faut rapporter au même S.-G. *Rostellaca* : *Voluta crenata* Zekeli, du Turonien de Gosau ; mais c'est une petite espèce dont les plis columellaires n'ont pas été mentionnés ; il en est de même de *V. torosa* Zekeli.

Rostellana a pour génotype *V. Bronni* Zekeli, et comprend quelques-unes des espèces turoniennes de la province alpine ; malheureusement les figures publiées par Zekeli sont très insuffisantes, de sorte que les caractères de la nouvelle Section proposée par M. Dall sont très peu nets. Tout ce qu'on peut dire à ce sujet, c'est que le galbe de la coquille est plus ventru, que son ornementation se compose principalement de plis axiaux, pincés ou subépineux au milieu de chaque tour et à la partie inférieure du dernier ; mais aucune des figures n'indique l'existence d'un sinus écailleux près de la suture, sauf peut-être pour *V. carinata* Zek. Les plis columellaires ne sont indiqués, ni pour le génotype, ni pour l'espèce la plus voisine, *V. Gasparini* d'Orb. (= *V. acuta* Zek. *non* Sow.) ; on les aperçoit seulement, au nombre de trois peu obliques (?), chez *V. carinata* et chez *V. coxifera* Zek. qui a une ornementation déjà très différente de celle de *V. Bronni*. En résumé, tant qu'on n'aura pas de données plus certaines sur ce groupe d'espèces, on ne pourra conclure si *Rostellana* peut être admis comme S.-G. ou Section de *Volutoderma* ; comme il diffère moins de ce dernier que *Rostellaca*, je ne l'accepte provisoirement qu'à titre de Section, mieux justifiée toutefois que *Rostellinda*.

VOLUTOMORPHA Gabb, 1876. G.-T. : *V. Conradi* Gabb. Sén.

Il n'y a que peu de chose a ajouter à ce que j'ai précédemment publié (*loc. cit.*, III, p. 144) à ce sujet, d'après des renseignements imprécis ; M. Dall a donné, dans sa révision, deux très bonnes figures d'espèces de ce Genre : l'une, *V. eufaulensis* Conrad, espèce très voisine du génotype, l'autre, *V. retifera n. sp.* Toutes deux n'ont qu'un seul pli principal, très oblique, au-dessous duquel il y a probablement d'autres plis décroissants, très enfoncés à l'intérieur de l'ouverture. L'ornementation diffère un peu de celle de *Volutoderma* : au lieu de funicules spiraux, plus ou moins crénelés, il y a surtout des plis axiaux décusés par des filets spiraux. Mais la principale différence, à mon avis, réside dans l'existence d'une large échancrure à l'extrémité du canal qui n'est pas tout-à-fait aussi rectiligne que celui de *Volutoderma* ; le cou est, par suite, gonflé par un large bourrelet peu saillant, et la rampe suturale est très large. Les différences de *Volutomorpha* avec le Genre ci-après (*Plejona* = *Volutilithes*) sont moins faciles à saisir : cependant les plis décroissants sont plus visibles chez ce dernier qui n'a pas de bourrelet sur le cou et dont l'échancrure siphonale est, par conséquent, moins entaillée.

Volutomorpha paraît localisée dans le « Ripley group » des États-Unis, c'est-à-dire à la partie tout à fait supérieure du Crétacé. Sur les quatre espèces figurées par M. Dall, il n'y en a que deux qui soient à peu près intactes. D'après les critériums de ma classification, c'est un Genre bien distinct du précédent — et aussi du suivant dont il est directement l'ancêtre.

Plejona [Bolten] *in* Dall, avril 1906. G.-T. : *Vol. spinosa* Lk. Eoc.

Au cours de recherches entreprises pour retrouver le type de *Volutilithes* Swainson, M. Bullen Newton a constaté que ce Genre remonte — non pas à l'année 1840, avec *V. spinosa* comme génotype — mais à l'année 1831 (Zool. illust. pl. III, fig. 1) avec *V. muricina* comme génotype. Il en résulte qu'*Eopsephæa* tombe en synonymie de *Volutilithes*, et qu'il faut un autre nom générique pour les formes du groupe de *V. spinosa* : or, deux mois avant que M. Newton proposât à cet effet *Volutospina* (juin 1906. Proc. malac. Soc. of London, vol. VII, part. 2, pp. 100 104, pl. XII), M. Dall avait déjà (Avril 1906. The Nautilus, p. 143) proposé — par voie d'élimination des coquilles réunies par Bolten sous le nom générique *Plejona* — d'attribuer ce nom à *Plejona fossilis*, la seule de son catalogue qui n'ait pas été choisie ensuite comme type d'un autre groupe. Certes, la règle d'élimination est formelle, mais à la condition qu'il s'agisse d'auteurs admis comme ayant sérieusement publié des Genres dans la Nomenclature binominale ; or on sait que ce n'est pas le cas du Catalogue de Bolten qui n'a été imprimé que pour faciliter la diffusion et probablement aussi la vente de sa collection, but commercial — mais non scientifique. Par conséquent, *Plejona* ne peut être admis que sous le nom de M. Dall qui a pris, en 1906, la responsabilité de l'appliquer à *Voluta spinosa* Lamk. (1), pour rectifier une erreur commise sur le génotype de *Volutilithes* ; si Swainson n'avait pas, en 1831, désigné *Vol. muricina* comme génotype de *Volutilithes*, M. Dall n'aurait jamais songé à ressusciter *Plejona*, pas plus que M. Newton n'aurait proposé *Volutospina*. Quoi qu'il en soit, la priorité de *Plejona* Dall, sur *Volutospina* Newton, est indiscutable, quoiqu'elle se réduise à deux mois.

Mais il reste à prouver que *Plejona* est admissible comme Genre, et cela n'est nullement démontré. En effet, lorsque j'ai dressé ce tableau des *Loxoplocinæ* (*l. c.*, p. 105), j'ai eu la plus grande peine à justifier la séparation de quelques Sections de *Volutilithes* (*antiquo sensu*), telles que *Volutocorbis*, *Neoathleta*, *Athleta*... que je n'ai conservées que pour ne pas les démolir, mais que je n'aurais jamais proposées moi-même ; j'ai même indiqué (p. 138) que certaines espèces

(1) Il y a lieu de remarquer d'ailleurs que c'est là une interprétation très téméraire, attendu que Bolten a renvoyé à la planche 33, fig. 10, de d'Argenville ; or c'est pl. 29 qu'il faut lire, et d'autre part, la fig. 10 comprend quatre espèces distinctes, parmi lesquelles il y en a une vue de dos (la troisième à partir de gauche) qui ressemble à *Voluta spinosa* Lk. A laquelle des quatre Bolten a-t-il voulu appliquer *Plejona* ? M. Dall — éliminant toujours — répond en 1906 : c'est la troisième.

éocéniques donnent lieu à une réelle incertitude, quant à leur classement dans une Section plutôt que dans l'autre. Cette opinion se trouve actuellement corroborée par une très intéressante étude qu'a publiée M. Burnett Smith (1906. Proc. Acad. Sc. Philadelphia, pp. 52-76, pl. II) sur la phylogénie de *Voluta petrosa* Conrad : cet auteur a établi une série de transitions graduelles depuis *V. limopsis* Conr. qui est un *Volutocorbis* typique, jusqu'aux formes séniles qui représentent exactement *Athleta*, en passant par *Neoathleta* pour les formes ventrues, et par *Plejona* pour les formes épineuses.

D'autre part, il est hors de doute que, dans le Bassin anglo-parisien, on passe facilement, d'espèce en espèce, de *Volutilithes crenulifer* sans épines à *V. ambiguus* un peu plus épineux, à *V. citara* et à *V. spinosa*, puis à *V. athleta* (Voir aussi les espèces figurées sur les planches XIX et suiv. *in* Edwards Eoc. moll. ; je défie qu'on les répartisse rationnellement en plusieurs Sections); dans le Miocène, *V. rarispina* Lamk. (génotype d'*Athleta*) est, à l'état népionique, un *Volutospina*, tandis que d'autres individus gérontiques se dégarnissent d'épines au point de ressembler à *Liopeplum*. Si l'on voulait maintenir ces Sections, il faudrait aussitôt en créer trois autres, dans le seul Bassin de Paris, pour y classer *Voluta bulbula* Lamk., *V. strombiformis* Desh., *V. labrella* Lamk., qui ne rentrent exactement dans aucune des subdivisions précédentes : c'est l'émiettement complet des *Volutidæ*, conséquence fatale à laquelle on arrive toutes les fois qu'on omet de se baser préalablement sur de bons critériums de classification, ceux de l'ouverture au lieu de ceux de l'ornementation. En résumé, ce ne sont plus que des stades d'évolution individuelle, et non pas de véritables Sections.

Dans ces conditions, au lieu de ressusciter, pour l'un de ces stades, le nom déjà bien incertain de *Plejona*, d'après un auteur qui soupçonnait si peu ces variations qu'il réunissait sous le même nom spécifique quatre Genres différents, il est beaucoup plus prudent de s'en tenir à *Athleta*, dénomination qui — aux yeux de Conrad — avait une signification bien précise : à ce Genre bien défini se rattachent, à titre de synonymes postérieurs et applicables à des groupes dont les limites sont insaisissables : *Volutocorbis*, *Plejona* ou *Volutospina*, *Neoathleta*. Je ne fais d'exception que pour *Liopeplum*, forme crétacique et ancestrale, dont la plication columellaire me paraît un peu différente, autant que je puis en juger par la figure que j'ai reproduite (*l. c.*, liv. III, p. 143, fig. 24).

Cette solution — déjà suggérée par moi dans la « Revue crit. de Paléoz. » — est exactement celle à laquelle s'est rallié M. Burnett Smith (The Nautilus, mars 1907, p. 119) dans son analyse de la publication de M. Dall ; il est vrai que, dans le n° suivant du même Recueil (p. 142), M. Dall répondant à cette critique de M. Smith, a maintenu sa manière de voir sur *Plejona*, sous le prétexte qu'il n'y a pas moyen de réunir *Athleta rarispina* et *Volutilithes petrosus* dans le même Genre, et que — pour la substitution de *Plejona* à *Valutospina*, son contradicteur n'entendait rien aux règles de nomenclature ! Il n'y a aucun commentaire à ajouter à de tels procédés de discussion.

En terminant et en adoptant définitivement *Athleta* pour clore tout débat sur la question, j'ajoute qu'*Athleta* se distingue — ainsi que tous les stades précités, de même aussi que *Liopeplum* — de *Volutomorpha* et de *Volutoderma* par l'absence d'un sinus écailleux au-dessus de la suture ; la callosité columellaire envahit souvent toute la base, et même *Liopeplum* possède un dépôt calleux qui déborde transversalement le long de la suture. Pour ces motifs, je ne les place pas dans ma S.-Fam. *Pholidotominæ*, quoiqu'ils dérivent évidemment de cette souche qui a dû se subdiviser à la fin de la période crétacique.

Gosavia, Ficulopsis, Beisselia, Pholidotoma.

Voir les diagnoses et figures dans la troisième livraison de mes « Essais ». Je n'ai presque rien à y ajouter, si ce n'est que *Gosavia* serait, d'après M. Dall, représenté dans le Tertiaire de l'Inde (*G. dentata* Sow. *sp.*), et que les deux derniers Genres ne paraissent guère, au premier abord, à leur place dans les *Volutidæ* à cause de leur columelle lisse ; cependant il est bien difficile de les séparer des autres *Pholidotominæ* à cause de leur sinus écailleux et contigu à la suture. D'ailleurs, il est possible qu'en dégageant la columelle un peu plus profondément que je n'ai osé le faire sur les deux génotypes, on découvre ultérieurement que ces deux coquilles possèdent un pli plus enfoncé à l'intérieur de l'ouverture ; pour s'en assurer, il suffirait de faire la coupe axiale, mais il est impossible de sacrifier à cet effet des types uniques. Je me borne à remarquer que, chez les autres *Pholidotominæ* dont on a pu étudier les plis columellaires, ceux-ci sont plus ou moins obliques, et que la forme de la coquille rappelle tantôt les Fuseaux, tantôt les Cônes, tantôt les Pirules, de sorte que leur classement dans la Famille *Volutidæ* n'est plus absolument motivé que par ce sinus écailleux qu'on n'observe le long de la suture d'aucun autre groupe ; comme *Volutoderma* est bien évidemment l'ancêtre d'*Athleta*, c'est-à-dire d'une Volute bien caractérisée, cette filiation entraîne le classement de tous *Pholidotominæ* dans la Fam. *Volutidæ*.

Liomelon Dall, 1907. G. T. : *Voluta piriformis* Forbes. Sén.

Le génotype choisi par M. Dall est une coquille du groupe d'Arrialoor, dans l'Inde, que Stoliczka a décrite comme appartenant au G. *Melo* et que j'ai précédemment placée dans le G. *Caricella* : elle y ressemble en effet, non seulement par sa forme et par ses plis columellaires, mais aussi par sa surface lisse ; peut-être le canal paraît-il plus court et moins contourné sur la figure (pl. VI, fig. 9) de l'ouvrage de Stoliczka ; mais dans la légende, cet auteur a pris soin d'indiquer que l'extrémité antérieure du holotype a été restaurée avec un fragment d'un cotype, de sorte qu'il ne faut pas attacher d'importance à cette petite différence qui n'est probablement que le résultat de la restauration dont il s'agit. Dans ces conditions, il serait manifestement téméraire de baser un nouveau G. ni même une Section sur un critérium tellement incertain : M. Dall n'a même pas comparé *Liomelon* à *Caricella*, mais il place le premier dans les « mélaniformes » et la seconde dans les « fusiformes », ce qui prouve combien sa classification est arbitraire. En définitive, d'après mon avis, *Liomelon* et *Caricella* sont complètement synonymes ; l'un a précédé l'autre dans le Crétacé supérieur. J'en tire d'ailleurs cette autre conclusion — maintes fois répétée dans le cours du présent ouvrage — c'est qu'il faut bien se garder de fonder des subdivisions nouvelles sur de simples figures, et sans avoir d'excellents génotypes en main.

Retipirula Dall, 1907. G.-T. : *Turbinella crassitesta* Gabb. Paléoc.

Sans donner aucune explication à l'appui, M. Dall a proposé de classer ce nouveau G. dans les « piruliformes », pour une coquille du « Martinez group » c'est-à-dire du Paléocène de Californie (Gabb, 1869. Paléont. Calif., II, p. 157, pl. XXVI, fig. 37). Cette coquille a, d'après la figure, la plus grande ressemblance avec *Ficulopsis*, du Crétacé supérieur de l'Inde ; mais, au lieu de cinq plis, il y en a deux seulement, à moins que les protubérances — attribuées à la continuation des cordons noduleux de la base jusqu'à l'intérieur de l'ouverture — ne soient réellement des plis ? En outre, Gabb a indiqué que le canal de *T. crassitesta* est étroit, tandis que *Ficulopsis* a un canal large. Quant à l'ornementation obtuse et pustuleuse du génotype de *Retipirula*, il est possible qu'elle présente cette apparence par suite de l'usure du test de l'échantillon choisi. Dans ces conditions, je ne puis admettre *Retipirula* qu'à titre provisoire, en attendant que la découverte de nouveaux matériaux ait confirmé la réalité des différences que je crois y apercevoir, ou que l'auteur se soit expliqué plus clairement sur sa pensée créatrice : sa méthode consiste en effet à publier des noms génériques en indiquant seulement le génotype, et en laissant au lecteur l'alternative — de se demander pourquoi — ou d'obéir servilement ; l'incertitude subsiste dans le premier cas, et dans le second, c'est le caporalisme militaire introduit dans la Science à une époque où il tend précisément à disparaître des armées. Nos savants maîtres d'autrefois préféraient convaincre leur auditoire, plutôt que de lui imposer leurs idées : c'était la bonne Ecole, celle à laquelle j'ai été élevé.

Glyptostyla Dall, 1892. G.-T. : *G. panamiensis* Dall. Eoc.

J'ai placé (*loc. cit.* IV, p. 134) — non sans hésitation — ce Genre, de l'Eocène (et non du Miocène) du canal de Panama, dans la Fam. *Strepturidæ*, quoique la columelle porte deux plis transverses et quoique le canal ne paraisse ni échancré, ni muni d'un bourrelet sur le cou. M. Dall le classe, au contraire, à côté de *Retipirula* dans les Volutes piriformes ; mais j'ai encore plus de répugnance à adopter cette solution qu'à laisser *Glyptostyla* parmi les *Strepturidæ*, car il n'a ni les plis columellaires de *Ficulopsis*, ni la suture écailleuse des *Pholidotominæ* ; d'autre part, il ne ressemble à aucune des subdivisions des *Loxoplocinæ*, par ses plis pas plus que par son canal. Si on le compare enfin à *Caricella* dans les *Homœoplocinæ*, on constate qu'il s'en écarte encore davantage, de sorte que, tout bien considéré, je préfère attendre avant de modifier l'emplacement provisoire que je lui ai précédemment assigné.

MIOPLEJONA Dall, 1907. G.-T. : *Rostellaria indurata* Conrad. Olig.

Voici encore une dénomination nouvelle, fondée sur un génotype à l'état de « moule interne n'ayant conservé que quelques petits fragments de test » M. Dall ajoute, il est vrai, que cette espèce semble répandue dans l'Oligocène de Washington, et représentée aussi par des mutations dans le Miocène et le Pliocène de l'Orégon et de la Californie. D'après d'autres plésiotypes moins imparfaits, *V. indurata* serait caractérisée par sa forme allongée, ornée de côtes axiales funiculiformes, que séparent des intervalles assez larges avec de fines stries spirales; les plis columellaires sont du type *Volutomorpha* et non pas du type *Volutoderma*; la constriction suturale est obsolète, mais plus marquée chez les formes miocéniques qui n'ont pas de stries spirales. A défaut d'une figure, il est bien difficile de se faire une opinion au sujet de *Mioplejona*; il est possible que ce soit dans ma Sous-Fam. *Loxoplocinæ* qu'il faille le classer, mais je ne le fais que sous toutes réserves, en regrettant qu'on propose de nouvelles subdivisions aussi incomplètement définies. Dans sa réponse précitée à M. Burnett Smith (1907. The Nautilus, p. 142), M. Dall allègue qu'il lui a manqué un artiste pour reproduire les génotypes de ses nouvelles créations : ce prétexte n'est plus à invoquer actuellement, depuis une dizaine d'années, avec les nouveaux procédés de phototypie directe dont on dispose partout.

MACULOPEPLUM Dall, 1906. G.-T. : *Voluta Junonia* Hwass. Viv.

Ce Genre est uniquement proposé parce que M. Dall a choisi, comme génotype de *Scaphella*, *Voluta undulata* — que Gray a prise en 1855, comme génotype d'*Amoria*. Or cette manière de procéder ne tient pas compte de ce que déjà en 1845, Herrmannsen avait clairement désigné, d'après Swainson, *V. Junonia* comme génotype de *Scaphella* : il est donc impossible d'admettre *Maculopeplum* et de supprimer, du même coup, *Amoria*. Mon opinion se trouve d'ailleurs en complet accord à ce sujet avec celle du D[r] v. Ihering (1907. Moll. foss. Argent., p. 201).

ADELOMELON Dall, 1906. G.-T. : *Voluta ancilla* Sol. Viv.

Cette dénomination est destinée, d'après M. Dall (The Nautilus, XIX, n° 12, p. 143), à remplacer *Cymbiola auct. non* Swainson ; or l'auteur nous explique bien que le véritable *V. ancilla* a été figuré par Lamarck dans l'Encyclopédie, et qu'il ne faut pas le confondre avec *V. magellanica* Lamk. (*non* Chemnitz) ; mais comme ce dernier est aussi un *Adelomelon* selon M. Dall, il reste à expliquer à quel génotype doit être appliqué le nom *Cymbiola* qu'on ne peut cependant supprimer purement et simplement, surtout en présence de la diagnose générique très précise qui en a été donnée et qui répond exactement à celle de *V. ancilla*. Il y aurait là un point à éclaircir pour prouver que *Cymbiola* représente tout autre chose qu'*Adelomelon*; faute de cet éclaircissement — que M. Dall a négligé de fournir soit dans le « Nautilus » en 1905, soit dans la révision de 1907 — nous devons conserver le Genre de Swainson (*Cymbiola*) et reléguer

Adelomelon en synonymie. C'est précisément à la même conclusion qu'aboutit M. von Ihering (*loc. cit.*) dont la compétence en Volutes australes est indiscutable.

MIOMELON Dall, 1907. G.-T. : *Volutilithes Philippianus* Dall. Viv.

« Spire un peu élevée, quelque peu excavée près de la suture, avec des côtes axiales plus ou moins saillantes et des stries spirales ; canal droit et étroit ; columelle munie d'un petit nombre de plis minces, l'antérieur plus épais ».

Sur cette diagnose textuellement traduite ci-dessus — qui serait tout à fait insuffisante si le génotype n'était pas très connu — M. Dall (*l. c.*, p. 365) propose une nouvelle Section d'*Adelomelon* (ou *Cymbiola*), et il désigne comme génoplésiotypes fossiles : *Voluta triplicata* Sow., *V. Domeykoana* Phil., *V. gracilior* Iher. (= *V. gracilis* Phil. *non* Lea), peut être aussi *V. Orbignyana* Phil., c'est-à-dire des formes localisées sur les côtes de l'Amérique du Sud, aussi bien à l'état fossile qu'à l'époque actuelle. Or, précisément la même année 1907 (Moll. foss. Argent., p. 205), M. v. Ihering a proposé pour le génotype *V. gracilior* un G. *Proscaphella*, mieux caractérisé que *Miomelon*, dans la diagnose duquel il ajoute que la protoconque est lisse, scaphelloïde, un peu moins épaissie que celle de *Cymbiola*, et que *Proscaphella* se distingue principalement par son ornementation de *Cymbiola* qui est lisse : ce ne peut donc être qu'une Section de *Cymbiola* (ou *Adelomelon*). Mais, comme le N° des « Smithson. Miscell. Coll. » Vol. 48, dans lequel a paru l'Étude de M. Dall — est celui du 4 fév. 1907, tandis que l'introduction du gros volume de M. v. Ihering est seulement signée à la date d'avril 1907, il n'y a pas d'hésitation sur la priorité à accorder à la dénomination *Miomelon* au lieu de *Proscaphella*, pour cette Section de *Cymbiola* qui est représentée depuis l'époque miocénique.

TRACTOLIRA Dall, 1895. G.-T. : *T. sparta* Dall. Viv.

J'ai omis, dans ma première classification des *Volutidæ*, ce Genre qui ne représente probablement qu'une Section de *Cymbiola* et qui est probablement représenté dans le Tertiaire du Chili par *V. alta* Sow. M. von Ihering (*l. c.*, p. 211) classe cette dernière espèce dans le G. *Cymbiola s. s.*, et il ajoute que le nucléus de la protoconque est scaphelloïde, assez petit, que la columelle porte deux plis très obliques, que la surface est ornée de stries ou crêtes spirales très serrées, sans côtes longitudinales. C'est évidemment une Section de *Cymbiola*, au même titre que *Miomelon* ; aussi, je répare mon omission dans le tableau qui est publié ci-après.

PACHYCYMBIOLA v. Ihering, 1907. G.-T. : *Voluta braziliana* Sol. Viv.

« Coquille pesante, large, à spire raccourcie, d'une couleur jaunâtre et uniforme, avec un canal postérieur de l'ouverture, et avec une série de tubercules noduleux, couronnant la spire ».

A ce groupe, — qui constitue à la rigueur, une Section de *Cymbiola* — doit être rattachée *Voluta Ameghinoi* Ih., que j'ai précédemment indiquée (*l. c.*

fig. 18) comme génoplésiotype fossile de *Cymbiola*. Dès l'instant qu'on sépare *Tractolira* à cause de son ornementation, on doit *a fortiori* admettre *Pachycymbiola* qui s'écarte encore davantage de *Cymbiola*.

Arrivé au terme de cette longue énumération, il me reste à essayer d'y mettre de l'ordre et d'en tirer des conclusions qui soient en harmonie avec l'arrangement que je préconise pour l'importante Famille en question.

Tout d'abord, je reproduis ci-dessous le tableau résumé que j'ai publié dans la « Revue critique de Paléoz. » pour exposer sous une forme synoptique les idées de M. Dall sur la phylogénie des *Volutidæ* :

FORMES	CRÉTACÉ	ÉOCÈNE	OLIGOCÈNE	MIOCÈNE	PLIOCÈNE
Piruliforme	*Ficulopsis*	**Retipirula**	»	»	»
»	*Ficulomorpha*	*Glyptostyla*	»	»	»
Coniforme	*Gosavia*	»	»	»	»
Muriciforme	*Plejona*	*Plejona*	»	»	»
»	»	*Volutilithes*	»	»	»
Fusiforme	*Volutoderma*	*Caricella*	*Caricella*	*Aurinia*	*Aurinia*
»	*Volutomorpha*	*Volutopupa*	**Miopleiona**	*Maculopeplum*	*Maculopeplum*
»	*Piestochilus*	**Maculopeplum**	»	**Adelomelon**	*Adelomelon*
»	»	*Liopeplum*	»	**Miomelon**	*Miomelon*
Bucciniforme	*Volutocorbis*	*Volutocorbis*	»	»	»
Meloniforme	**Liomelon**	»	*Eucymba*	»	»
Mitriforme	»	*Lapparia*	»	»	*Volutomitra*
Strombiforme	»	*Lyria*	*Lyria*	*Lyria*	*Lyria*
»	»	»	»	*Voluta*	*Voluta*
»	»	»	»	*Enæta*	*Enæta*
Cassidiforme	»	»	»	*Athleta*	»

Outre que ce tableau est incomplet, puisqu'il ne donne pas toute une série de Volutes dont un grand nombre sont représentées à l'état fossile, il ne nous permet pas d'apprécier comment ont pu se développer peu à peu, à travers les révolutions du globe terrestre, les caractères les plus typiques des Volutes, c'est-à-dire les plis, l'échancrure basale, le bourrelet du cou et la protoconque. Il ne fait pas non plus ressortir que les formes ancestrales, celles du Crétacé, étaient presque exclusivement munies de cette s u t u r e é c a i l l e u s e qui — si on l'explique par une disposition particulière et p h o l i d o t o m e du manteau de l'animal — prouve que cette disposition n'a pas persisté à dater de l'époque tertiaire. C'est pourquoi j'insiste sur la nécessité de conserver ma classification beaucoup plus homogène, sauf à y faire entrer en bloc la Sous-Famille *Pholidotominæ* dans laquelle se classent précisément ensemble toutes ces formes ancestrales, à galbe très différent, à nombre de plis columellaires très variable, mais à échancrure nulle, ou peu profonde, sans bourrelet sur le cou, et à protoconque peu développée.

En partant de ces données, on peut remanier de la manière ci-dessous le tableau que j'ai précédemment publié :

* *PHOLIDOTOMINÆ* (Columelle plus ou moins plissée, sinus sutural écailleux)
CRETACIQUE

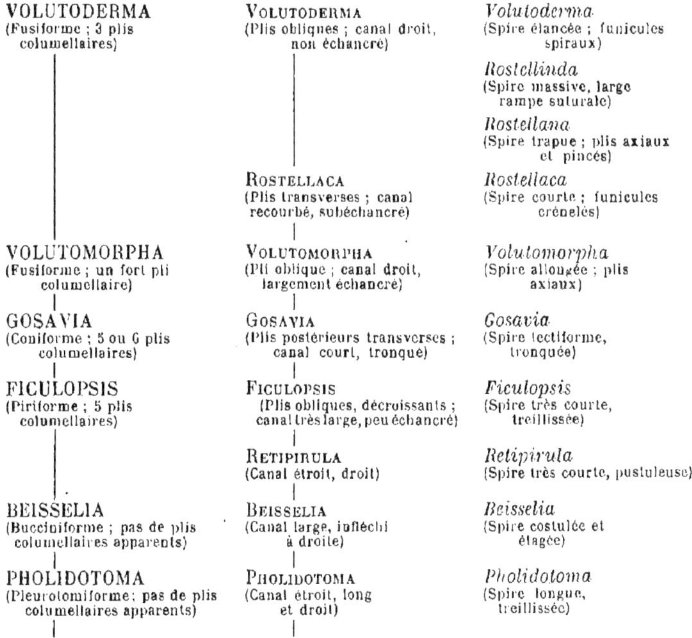

VOLUTODERMA (Fusiforme ; 3 plis columellaires)	VOLUTODERMA (Plis obliques ; canal droit, non échancré)	*Volutoderma* (Spire élancée ; funicules spiraux)
		Rostellinda (Spire massive, large rampe suturale)
		Rostellana (Spire trapue ; plis axiaux et pincés)
	ROSTELLACA (Plis transverses ; canal recourbé, subéchancré)	*Rostellaca* (Spire courte ; funicules crénelés)
VOLUTOMORPHA (Fusiforme ; un fort pli columellaire)	VOLUTOMORPHA (Pli oblique ; canal droit, largement échancré)	*Volutomorpha* (Spire allongée ; plis axiaux)
GOSAVIA (Coniforme ; 5 ou 6 plis columellaires)	GOSAVIA (Plis postérieurs transverses ; canal court, tronqué)	*Gosavia* (Spire tectiforme, tronquée)
FICULOPSIS (Piriforme ; 5 plis columellaires)	FICULOPSIS (Plis obliques, décroissants ; canal très large, peu échancré)	*Ficulopsis* (Spire très courte, treillissée)
	RETIPIRULA (Canal étroit, droit)	*Retipirula* (Spire très courte, pustuleuse)
BEISSELIA (Bucciniforme ; pas de plis columellaires apparents)	BEISSELIA (Canal large, infléchi à droite)	*Beisselia* (Spire costulée et étagée)
PHOLIDOTOMA (Pleurotomiforme ; pas de plis columellaires apparents)	PHOLIDOTOMA (Canal étroit, long et droit)	*Pholidotoma* (Spire longue, treillissée)

* *LOXOPLOCINÆ* (Plis obliques, décroissants, l'antérieur plus saillant ; suture non écailleuse) CRET. TERT. ET VIV.

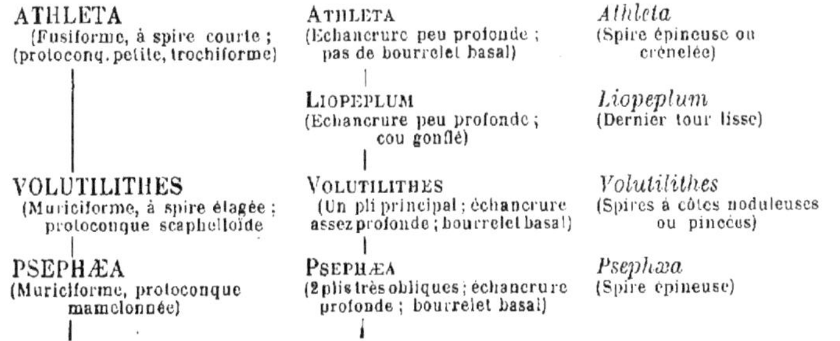

ATHLETA (Fusiforme, à spire courte ; protoconq. petite, trochiforme)	ATHLETA (Echancrure peu profonde ; pas de bourrelet basal)	*Athleta* (Spire épineuse ou crénelée)
	LIOPEPLUM (Echancrure peu profonde ; cou gonflé)	*Liopeplum* (Dernier tour lisse)
VOLUTILITHES (Muriciforme, à spire étagée ; protoconque scaphelloïde	VOLUTILITHES (Un pli principal ; échancrure assez profonde ; bourrelet basal)	*Volutilithes* (Spires à côtes noduleuses ou pincées)
PSEPHÆA (Muriciforme, protoconque mamelonnée)	PSEPHÆA (2 plis très obliques ; échancrure profonde ; bourrelet basal)	*Psephæa* (Spire épineuse)

* *VOLUTINÆ* (Plis peu obliques, échancrure basale et bourrelet) TERT. et VIV.

VOLUTA (Biconique, 4 ou 5 plis columel., protoconque trochoïde)	Voluta (Plis transverses, presque égaux ; labre épais)	*Voluta* (Spire épineuse, étagée)
LAPPARIA (Mitriforme ; 4 plis colum. ; protoconque scaphelloïde)	Lapparia (Plis transverses, l'antérieur moins saillant ; labre peu épais)	*Lapparia* (Spire striée ; dernier tour épineux)
LYRIA (Bucciniforme, 3 plis colum., protoconq. petite, bulbiforme)	Lyria (Plis peu obliq. et plissements pariétaux ; labre variqueux)	*Lyria* (Spire costulée ; sutures crénelées) *Enæta* (Dent labiale)
CALLIPARA (Ovoïde : 2 plis columellaires ; protoconque peu saillante)	Callipara (Plis antérieurs, obliques)	*Callipara* (Plis d'accroissement sur le dernier tour)
HARPULA (Fusoïde ; 4 plis columellaires, protoconque papilleuse)	Harpula (Plis décroissants et plissements pariétaux ; labre bordé)	*Harpula* (Spire presque lisse)
AULICINA (Strombiforme, 4 plis colum., protoc. grosse, hémisphérique)	Aulicina (Plis épais, égaux ; labre mince)	*Aulicina* (Dernier tour épineux)
	Heteroaulica (Plis antér. obliques ; labre épais, sinueux en arrière)	*Heteroaulica* (Dernier tour subépineux)
	Amoria (Plis egaux, obliques ; labre épais, non sinueux)	*Amoria* (Spire et dernier tour lisse)
LEPTOSCAPHA (Mitriforme, 4 plis colum., protoconque petite, mamillée)	Leptoscapha (Plis minces, obliques ; labre variqueux)	*Leptoscapha* (Spire striée)

* *CYMBINÆ* (Plis obliques et tordus ; large échancrure, bande basale) TERT. et VIV.

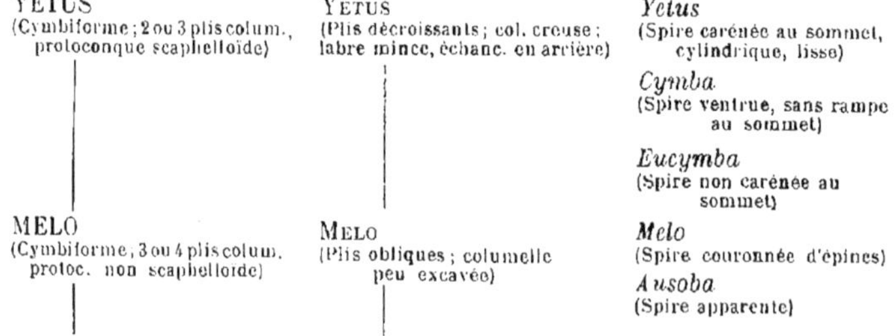

YETUS (Cymbiforme ; 2 ou 3 plis colum., protoconque scaphelloïde)	Yetus (Plis décroissants ; col. creuse ; labre mince, échanc. en arrière)	*Yetus* (Spire carénée au sommet, cylindrique, lisse) *Cymba* (Spire ventrue, sans rampe au sommet) *Eucymba* (Spire non carénée au sommet)
MELO (Cymbiforme, 3 ou 4 plis colum. protoc. non scaphelloïde)	Melo (Plis obliques ; columelle peu excavée)	*Melo* (Spire couronnée d'épines) *Ausoba* (Spire apparente)

* *ZIDONINÆ* (Plis obliques, non décroissants ; échancrure et bande)
TERT. ET VIV.

CYMBIOLA (Ovoïde ; 2 ou 3 plis colum., protoconque scaphelloïde)	CYMBIOLA (Spire non vernissée)	*Cymbiola* (Spire lisse)
		Pachycymbiola (Spire massive, dernier tour noduleux)
		Miomelon (Spire costulée)
		Tractolira (Spire striée)
	ZIDONA (Spire vernissée)	*Zidona* (Spire lisse)

* *HOMŒOPLOCINÆ* (4 plis obliques, égaux ; échancrure faible, pas de bande)
TERT. et VIV.

SCAPHELLA (Ovoïde ; protoconque scaphelloïde)	SCAPHELLA (Canal presque droit)	*Scaphella* (Spire lisse ou striée au sommet)
		Aurinia (Tours d'abord costulés, puis lisses)
CARICELLA (Piroïde ; protoconque obtuse)	CARICELLA (Canal contourné)	*Caricella* (Tours d'abord striés, puis lisses)
VOLUTOCONUS (Coniforme ; protoconque en calotte déprimée)	VOLUTOCONUS (Pas de canal)	*Volutoconus* (Spire nulle ; dernier tour lisse)

* *VOLUTOBULBINÆ* (Plis obliques, non décroissants ; échancrure presque nulle)
TERT. et VIV.

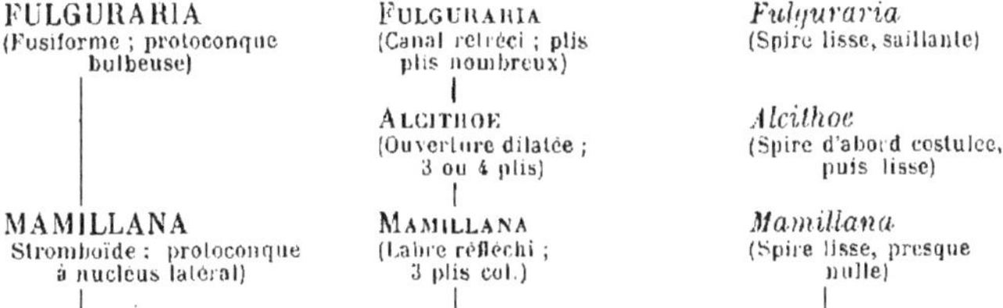

FULGURARIA (Fusiforme ; protoconque bulbeuse)	FULGURARIA (Canal rétréci ; plis plis nombreux)	*Fulguraria* (Spire lisse, saillante)
	ALCITHOE (Ouverture dilatée ; 3 ou 4 plis)	*Alcithoe* (Spire d'abord costulée, puis lisse)
MAMILLANA Stromboïde : protoconque à nucleus latéral)	MAMILLANA (Labre réfléchi ; 3 plis col.)	*Mamillana* (Spire lisse, presque nulle)

Incertæ sedis : PTYCHORIS, PROVOCATOR, PSEUDOCYMBIUM, MICROVOLUTA, MIOPLEJONA

MITRIDÆ (p. 179)

NEOIMBRICARIA v. Ihering, 1907. G.-T. : *Vol. Patagonica* v. Iher. Olig.

Forme ventrue ; spire courte ; protoconque petite, lisse, aiguë ; dernier tour formant presque toute la coquille, orné de sillons spiraux, souvent cloisonnés par des plis axiaux ; ouverture étroite, à bords parallèles, terminée en avant par une échancrure profonde, à laquelle correspond un bourrelet peu visible sur le cou ; plis columellaires d'*Imbricaria*.

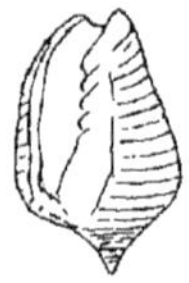

Fig. 82. — *Neoimbricaria quemadensis* von Iher.

Diagnose reproduite d'après celle de l'auteur (Moll. foss. Argent., pp. 199-200, pl. V, fig. 40) ; reproduction de la fig. de *Marginella quemadensis* von Iher. [Fig. 82.].

Rapp. et diff. — D'après les critériums que j'ai choisis (p. 152), *Neoimbricaria* peut être admis comme Section d'*Imbricaria*, se distinguant par sa surface ornée, s'écartant d'autre part des *Marginellidæ* par son échancrure basale et par ses sillons spiraux.

Répart. stratigr.

OLIGOCÈNE. — Quatre espèces, outre le génotype, dans les gisements santacruziens de la Patagonie : *Marginella quemadensis*, *confinis*, *gracilior*, *plicifera* von Ihering (*loc. cit.*).

*

Quatrième livraison

PSILOCOCHLIS Dall, 1904. G.-T. : *Turbinella Mc Callici* Dall. Eoc.

Test épais. Taille assez grande ; forme piroïde, massive, trapue et à spire presque nulle ; protoconque composée d'un bouton embryonnaire obtus, recouvert — comme toute la coquille — d'un vernis qui masque les sutures. Dernier tour arrondi, atténué et déclive à la base qui porte un très fort bourrelet spiral sur le cou, autour d'un entonnoir ombilical à peu près entièrement rempli par le développement de la callosité columellaire ; ouverture étroite, terminée en avant par un canal court et échancré; columelle peu excavée, munie au milieu de trois plis égaux et obliques, peu épais.

Diagnose refaite d'après celle de l'espèce génotype et d'après les figures (1907. Notes on some cret. *Volutidæ*, p. 22, fig. 11-13) ; reproduction de l'une d'elles [Fig. 83].

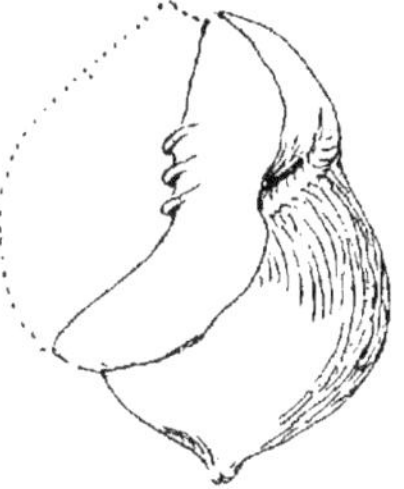

Fig. 83. — *Psilocochlis Mc Callici* Dall.

Rapp. et diff. — Si l'on se reporte au tableau de classification de la Fam. *Turbinellidæ* (*l. c.*, p. 60), on voit que, d'après mes critériums, *Psilocochlis* doit, à cause de son canal court, être classée comme S-G. de *Vasum*, s'écartant de ce dernier par sa protoconque paucispirée et par sa spire lisse, vernissée jusque sur le bouton embryonnaire ; c'est exclusivement pour ce vernis que M. Dall a séparé (The Nautilus, XVIII, N° 1, pp. 9-10) cette coquille de *Turbinella* dont elle se rapproche par ses plis columellaires ; il ne l'a d'ailleurs figurée qu'en 1907.

A ajouter au tableau stratigraphique des espèces de *Fulgur* (p. 77) :

Oligocène. — Une espèce dans l'Aquitanien de la Floride : *Busycon Montforti* Aldr. (The Nautilus, mars 1907, p. 121, pl. VI) ; elle a tout-à-fait le faciès de *Melongena*, mais le canal est plus court, la columelle est obtusément plissée. et il n'y a pas de bourrelet basal. On sait que *Busycon* Bolten, ressuscité en 1852 par Mörch est — en fait — postérieur à *Fulgur* Montf. 1810.

Heligmotoma Mayer, 1895. G.-T. : *Melongena Nilotica* Mayer. Eoc.

Coquille piriforme, à spire obtuse et à nucléus arrondi ; tours déprimés, anguleux le long de la suture ; dernier tour grand, ventru, caréné en arrière, lisse sauf les stries sinueuses d'accroissement, terminé en avant par un canal large et long, sans échancrure ; base excavée vers le cou, sans aucune trace de bourrelet. Ouverture oblongue, échancrée en arrière, au-dessous de la carène du dernier tour ; columelle lisse, un peu excavée au milieu, infléchie en avant avec le canal.

Diagnose résumée d'après celle du génotype (Journ. Conch., XLIII, p. 49, pl. III, fig. 2) et d'après la figure originale, reproduite ci-contre [Fig. 84.]

Rapp. et diff. — L'auteur a proposé cette subdivision des *Melongena* pour une coquille, du Parisien d'Égypte, qui n'a pas le moindre rapport avec *Melongena*, mais qui a tout-à-fait le galbe de *Fulgur* ; il est très intéressant de voir que ce G. américain a vécu en Égypte, pendant la période éocénique. On peut admettre *Heligmotoma* comme S.-G. de *Fulgur*, à cause de sa columelle non plissée et à cause de la sinuosité que fait le labre en arrière, au lieu d'aboutir orthogonalement à la suture, comme chez *Fulgur s. s.* Cette sinuosité — qu'avait parfaitement remarquée Mayer (1) — distingue aussi *Heligmotoma* de *Sycum* qui a également une columelle lisse, mais avec un canal plus court, autant qu'on peut en juger par la figure d'*H. Nilotica*. Toutefois, si je rapproche *Heligmotoma* de *Fulgur* plutôt que de *Sycum*, malgré l'absence de pli à la columelle, c'est aussi à cause de la double inflexion que paraissent faire les stries d'accroissement sur le dernier tour — exactement comme sur le contour du labre de *Fulgur* — et surtout à cause de l'absence d'un bourrelet sur le cou.

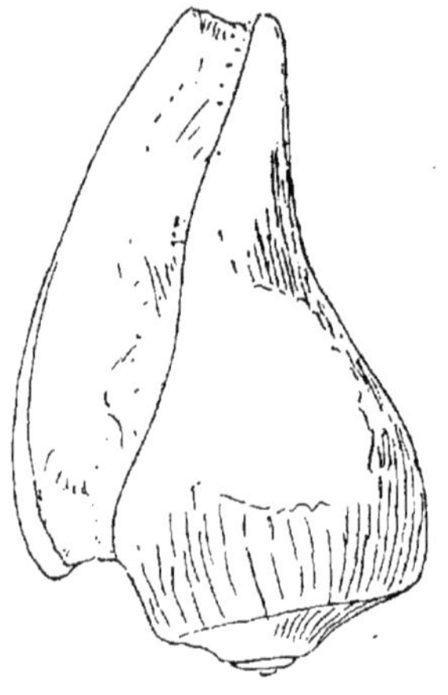

Fig. 84. — *Heligmotoma Nilotica* Mayer.

A rectifier au G. *Nassa* (p. 203) :

Nassa pulchra d'Anc. est voisin d'*Arcularia coarctata* Eichw., et a, comme ce dernier, le pli columellaire redressé en arc vers l'axe [Observ. de M. Staadt].

*

Cinquième livraison

A rectifier à la Section *Alipurpura* (p. 22) :

Miocène. — *Murex tripterus* Grat. est un *Typhis*, décrit sous ce nom générique et ne faisant pas double emploi avec l'espèce de Lamarck ; par conséquent le fossile miocénique de l'École des Mines, que j'ai désigné comme représentant *Alipurpura* à ce niveau, ne peut conserver le nom *tripterus*, et il y aura lieu de le décrire à l'occasion [Observ. de M. Peyrot].

A rectifier à la Section *Favartia* (p. 30) :

Miocène. — *Murex aquitanicus* Grat., du Bordelais, a trois varices principales et deux côtes intercalaires : c'est un *Chicoreus*, comme *Murex Dujardini* auquel il ressemble beaucoup [Observ. de M. Peyrot].

(1) Ainsi qu'on peut le déduire de l'étymologie : ελιγμος, enroulement ; εντομη, entaille.

Entacanthus v. Ihering, 1907. G.-T. : *Trophon monoceros* v. Iher. Olig.

Forme ventrue, massive ; spire courte ; à galbe conique ; tours ornés de côtes spirales ; dernier tour très grand, portant trois varices obsolètes, arrondi à la base qui est imperforée et dépourvue de bourrelet sur le cou. Ouverture subrhomboïdale, terminée en avant par un canal court et tronqué ; labre épais, muni en dedans de huit forts tubercules ; columelle aplatie et excavée, « se terminant au commencement du canal en une pointe dentiforme ».

Diagnose reproduite d'après celle du génotype (Moll. foss. Argent., p. 183, pl. XIV, fig. 92) ; reproduction de la figure originale [Fig. 85].

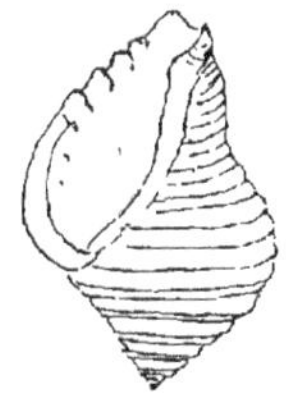
Fig. 85. — *Entacanthus monoceros* von Ihering.

Rapp. et diff. — L'auteur attache une grande importance à la terminaison de la columelle en une pointe ; mais je ne vois presque pas de différence entre la coquille dont il s'agit et de *Stramonita* ; tout au plus peut-on en faire une Section qui viendrait se placer près de *Thalessa*. En tous cas, ce n'est pas un *Trophon* à cause de sa columelle purpuroïde.

A. ajouter au G. *Acanthina* (p. 78) :

Pliocène. — Dans une Note publiée en 1887 (Mém. Soc. roy. malac. de Belg.), M. É. Vincent a fait remarquer que *Purpura tetragona* Sow. est en réalité un *Acanthina*, portant sur le labre l'épine antérieure et caractéristique de ce Genre ; cette espèce a été à tort repérée par moi dans le G. *Polytropalicus*.

A ajouter aux *Coralliophilidæ*, G. *Magilus* (p. 82) non encore signalé à l'état fossile :

Eocène. — Une espèce à Madagascar : *Magilus grandis* Törnquist (1904. Abh. Senck. Ges., p. 323, pl. XLVI).
Miocène. — Une espèce dans l'île de Malte, d'après la même publication.

A ajouter au G. *Cypræicassis* (p. 129) :

Miocène. — Une espèce bien caractérisée, dans l'Helvétien du Piémont : *C. cypræiformis* Borson, coll. Staadt, mais je n'ai pas vérifié l'exemplaire en question !

A rectifier au G. *Bernayia* (p. 157) :

PLIOCÈNE. — L'espèce de Castell'Arquato, dénommée par moi *Cypræa cf. affinis* Duj. ne peut être rapportée à celle de Dujardin, qui est en réalité *Trivia affinis* ; mais c'est bien un *Bernayia* dont il conviendrait de fixer la détermination spécifique.

*

Sixième livraison

A ajouter au G. *Peraraia* (p. 18) :

ÉOCÈNE. — Une espèce probable, dans le Lutécien d'Egypte. *P. Beyrichi* Mayer (1895. Journ. Conch., Vol. XLIII).

A rectifier (p. 44) :

TEREBELLOPSIS Leym., que j'ai relégué en synonymie de *Terebellum* ; or, d'après M. Doncieux (1908. Cat. desc. foss. numm. Aude, II, p. 102) qui a étudié de bons spécimens avec test du génotype *T. Brauni* Leym., ce G. est à classer — non pas auprès de *Terebellum* — mais auprès de *Semiterebellum*, dans le G. *Rostellaria*, à cause du prolongement de l'ouverture en une gouttière postérieure qui descend verticalement jusqu'au sommet de la spire, entre le prolongement du labre et le bourrelet ventral columellaire. Malheureusement l'ouverture du spécimen figuré n'est pas conservée du côté antérieur, de sorte qu'on ne peut vérifier si elle présente la large sinuosité de *Semiterebellum* ou bien s'il y a d'autres différences plus ou moins importantes. Toutefois, outre que le galbe de la spire est beaucoup plus étroit, *Terebellopsis* se distingue de *Semiterebellum* parce que ses cinq ou six premiers tours sont pourvus de côtes axiales, les suivants étant lisses. Dans ces conditions, il y a lieu d'ajouter à la p. 28 une nouvelle Section *Terebellopsis* pour les deux espèces lutéciennes : *T. Brauni* Leym. et *Rostellaria rabetensis* Doncieux, cette dernière caractérisée par sa spire irrégulière, alternativement infléchie à droite et à gauche de l'axe, et par ses plis axiaux qui se prolongent beaucoup plus loin en avant.

A ajouter au S.-G. *Perissoptera* (p. 94) :

HEMICHENOPUS Steinm. et Wilc. 1908. G.-T.: *Ch. araucanus* Phil. Mioc.

Taille assez grande ; forme fusoïde ; spire turriculée, à galbe conique ; tours nombreux, anguleux ou carénés vers le tiers antérieur de leur hauteur, ornés de fines stries spirales jusqu'au dernier qui porte deux carènes et qui se termine en avant par un rostre effilé et légèrement incurvé ; aile bien développée, avec un lobe supérieur arrondi et une digitation postérieure, longue et recourbée, dont la nervure est dans le prolongement de la carène inférieure du dernier tour ; bord columellaire assez épais, bien limité, descendant en arrière jusque sur la carène où il rejoint l'extrémité de l'aile en formant avec elle une gouttière peu profonde.

Diagnose refaite d'après les figures restaurées du génotype (Arkiv för Zool. Bd. 4, p. 79, pl. 7, fig. 4 *a b*) ; reproduction de l'une d'elles [Fig. 86].

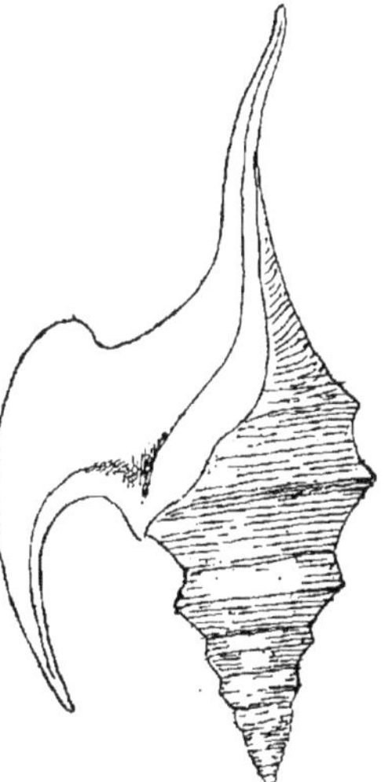

Fig. 86. — *Hemichenopus araucanus* Phil.

Rapp. et diff. — Si l'on compare cette diagnose à celle de *Perissoptera*, on constate qu'elle n'en diffère que par trois détails : le rostre antérieur est un peu plus long et légèrement dévié ; l'ornementation de la spire se réduit à des stries spirales ; enfin le bord columellaire paraît plus épais. Mais, comme les auteurs de ce Genre nous préviennent que leurs figures originales ont été restaurées à l'aide de fragments, il ne faut attacher d'importance certaine qu'à la différence de l'ornementation, de sorte qu'*Hemichenopus* serait tout au plus une Section de *Perissoptera* qui n'était connu jusqu'ici que dans le Crétacique.

A ajouter au G. *Struthiolaria* (p. 104) :
(= *Struthiolariella* Steinm. et Wilck. 1908, *loc. cit.*, p. 53, pl. 6, fig. 7)

Ce nouveau S.-G. *Struthiolariella* a été proposé pour le génotype *Struthiolaria Ameghinoi* v. Iher., du Tertiaire supérieur de l'Amérique du Sud, et ces auteurs y rapportent en outre *S. ornata* Sow. et *S. Hatcheri* Ort., avec des variétés ; toutes ces formes ne diffèrent entre elles que par des détails de leur ornementation, et par conséquent, elles se rapprochent intimement de *Struthiolaria s. str.* ; aucun caractère de l'ouverture n'est différent ; aussi ne me paraît-il réellement pas possible d'admettre de nouvelles subdivisions dans ce G. austral où la variabilité de la coquille est d'ailleurs très grande chez une même espèce. J'ai déjà exprimé (p. 105) des doutes au sujet de la légitimité de *Struthiolariopsis* Wilck., qui a été fondé sur des fragments crétaciques, insuffisamment caractérisés ; ici, quoique le génotype paraisse en meilleur état, la séparation de *Struthiolariella* est d'autant moins justifiée que MM. Steinmann et Wilckens n'admettent ni *Pelicaria* Gray, ni *Tylospira* Harris (son synonyme d'après moi), sous le prétexte que le critérium — tiré de l'expansion d'un vernis calleux sur la spire — n'a pas une réelle importance. Je ferai remarquer à cette occasion que ce vernis calleux prouve que ce manteau de l'animal s'étendait beaucoup plus en dehors chez *Pelicaria* que chez *Struthiolaria*, et qu'en outre la partie antérieure de l'ouverture est tout à fait différente chez *Pelicaria* (v. mes diagnoses et mes figures). Il y a donc lieu de conserver *Pelicaria* pour *Buccinum scutulatum* et de rejeter *Struthiolariella*.

*

Septième livraison

A peine la livraison relative aux *Cerithiacea* était-elle éditée (1906) que M. Dall a fait paraître une Note « On the synonymic history of the genus *Clava* Martyn and *Cerithium* Brug. » (Proc. Acad. Nat. Sc. of Philadelphia, août 1907, pp. 363-369), dans laquelle il a réfuté la nomenclature que j'avais adoptée, sous le prétexte que les matériaux qui m'avaient servi de base témoignent « d'une connaissance insuffisante de l'histoire et sont en désaccord avec les règles internationales ». De critiques scientifiques, relatives à mon système de classification, je n'en trouve cette fois aucune dans la Note en question où je suis pris à partie presque à chaque ligne : c'est une pure querelle de noms ; mais, comme elle n'aboutit rien moins qu'à bouleverser tout ce que j'ai échafaudé, je suis encore une fois obligé de la discuter et d'y consacrer des pages que je trouverais mieux employées à des controverses vraiment scientifiques.

J'ai indiqué, à propos de *Rhinoclavis* (p. 85), pour quels motifs je ne puis admettre *Clava* Martyn, à la place de *Vertagus* Schum. (*non* Klein), ni (p. 125) à la place de *Terebralia*, comme l'avait soutenu M. Jousseaume. Pour combattre ces conclusions, M. Dall — qui m'accuse d'indolence ou de nonchalance comme tous mes prédécesseurs depuis 1830 — s'est procuré auprès de M. Hedley, en Australie, la photographie d'un second exemplaire du prospectus de l'ouvrage de Martyn, et il l'a fait reproduire dans une brochure intitulée « Thomas Martyn, the universal Conchologist » (Proc U. S. Nat. Mus. Oct. 1907). De cette pièce rare et peu répandue dans les bibliothèques, il résulte que la date du premier volume de Martyn est d'environ 1784 (si toutefois la publication du prospectus n'a pas précédé de quelques années la publication du volume, ce qui arrive souvent même encore actuellement pour les ouvrages en souscription), et que, par conséquent *Clava* Gmelin (1789 Pol.) est postérieur à *Clava* Martyn. Soit — bien que cette vérification repose elle-même sur l'hypothèse fragile du prospectus.

Ce premier point établi, M. Dall expose que le premier volume de Martyn (1784) contient quatre (et non sept comme il l'avait d'abord écrit) espèces de *Clava* :

1. — *Clava rugata* Martyn = *Murex asper* Linné.
2. — *Clava herculea* Martyn = *Cerithium ebeninum* Brug.
3. — *Clava maculata* Martyn = *Cerithium clava* Brug. = *C. aluco* L.
4. — *Clava rubens* Martyn = *Cerithium echinatum* Lamk.

Éliminant les trois dernières formes qui ont ultérieurement servi de types aux Genres *Pyrazus* Montf. 1810, *Pseudovertagus* Vignal 1904 (pour *C. aluco* que M. Dall a bien soin d'accepter les yeux fermés comme distinct génériquement de *C. vertagus*), et *Cerithium* Lamk. 1801, M. Dall en conclut, d'après les règles de Nomenclature, que c'est la première espèce qui doit conserver le nom *Clava*, et que, comme *Murex asper* Lin. ne diffère de *Murex vertagus* L. que par son ornementation, c'est *Clava* qu'il faudrait admettre pour *Vertagus* (= *Rhinoclavis* Swainson).

Ce raisonnement spécieux repose tout d'abord sur un postulatum très fragile : l'identité présumée de *Clava rugata* et de *Murex asper* ; or, déjà au temps de Gmelin, *Murex asper* était une espèce très incertaine, puisque cet auteur l'a interprétée en renvoyant à la figure du T. IV (pl. 150) de Martini, laquelle ne représente pas un *Cerithidæ*, tandis que Linné n'a renvoyé à aucune figure et que Martini figure un Cérite vertagiforme sous le nom *Murex asper* L., ainsi en désaccord complet avec Gmelin ! Si au moins Martyn avait adopté le nom spécifique préexistant depuis Linné, on pourrait admettre que cet auteur a voulu désigner *Murex asper* ; la figure publiée par Martyn représente bien un Cérite qui a quelque analogie avec celui qu'a figuré Martini, c'est-à-dire avec un *Rhinoclavis* ; mais, en définitive, cette assimilation — par élimination des autres formes hétérogènes comprises par Martyn sous le nom de *Clava* — est exclusivement l'œuvre de M. Dall, de sorte que, pour être absolument correct, il faut écrire : *Clava* (Martyn) *in* Dall 1907, synonyme postérieur de *Rhinoclavis* Swainson 1840. Rien n'est plus nuisible que cette exhumation contestable, surtout quand il s'agit d'ébranler un édifice auquel des hommes — tels que Bruguière, Lamarck, Schumacher, Swainson — ont péniblement travaillé, à la suite d'études et de comparaisons consciencieuses, et d'y substituer l'élucubration hazardeuse d'un peintre qui, après de fructueux voyages dans les mers exotiques, s'offrait la satisfaction de publier les figures de récoltes faites par d'autres voyageurs, en leur attribuant des noms génériques ou spécifiques sans le moindre souci de ce qu'avaient fait ses prédécesseurs. *Universal* — oui ; mais *Conchologist* — non !

M. Dall nous dit d'ailleurs — en un point de sa Note — que Lamarck et ses contemporains n'ignoraient pas les noms de Martyn, puisqu'ils les citent parfois en synonymie. Cela prouve que ces savants ne considéraient pas ces noms comme sérieux — et pas autre chose.

Encore, si tout ce bouleversement était définitif ; mais il n'en est rien malheureusement, et nous devons nous attendre à ce que, dans le cours de ses recherches ultérieures, M. Dall découvre de nouveau dans la poussière un volume oublié, émanant d'un amateur quelconque et qui l'obligera — à cause des lois imprescriptibles de la priorité — à démolir l'œuvre de Martyn (et la sienne en même temps) pour la remplacer par quelque chose qui disparaitra à son tour. Qu'on ne m'objecte pas que je fais ici un procès de tendance à mon honorable ami et contradicteur ; car, dans une autre Note intitulée « Early history of the generic name Fusus » et publiée dans « The Journal of Conchology » II, pp. 289-297, c'est le Genre *Fusus* qui se trouve, à son tour, sapé par la base. Voici du reste comment s'est exprimé à ce sujet M. G. Dollfus, dans le n° de juillet 1908 de la « Revue crit. de Paléozool. » p. 219 :

« L'histoire du G. *Fusus* est non moins démonstrative : ce nom a été créé par Rhumphius en 1705, et on peut en suivre la tradition dans Klein, Martini, Schrœter ; mais il ne se trouve pas dans Linné : il faut donc rechercher, dans les auteurs postérieurs à 1766, le premier qui l'ait employé à nouveau, et en établir le sens ; et c'est cette nouvelle mention seulement qui lui donnera sa réelle valeur. Or il se trouve que le premier auteur post-linnéen qui ait employé le nom *Fusus* est Helbling, en 1779, et il l'a employé pour quatre espèces dont trois sont des *Pleurotoma*, de sorte que voilà inopinément le nom *Pleurotoma* Lamarck, si bien connu, si utile, remplacé par *Fusus* non moins connu, mais dans un autre sens. Quel bouleversement dans la Nomenclature ! Quel galimatias va en surgir ? M. Dall recule devant cette révolution, sachant bien qu'il n'a aucune chance d'être suivi, et il se rabat sur la dernière espèce : *Murex* (*Fusus*) *intertextus* Helb. qui n'est autre que *Tritonium reticulatum* Blainv., de la Méditerranée, devenu le G. *Cumia* Bivona (1838), et c'est ce Genre obscur qui disparait pour prendre le nom *Fusus* Helbling (*non. auct.*), ce qui permettrait à *Pleurotoma* de subsister. Déplorable subterfuge, pénible expédient, dont M. Dall lui même doit reconnaître la faiblesse.

« Mais ce n'est pas tout : à la fin de l'étude du G. *Fusus*, M. Dall a publié la liste des noms génériques de Bolten (1798), et on peut y reconnaître ceux qui arriveraient à supplanter ceux de Lamarck (1799) ; ce sont par exemple les Genres : *Sigaretus*, *Ocula*, *Turbinella*, *Solarium*, *Scalaria*, *Melania*, *Rostellaria*, *Fasciolaria*, *Cancellaria*, *Ampullaria*, etc... Tout un bataillon d'appellations nouvelles viendrait remplacer ces noms vénérables et utiles, la science de cent ans serait à refaire, et cela au nom d'un principe arbitraire qui a été proclamé plus de cent ans après Linné. On comprend ici l'hésitation de M. Dall ; le morceau est trop lourd à emporter, il n'est à la portée de personne ; on comprend qu'il regrette de n'avoir pas réussi à faire passer au Congrès de Zoologie une décision plus juste, décision qui ne donne de valeur qu'aux Genres correctement et entièrement décrits, réellement publiés, reconnaissables.

« Ce sont là des querelles un peu byzantines, et M. Dall a mieux à faire pour employer son activité que de s'acharner sur des questions malheureuses ; la description des faunes américaines, la filiation des formes, la relation des Genres et des espèces entre eux, etc... sont des sujets plus dignes de son talent. »

Je ne saurais vraiment rien ajouter à ces paroles si sages, si modérées, surtout dans une question où j'ai été si violemment et si personnellement pris à partie. Je me bornerai à remarquer deux points important : 1° jamais les Congrès de Zoologie n'ont — en établissant la règle linnéenne et celle d'élimination — eu l'intention de décréter qu'il fallait absolument opposer le premier inconnu qu'un hasard a fait retrouver, à des savants comme Bruguière, Lamarck, Schumacher, Cuvier, etc... ; c'est méconnaître l'esprit de ces règles que de se croire obligé à les appliquer même quand on arrrive à des résultats contraires au bon sens ; 2° si la « nonchalance » dont m'accuse M. Dall — et qui consiste, d'après lui, à m'abstenir de ressusciter les noms obscurs — est le respect que j'éprouve pour l'œuvre des grands Maîtres qui ont fondé la science conchologique, je la préfère infiniment à l'activité malsaine et brouillone dont je me rendrais coupable si je m'appliquais à taquiner perpétuellement la Nomenclature.

M. Dollfus a bien raison : ce serait l'œuvre d'un nouveau Congrès de réviser la loi d'après laquelle les Genres antérieurs à Linné sont nuls. Qu'on modifie cette loi, qu'on la remplace par une autre plus équitable, qu'on précise surtout ce qu'on entend par « Genre bien établi », qu'on exclue définitivement les noms de collection ou de catalogue en leur préférant — dans chaque cas — les noms répondant à une « intention scientifique de classification », je m'inclinerai volontiers. Mais, en attendant que les commissions et les sous-commissions, aient présenté — puis fait approuver — leurs rapports sur ces questions épineuses, il se passera beaucoup de temps. Or, il faut vivre d'ici là sur la tradition de nos Maîtres, en nous bornant à la mettre en harmonie avec les récents progrès de la Science : tel est le but bien modeste de mes « Essais de Paléoconchologie » en ce qui concerne les Gastropodes. C'est pourquoi je préfère beaucoup m'en tenir aux dénominations génériques qui ont pour elles l'assentiment universel. Je m'abstiendrai donc, quant à présent, d'apporter aucune modification révolutionnaire à la nomenclature admise par moi dans la quatrième livraison pour les *Fusacea*, dans la huitième pour les *Cerithiacea*.

A ajouter (p. 121), entre *Tympanotonus* et *Exechocirsus* :

Diptychochilus Cossm. 1907 (1). G.-T. : *D. pradellensis* Donc. Eoc.

Taille moyenne ; forme turriculée, étagée ; spire longue, à galbe conoïdal ; douze tours étroits, à sutures linéaires, bordées en-dessus par une rampe carénée ; deux ou trois cordons spiraux au-dessus de la carène. Dernier tour très grand, égal aux deux cinquièmes de la hauteur totale, arrondi à la périphérie de la base qui est circonscrite par deux filets plus saillants. Ouverture grande, ovale, à péristome subdétaché, avec une gouttière versante dans l'angle inférieur, terminée en avant par un canal large et court ; labre très sinueux, lisse à l'intérieur, échancré presque à angle droit en arrière, fortement proéminent en avant ; columelle courte, un peu excavée vers la région pariétale, portant au milieu un pli oblique, épais et saillant ; le canal siphonal est, en outre, limité par la torsion antérieur de la columelle qui simule un second pli ; bord columellaire extrêmement épais, médiocrement large, en partie appliqué sur la base et tout à fait détaché du cou.

(1) *In* Doncieux, 1908. — Cat. descr. foss. numm. Aude Hérault, p. 137 ; ce G. a été proposé par moi *in litt.* d'après l'envoi des spécimens typiques par M. Doncieux.

Diagnose extraite de celle du génotype, d'après les figures originales (pl. VII, fig. 18) ; reproduction de l'une d'elles [Fig. 78].

Fig. 87. — *Diptychochilus pradellensis* Doncieux.

Rapp. et diff. — Cette coquille ne diffère des autres *Tympanotonus* dépourvus d'une couronne de tubercules que par son pli columellaire : tous les autres caractères de l'ouverture sont identiques, de sorte que ce n'est qu'une Section de *Tympanotonus*, comme *Ptychopotamides* n'est qu'une Section de *Potamides* pour le même critérium distinctif. Il faut également rapporter à cette Section : *Potamides montseccanus* Vidal, du même niveau Lutécien, dans les Pyrénées catalanes (1898. Est. alg. mol. pir. cat., p. 21, pl. IX, fig. 18-20).

A ajouter après *Cerithidea* (p. 114) :

Horizostoma Deninger, 1908. G.-T. : *Cer. heterostoma* Gein. Crét.

Ouverture grimaçante comme celle de *Persona* ; canal obturé comme chez *Triforis* ; ornementation de *Cerithidea* (1).

2° Diagnoses des espèces nouvelles

citées dans la huitième livraison

Zygopleura (*Allocosmia*) **Brasili** *n. sp.* Pl. 1, fig. 6.

Taille moyenne ; forme turriculée, conique ; spire longue, assez étroite, croissant régulièrement sous un angle apical de 15° environ ; tours nombreux, convexes, dont la hauteur égale à peu près la moitié de la largeur, ornés de stries spirales bien gravées quand elles ne sont pas effacées par l'usure ; les premiers tours manquent, mais ils sont vraisemblablement ornés de plis axiaux ; sutures profondes, non canaliculées. Dernier tour égal au quart de la longueur totale, arrondi à la base qui est imperforée. Ouverture holostome.

Longueur probable : 33 mill. ; diamètre : 8 mill.

Rapp. et diff. — Quoique cette coquille soit dans un état de conservation peu satisfaisant, elle me paraît intéressante en ce sens qu'elle indique que le S.-G. *Allocosmia* ne s'est pas éteint dans le Trias où il avait apparu. Elle a tout

(1) L'ouvrage m'est parvenu trop tardivement, au cours de l'impression de cette livraison, pour que je puisse reproduire la figure et discuter cette nouvelle Section de *Cerithidea*.

à fait le galbe de l'ornementation spirale du génotype *Holopella grandis*, mais ses tours sont moins élevés ; je n'ai pu vérifier si ses premiers tours portent les plis axiaux et caractéristiques d'*Allocosmia*, néanmoins je n'hésite pas à la rapporter à ce Sous-Genre à cause de sa ressemblance avec *H. grandis*.

Loc. St-Côme-du-Mont (Manche), dans les calcaires sinémuriens. Unique, recueilli par M. Brasil ; ma coll.

Pseudomelania Deslongchampsi *n. sp.* Pl. I, fig. 9-11.

1860. *Chemnitzia procera?* Héb. et Desl. Mém. foss. Montr.-B., n° 24, p. 34.

Taille moyenne ; forme turriculée, conique ; spire longue, régulière ; 9 ou 10 tours, d'abord presque plans, puis un peu convexes, dont la hauteur atteint les deux tiers de la largeur ; surface entièrement lisse. Dernier tour supérieur au tiers et même égal à la moitié de la hauteur totale, arrondi, convexe à la base qui est imperforée et à peu près dépourvue de cou ; ouverture ovale, parfaitement holostome ; labre mince, un peu sinueux en arrière, légèrement proéminent en avant ; columelle lisse, excavée ; bord columellaire peu calleux, étroit, bien limité du côté de la région ombilicale.

Longueur : 35 mill. ; diamètre : 13 mill.

Rapp. et diff. — Il n'est pas possible de confondre cette coquille callovienne avec *Melania procera* Desh., dont le génotype provient du Bajocien des Moutiers où l'espèce est commune ; les provenances de la Grande Oolite et de l'Argile de Dives sont beaucoup plus contestables. En tous cas, le fossile que je viens de décrire se distingue par sa forme beaucoup plus courte, par ses tours plus convexes et par son dernier tour plus élevé.

Loc. Montreuil-Bellay, dans le calcaire callovien. Assez commune ; néotype figuré, ma coll.

Melanopsis Briarti *nov. sp.* Pl. IV, fig. 8.

1873. *Melanopsis buccinoidea* Briart et Corn. Desc. foss. Calc. Mons, II, p. 7, pl. VII, fig. 7-9 (*non* Sow.).

Taille petite ; forme assez étroite et allongée ; spire longue, subulée, à galbe conique ; sept tours presque plans, se recouvrant les uns les autres, séparés par des sutures peu visibles, et entièrement lisses. Dernier tour égal aux trois cinquièmes de la hauteur totale, étroitement ovale jusqu'à la base imperforée ; cou peu dégagé, sur lequel on distingue la fasciole caractéristique du Genre. Ouverture étroite, peu allongée, subcanaliculée et échancrée à la base ; labre mince, un peu sinueux en arrière, tangent à l'avant-dernier tour ; columelle excavée, tordue en avant ; bord columellaire très calleux en arrière, remplissant toute la partie postérieure de l'ouverture, aminci en avant.

Longueur : 9 mill. ; diamètre : 3, 5 mill.

Rapp. et diff. — Beaucoup plus étroite que l'espèce sparnacienne à laquelle elle avait été à tort rapportée, cette coquille se distingue de *M. sodalis* Desh., du Thanétien des environs de Paris, dont je l'avais rapprochée (Catal. ill. 1888, T. III, p. 287) — par son galbe plus allongé, par son dernier tour plus effilé, et par ses tours de spire plus nombreux.

Loc. Mons, néotype figuré, ma coll. (don de feu Briart).

Glauconia (*Gymnentome*) **Douvillei** *nov. sp.* Pl. IV, fig. 4.

Taille grande ; forme conique, un peu pupoïdale ; tours plans, conjoints, lisses, dont la hauteur égale les deux cinquièmes de la largeur ; stries d'accroissement sinueuses ; sutures linéaires. Dernier tour égal aux trois septièmes de la hauteur totale, portant aux deux tiers de sa hauteur un gouflement spiral et obsolète qui correspond exactement à la sinuosité des stries d'accroissement ; base arrondie, perforée au centre d'une étroite fente ombilicale, portant — à la moitié de la distance entre cette fente et la périphérie — un léger bombement spiral qui aboutit en avant à l'échancrure du contour supérieur. Ouverture à peu près arrondie, à péristome détaché dans un plan vertical ; labre échancré par une sinuosité large et profonde, vers la moitié de la hauteur de l'ouverture, un peu proéminent en avant de ce sinus ; contour supérieur faiblement échancré ; columelle médiocrement excavée, lisse ; bord columellaire un peu réfléchi sur la fente ombilicale, calleux sur la région pariétale.

Longueur probable : 70 mill. ; diamètre basal : 30 mill.

Rapp. et diff. — Je sépare cette espèce de *Turritella Renauxiana*, non seulement parce qu'elle caractérise un niveau inférieur à celui où l'on a recueilli cette dernière, mais aussi et surtout parce que son dernier tour est plus élevé, parce que son galbe est moins conoïdal et plus trapu, et parce que ses tours sont peu conjoints, non imbriqués en avant

Loc. Mondragon (Vaucluse), dans les lignites attribués à la zone supérieure du Cénomanien ; coll. de l'École des Mines.

TABLE ALPHABÉTIQUE

DES

FAMILLES, GENRES, SOUS-GENRES, ETC.

Les noms en italiques sont ceux des synonymes.

TABLE ALPHABÉTIQUE DES NOMS D'ESPÈCES

CITÉES DANS LA HUITIÈME LIVRAISON

Les noms en italiques sont ceux des synonymes ; le premier nom entre parenthèses est celui du Genre dans lequel l'espèce est repérée dans cet ouvrage ; le second nom générique, en italiques, est celui sous lequel l'auteur a établi l'espèce, quand ce nom générique diffère du premier.

ERRATA

P. 19, ligne 29............	au lieu de...	*propingnum*......	lire :	*propinquum.*
— 99, avant-dern. ligne...	—	*littoratus*.........	—	*litteratus.*
— 101, avant-dern. ligne...	—	*canaticulata*......	—	*canaliculata.*
— 116, ligne..............	—	*derstostricta*......	—	*dertostriata.*
— 126, 1re ligne...........	—	*TEREBIA*........	—	*TAREBIA.*
— 126, 35e ligne...........	—	*taurorostrata*.....	—	*taurostriata.*
— 133, ligne 11...........	—	*Caji*..............	—	*Gagi.*
— 133, ligne 35...........	—	*hysensis*.........	—	*hupensis.*
— 134, ligne 3............	—	*purpusilla*........	—	*perpusilla.*
— 137, avant-dern. ligne...	—	*regidum*..........	—	*rigidum.*

P. 27. — Ajouter au tableau de répartition stratigraphique :

BAJOCIEN. — Une espèce bien caractérisée, dans les couches à Bryozoaires de Couzon (Rhône) : *Cerithium Reboursi* Riche (1904. Et. strat. M. d'or lyonn., p. 87, pl. 11, fig. 5.)

P. 188. — Au tableau des Genres, remplacer partout LEPTOXIS par ANCYLOTUS.

CHATEAUROUX. — IMPRIMERIE LANGLOIS

PLANCHE I

1.	ZYGOPLEURA (*Allocosmia*) GRANDIS [Hœrnes].	Grand. natur.	Trias.	31
2.	ZYGOPLEURA RUGIFERA [Phill.].	id.	Carb.	25
3.	LOXONEMA IMPRESSUM, d'Orb.	id.	Dév.	16
4.	LOXONEMA (*Katoptychia*) MELANIOIDES, Oehl.	id.	Dév.	23
5.	ZYGOPLEURA (*Katosira*) CORVALIANA [d'Orb.].	Gr. 3/2	Lias.	27
6.	ZYGOPLEURA (*Allocosmia*) BRASILI, Cossm.	Grand. natur.	Lias.	32
7-8.	PSEUDOMELANIA NORMANIANA [d'Orb.].	id.	Baj.	83
9-11.	PSEUDOMELANIA DESLONGCHAMPSI, Cossm.	id.	Call.	83
12-14.	BAYANIA SEMIDECUSSATA [Lamk.].	id.	Olig.	98
15.	SUBULITES GIGAS, Eichw.	id.	Sil.	113
16-19.	MACROCHILINA ARCULATA [Schloth.].	id.	Dév.	101
20-21.	PSEUDOMELANIA (*Microschiza*) CLATHRATA [Desh.].	id.	Lias.	92
22.	PSEUDOMELANIA (*Mesospira*) LEYMERIEI [d'Arch.).	id.	Bath.	91

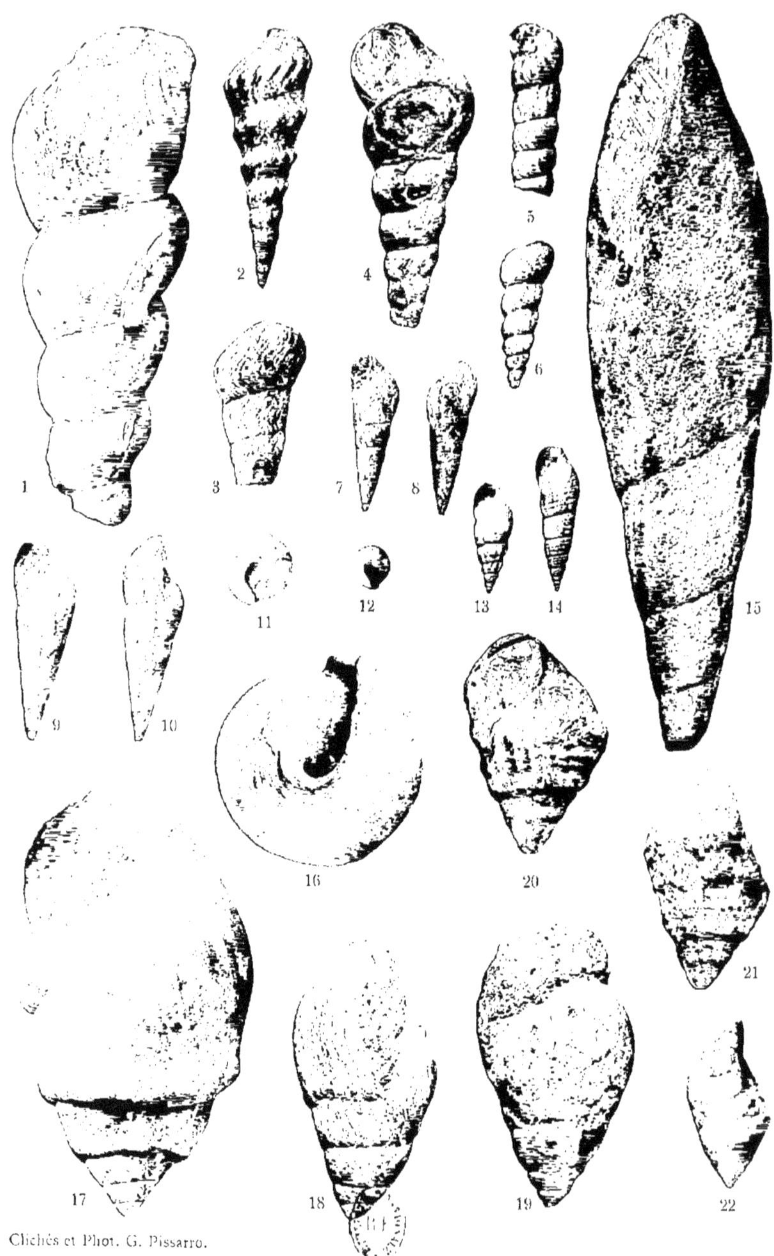

Clichés et Phot. G. Pissarro.

PLANCHE II

1-2.	Pseudomelania (*Oonia*) *cf.* Calypso [d'Orb.].	Grand. natur.	Séq.	86
3.	Bourguetia Deshayesea [Terq.].	id.	Hett.	71
4.	Undularia (*Pustulifer*) alpina [Eichw.].	id.	Trias.	65
5-6.	Pseudomelania (*Cloughtonia*) *cf.* abbreviata [Rœmer].	id.	Séq.	90
7-9.	Macrochilina acuta [Sow.].	id.	Carb.	101
10-11.	Pseudomelania (*Mesospira*) Leymeriei [d'Arch.].	Gr. 2/1	Bath.	91
12-13.	Bayania lactea [Lamk.].	Grand. natur.	Eoc.	98
14-15.	Rigauxia canaliculata [Rig. et Sauv.]	id.	Bath.	38
16-18.	Trajanella amphora [d'Orb.].	id.	Tur.	108
19.	Pseudomelania (*Hudlestoniella*) calloviensis, H. et D.	Gr. 3/2	Call.	95
20-22.	Cyrtospira inexpectata [Barr.].	Grand. natur.	Sil.	117
23.	Melania amarula [Linn.].	id.	Viv.	128
24.	Melania thezannensis, Donc.	id.	Pal.	128
25-26.	Melania (*Eumelania*) tuberculata, Mull.	id.	Pleist.	132
27-31.	Balanocochlis (*Pasithcola*) guttula [Lea].	Gr. 6/1	Eoc.	137
32-33.	Melania (*Melanoides*) inquinata, Defr.	Grand. natur.	Eoc.	140

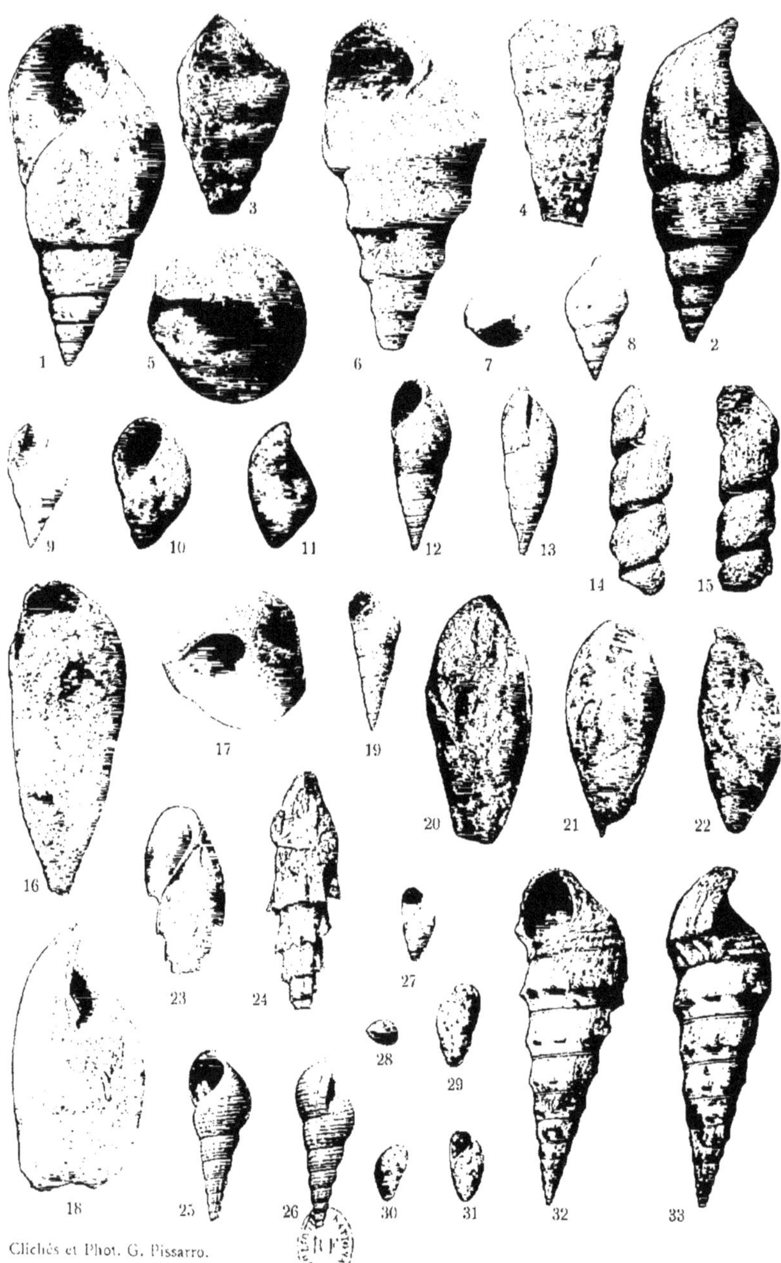

Clichés et Phot. G. Pissarro.

PLANCHE III

1-2.	Faunus clavosus [Lamk.].	Grand. natur.	Eoc.	**159**
3.	Cornetia remiensis, Cossm.	id.	Pal.	**145**
4-5.	Semisinus Pistati, Cossm.	id.	Eoc.	**151**
6-9.	Dejanira bicarinata, Stol.	id.	Dan.	**149**
10-11.	Paludomus Vauvillei [Cossm.].	Gr. **2/1**	Eoc.	**138**
12-13.	Pyrgulifera Pichleri [Hœrnes].	Grand. natur.	Pal.	**146**
14-15.	Morgania fusiformis [Hislop].	id.	Eoc.	**164**
16-17.	Melanopsis (*Lyrcæa*) Martiniana, Fér.	id.	Plioc.	**174**
18-19.	Melanopsis (*Canthidomus*) Bouei, Fér.	id.	Plioc.	**176**
20-21.	Melanopsis buccinoidea, Fér.	id.	Eoc.	**171**
22.	Melanopsis (*Canthidomus*) geniculata, Brus.	Gr. **2/1**	Plioc.	**176**
23.	Faunus (*Melanatria*) Cuvieri [Desh.].	Grand. natur.	Eoc.	**161**
24.	Melanopsis (*Canthidomus*) acanthica, Neum.	id.	Plioc.	**176**
25.	Melanopsis (*Canthidomus*) costata, Fér.	id.	Plioc.	**176**
26.	Melanopsis (*Melanostira*) Stanmana, Opph.	id.	Plioc.	**180**
27.	Melanopsis (*Campylostylus*) obeloides [Tausch].	id.	Pal.	**181**

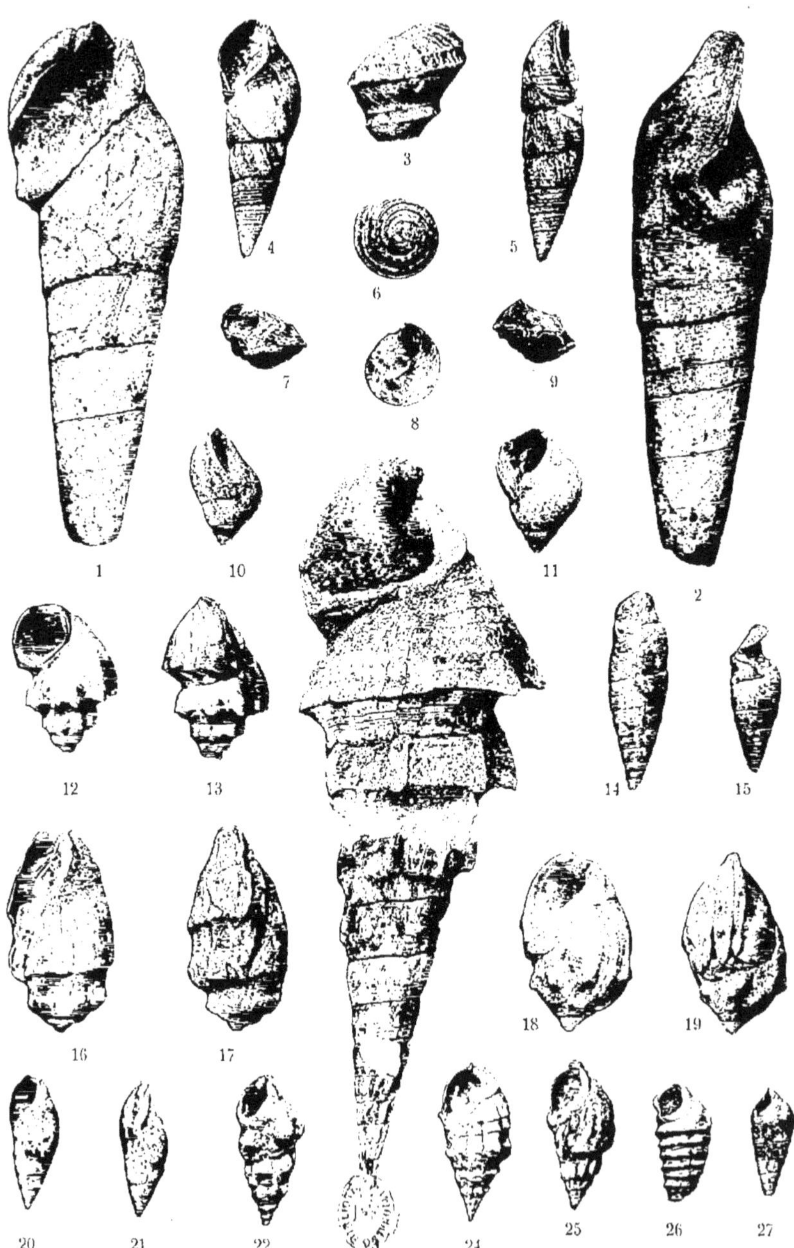

Clichés et Phot. G. Pissarro.

PLANCHE IV

1 2.	Glauconia (*Gymnentome*) Renauxi [d'Orb.].	Grand. natur.	Tur.	**169**
3.	Glauconia Kefersteini [Goldf.].	id.	Tur.	**168**
4.	Glauconia (*Gymnentome*) Douvillei, Cossm.	id.	Cén.	**169**
5-6.	Pleuroceras canaliculatum [Say].	id.	Viv.	**191**
7 et 15.	Melania (*Tarebia*) rigida [Sow.].	Gr. 2/1	Eoc.	**134**
8.	Melanopsis Briarti, Cossm.	Gr. 2/1	Pal.	**230**
9-10.	Bouryia polygyrata, Cossm.	Gr. 5/1	Eoc.	**195**
11-12.	Glauconia Lujani [de Vern.].	Grand. natur.	Apt.	**168**
13-14.	Coptostylus Parkinsoni [Desh.].	id.	Eoc.	**153**
16-17.	Melanopsis (*Stylospirula*) proboscidea, Desh.	Gr. 2/1	Eoc.	**173**
18.	Io ænigmatica, Bayan.	Grand. natur.	Eoc.	**193**
19-20.	Diptychochilus pradellensis, Donc.	id.	Eoc.	**229**
21-22.	Bouryia convexiuscula, Cossm.	Gr. 4/1	Eoc.	**195**

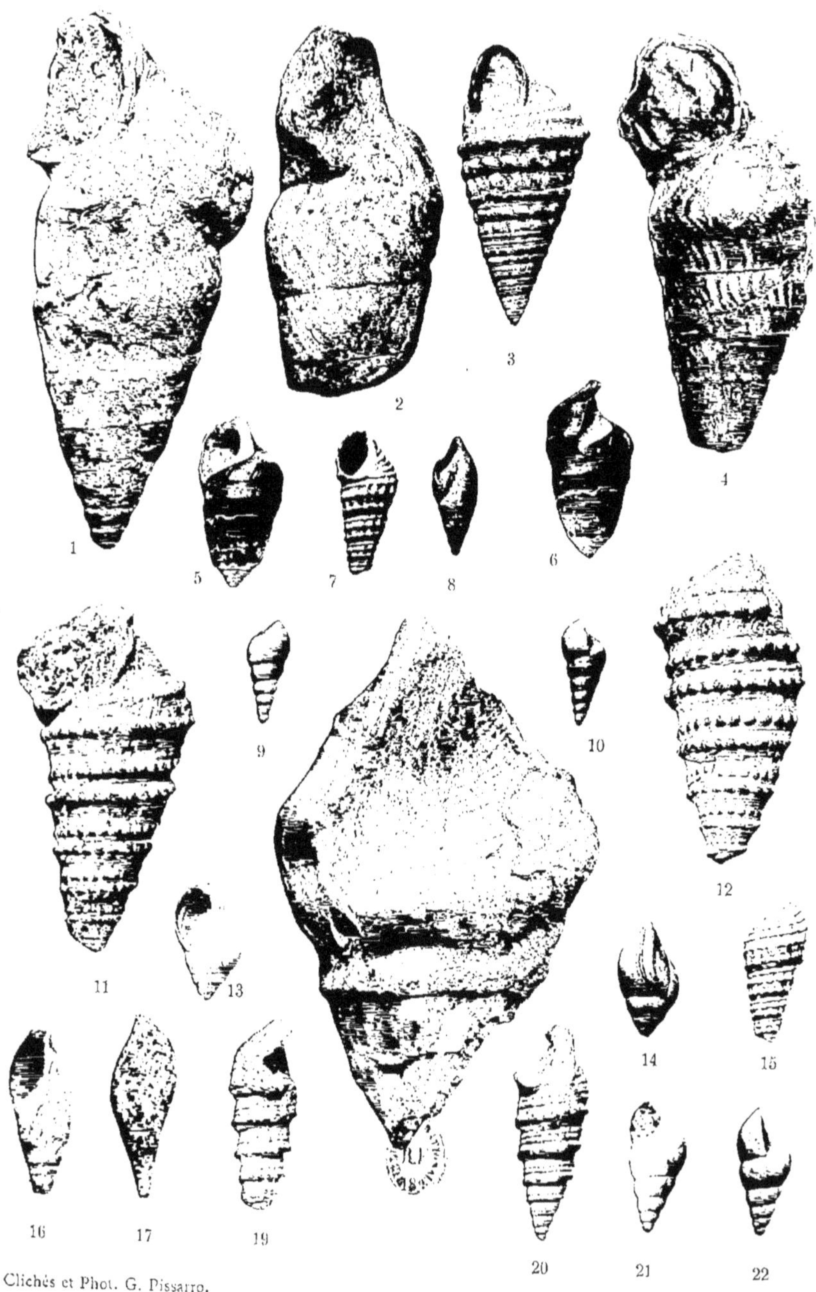

Clichés et Phot. G. Pissarro.

www.ingramcontent.com/pod-product-compliance
Ingram Content Group UK Ltd.
Pitfield, Milton Keynes, MK11 3LW, UK
UKHW020555230726
13926UKWH00005B/2022

9 782014 061314